企业园区绿色能源数智化管理

鲍卫东　吴　军　张稼睿　著

吉林出版集团股份有限公司

全国百佳图书出版单位

图书在版编目（CIP）数据

企业园区绿色能源数智化管理 / 鲍卫东,吴军,张
稼睿著 . -- 长春:吉林出版集团股份有限公司， 2025.
4. -- ISBN 978-7-5731-6288-5

Ⅰ . X382

中国国家版本馆 CIP 数据核字第 2025RY6370 号

QIYE YUANQU LÜSE NENGYUAN SHU ZHI HUA GUANLI

企业园区绿色能源数智化管理

著 者	鲍卫东　吴 军　张稼睿
责任编辑	杨亚仙
装帧设计	万典文化

出 版	吉林出版集团股份有限公司
发 行	吉林出版集团社科图书有限公司
地 址	吉林省长春市南关区福祉大路 5788 号　邮编：130118
印 刷	长春新华印刷集团有限公司
电 话	0431-81629711 (总编办)
抖 音 号	吉林出版集团社科图书有限公司 37009026326

开 本	787mm×1092mm　1/16
印 张	12.5
字 数	200 千字
版 次	2025 年 4 月第 1 版
印 次	2025 年 4 月第 1 次印刷

书 号	ISBN 978-7-5731-6288-5
定 价	68.00 元

PREFACE

前　言

　　企业园区绿色能源数智化管理是指利用先进的信息技术手段，对企业园区内的能源资源进行智能化管理，以实现节能减排、提高能源利用效率的目标。随着全球能源问题日益突出和可持续发展理念的提出，绿色能源数智化管理在企业园区中的应用愈发广泛。通过智能化的监测与控制，企业可以实时了解不同能源的使用情况，进而调整能源结构，优先选择清洁、可再生的绿色能源，降低对传统能源的依赖，提高能源利用效率。通过智能化的能源管理系统，企业可以实现对能源消耗的精细化监控和管理，及时发现和排除能源浪费问题，最大限度地提高能源利用效率，降低能源成本。通过提高能源利用效率、增加绿色能源比重，企业可以有效减少温室气体排放，降低对环境的污染，实现可持续能源利用，为企业的长远发展打下良好基础。

　　本书旨在系统介绍企业园区能源数智化管控的理论、技术与应用，旨在为相关领域的研究者、工程师和决策者提供参考。本书共分三部分，内容包括背景及意义、国内外研究及应用现状、主要研究内容、企业园区能源数智化管控对象、基本框架。其中，第一部分介绍了研究的背景和意义，第二部分深入探讨了企业园区能源数智化管控的对象和基本框架，第三部分介绍了企业园区数智化的具体实施及应用案例。本书的编写旨在促进企业园区能源管理水平的提升，推动企业绿色低碳发展，具有一定的理论价值和实践意义。

　　本书适用于从事企业园区能源管理、智能化建设的工程技术人员、管理人员以及相关领域的研究者和教师。本书结构清晰，内容翔实，可作为相关专业本科生、研究生的教材或参考书。通过本书的学习，读者可以系统地了解企业园区能源数智化管控的理论和技术，掌握相关实施方法和案例，为实际工程项目的设计、施工和管理提供科学依据和指导。

　　笔者在编写本书的过程中，借鉴了许多前辈的研究成果，在此表示衷心的感谢。由于本书需要探究的层面比较深，笔者对一些相关问题的研究不透彻，加之写作时间仓促，书中难免存在一定的不妥和疏漏之处，恳请前辈、同行以及广大读者斧正。

CONTENTS

目　录

第一章 绪论

第一节 背景及意义

一、企业园区绿色能源数智化管理的背景

（一）国际背景

当前，全球面临着诸多挑战，其中全球气候变暖、能源紧缺和生态环境破坏等问题已成为国际关注的焦点。在这一背景下，多国纷纷倡导并推行能源结构向低碳化、清洁化转变，旨在应对气候变化和能源资源有限的双重挑战。能源产业正在经历着清洁化、科技化、电气化、智能化等多重转型，而绿色、低碳的能源革命更是成为推动这一变革的重要引擎。从全球范围来看，绿色能源在许多国家的能源结构中所占比重持续扩大。根据国际能源署的预测，未来十年内，绿色能源将成为全球第一大电力来源，这一趋势预示着绿色能源在全球能源版图中的不断壮大。各国为提高绿色能源占比采取了多项措施，包括签署清洁能源法案、增加清洁能源采购比例、推动可再生能源和零碳能源比例的提升等。例如，美国的一些州已经签署了清洁能源法案，计划逐步增加清洁能源的采购比例，力争在2045年前实现100%清洁化的零售电力和政府采购电力目标。

除美国外，德国、瑞士、葡萄牙等国家也纷纷制定了能源清洁化生产计划，积极发展绿色能源。作为世界最大的能源生产与消费国，中国正积极响应全球能源转型的呼吁，将发展绿色能源作为顺应能源发展趋势、应对国际能源竞争、承担大国责任的战略之举。

在这一背景下，企业园区绿色能源数智化管理应运而生。数智化管理通过引入先进的信息技术和数据分析手段，对企业园区的绿色能源资源进行全面监测、调度和管理，以实现能源利用的高效、智能化。这种管理模式不仅可以提高能源利用效率，降低能源消耗和排放，还可以有效应对能源波动和供需不平衡等挑战，为企业园区的可持续发展提供有力支撑。

在数智化管理中，先进的传感器技术可以实时监测绿色能源的生产和消费情况，帮助企业园区精准把握能源利用的动态变化，及时调整能源调度策略，优化能源利用结构。同时，基于大数据和人工智能技术的智能分析系统可以对历史数据进行深度挖掘和分析，为企业园区提供精准的能源管理建议和决策支持，帮助其更好地应对复杂多变的市场环境和政策法规。

除了在能源生产和消费方面进行管理外，数智化管理还可以通过智能化的设备和系统实现对企业园区的能源设施的远程监控和智能控制，实现设备运行的自动化和优化调节，进一步提升能源利用效率和设备运行稳定性。例如，通过智能化的能源储存和调度系统，企业可以灵活调配绿色能源的供给结构，使其更好地适应企业园区的能源需求变化，提高能源利用的灵活性和可靠性。

（二）我国现实背景

当前，我国能源结构尚未完全摆脱对化石能源的依赖，根据国家统计局发布的《中华人民共和国 2021 年国民经济和社会发展统计公报》，我国仍然以煤炭、石油和天然气等传统化石能源为主，而绿色能源的利用比例相对较低，仅占能源消费总量的 25.5%。这一情况表明，我国在能源安全、节能减排和环境污染防控方面仍面临着重大挑战。

为了应对这些挑战，我国政府相继出台了一系列政策文件，包括《关于完整准确全面贯彻新发展理念做好碳达峰碳中和工作的意见》《2030 年前碳达峰行动方案》等。这些政策将"双碳"目标纳入经济社会发展全局，旨在推动我国实现碳达峰和碳中和目标，以应对气候变化和推动经济转型升级。在这一背景下，绿色能源的发展变得尤为重要，它以清洁、高效等特点成为调整能源结构、推动经济发展路径转型的重要支点。

发展绿色能源产业不仅是保障我国能源安全的需要，也是实现清洁化转型和可持续发展的最终出路。首先，绿色能源的利用能够有效减少对传统化石能源的依赖，降低能源进口依赖度，从而提高我国的能源安全性。其次，绿色能源的清洁性能够显著减少大气污染物的排放，改善环境质量，保护生态环境。此外，发展绿色能源产业还可以促进技术创新和产业升级，带动相关产业链的发展，增加就业机会，推动经济结构优化升级。

在实现绿色能源产业发展的过程中，企业园区绿色能源数智化管理发挥着关键作用。这种管理模式可以帮助企业园区更好地把握绿色能源的生产和消费情况，优化能源调度策略，提高能源利用效率，从而为实现碳达峰和碳中和目标提供有力支持。

总的来说，企业园区绿色能源数智化管理是我国能源转型和碳减排的重要举措，有助于优化我国能源结构、推动绿色发展战略的实施，实现经济可持续发展和社会可持续发展的良性循环。随着信息技术和数据分析技术的不断进步，数智化管理将在未来发挥越来越重要的作用，成为推动我国能源管理创新和提升竞争力的关键引擎。

（三）技术背景

在当前能源向清洁化、绿色化转型的大趋势下，数智化新技术正成为推动能源企业变革、实现绿色能源企业智能化转型和数字技术升级的必然趋势和新动力。随着国家电网提出建成能源互联网初步发展战略，以及南方电网发布全球首份《数字电网白皮书》，"数智化"已成为中国能源企业转型的关键词之一。在政策和技术的共同推进下，数智化技术与绿色能源企业的结合日益紧密，涉及能源信息公共服务网络、能源调度与运维、多能源系统一体化协调机制等领域。

数智化技术在能源领域的应用有助于加快实施能源供给的清洁替代，促进能源系统的互联互通和高效升级。通过建设能源信息公共服务网络，能源企业可以更加全面地了解能源市场的供需情况、价格波动等信息，从而更加灵活地调整能源生产和供应计划。同时，能源调度与运维方面的数智化技术可以实现对能源生产、输配、储存等环节的精准监测和智能调度，提高能源利用效率，降低能源浪费和排放。

数智化技术为多能源系统的一体化协调提供了重要支持。随着新能源如风电、光伏等的快速发展，能源系统逐渐向多元化方向发展。在这种背景下，通过数智化技术的应用，企业可以实现多种能源的协调运行和优化配置，实现能源的高效利用和互补，提高能源系统的整体稳定性和可靠性。

数智化转型还为充分发挥绿色能源的经济社会价值提供了宝贵机遇。通过数智化技术，绿色能源企业可以实现生产过程的智能化管理和优化，提高生产效率和产品质量，降低生产成本，从而增强企业的竞争力。同时，数智化技术还可以实现对绿色能源的精准监测和评估，为政府和企业制定能源政策和发展战略提供科学依据，推动绿色能源产业的健康发展。

数智化转型是助力能源企业变革、实现创新驱动发展、打造现代能源体系的重要原动力。通过充分发挥数智化技术在能源领域的优势，能够实现能源系统的智能化管理和运行，推动能源供给侧的结构调整和优化，为企业园区实现绿色、低碳、可持续发展提供有力支撑。随着技术的不断进步和应用的不断深化，数智化将为我国能源产业的转型升级和可持续发展注入新的动力和活力。

二、企业园区绿色能源数智化管理的意义

（一）推动企业园区能源转型

企业园区绿色能源数智化管理的意义在于推动企业园区能源转型，这一转型是应对气候变化、提高能源利用效率、实现可持续发展的关键举措之一。这种管理模式不仅可以提高能源利用效率，降低能源消耗和排放，还可以有效应对能源波动和供需不平衡等挑战，为企业园区的可持续发展提供有力支撑。

传统能源的大规模使用已经造成了严重的环境污染和资源浪费，绿色能源的替代和利用是解决这一问题的重要途径。通过绿色能源数智化管理，企业园区可以更好地监测和管理绿色能源的生产和消费情况，优化能源利用结构，推动企业从传统能源向清洁、可再生能源转型，实现能源供给的绿色化、低碳化。

绿色能源数智化管理可以帮助企业园区实现能源利用的高效管理和运营，减少能源的浪费和过度消耗，提高能源利用效率。通过智能化监测和控制，企业可以实现对能源生产、输配、储存等环节的精准监测和调度，优化能源利用结构，

提升生产效率和竞争力。

传统能源的价格波动大、成本高，企业会面临较高的能源成本和生产成本压力。而绿色能源通常具有稳定的价格和较低的成本，通过绿色能源数智化管理，企业园区可以更好地控制能源成本，降低生产成本，提高企业的盈利能力。

随着社会对环境保护和可持续发展的重视程度不断提高，绿色能源已经成为企业可持续发展的重要标志之一。通过推动企业园区能源转型，实现绿色能源数智化管理，企业可以提升自身的环保形象和社会责任感，增强品牌竞争力，获得更多消费者和投资者的认可和支持。

（二）有助于企业园区实现节能减排目标

企业园区绿色能源数智化管理对于实现节能减排目标具有重要意义。在当前全球面临气候变化和能源紧缺的背景下，节能减排已成为各国政府和企业普遍关注的重要议题。而绿色能源数智化管理作为一种新型管理模式，通过引入先进的信息技术和数据分析手段，企业可以有效地监测、调度和管理园区的能源资源，从而实现节能减排的目标。

绿色能源数智化管理可以帮助企业园区实现能源的智能化管理和优化利用，从而降低能源消耗。通过引入先进的传感器技术和智能监控系统，企业可以实时监测能源的生产、传输和消费情况，及时发现和解决能源浪费的问题，实现能源的精准调度和优化配置，提高能源利用效率，从而降低能源消耗。

绿色能源数智化管理可以降低企业园区的能源排放量。传统能源的使用通常会伴随着大量的二氧化碳等温室气体的排放，对环境造成严重的污染和破坏。而绿色能源的利用可以减少或避免这些排放，通过绿色能源数智化管理，企业园区可以实现对能源排放的精准监测和控制，优化能源利用结构，降低能源的碳排放，从而实现节能减排的目标。

绿色能源数智化管理可以提高企业园区的生产效率，从而进一步减少能源消耗和排放。通过智能化监控和控制，企业可以实现对生产过程的精准管理和优化，提高生产效率和产品质量，减少能源消耗和排放。同时，绿色能源的使用通常具有稳定的价格和较低的成本，通过绿色能源数智化管理，企业可以降低生产成本，提高企业的竞争力，进一步促进节能减排。

绿色能源数智化管理可以提升企业园区的环保形象和社会责任感。随着社会对环境保护和可持续发展的重视程度不断提高，企业园区在节能减排方面的表现已经成为消费者、投资者和政府重点关注的方面。通过推动绿色能源数智化管理，企业园区可以提升自身的环保形象和社会责任感，树立良好的企业形象，增强企业的可持续发展能力。

绿色能源数智化管理可以为企业园区节能减排目标的实现提供科学依据和有效支持。通过智能化监测和数据分析，可以实现对能源消耗和排放的精准评估和预测，为企业园区制订和实施节能减排方案提供科学依据，指导企业实现节能减排目标，推动企业可持续发展。

（三）提升企业园区的能源利用效率和生产效率，增强企业的竞争力

绿色能源数智化管理对于提升企业园区的能源利用效率和生产效率、增强企业的竞争力具有重要意义。通过实施绿色能源数智化管理，企业可以降低能源成本，提高生产效率，增强消费者的信任和认可，获得政府的支持，从而在激烈的市场竞争中处于优势地位。

绿色能源数智化管理能够有效提高企业园区的能源利用效率。传统能源管理往往面临能源浪费、能源利用不足等问题，这导致资源的低效利用和成本的增加。而采用绿色能源，如太阳能、风能等可再生能源，结合数智化管理技术，企业可以实现对能源的实时监测、精准控制和智能调配，最大程度地提高能源利用效率。通过对能源消耗的实时监测和分析，企业可以及时发现并解决能源浪费问题，进而降低能源成本，提高生产效率。

绿色能源数智化管理也能够优化企业园区的生产流程，提高生产效率。在传统的生产模式下，能源供应可能存在不稳定、不可控的情况，影响生产线的正常运转。而通过绿色能源数智化管理系统，企业可以实现对能源供应的稳定控制，确保生产过程中能源供应充足和稳定。同时，通过对生产数据的实时监测和分析，企业可以发现生产过程中的瓶颈和问题，并及时调整生产计划和流程，从而提高生产效率和产品质量。

绿色能源数智化管理还能够为企业提供更多的竞争优势。随着全球环境保护意识的提升，越来越多的消费者更倾向于选择环保、绿色的产品和服务。作为企业，采用绿色能源并实施数智化管理，不仅可以降低环境污染，提升企业的社会责任感，还可以为企业树立良好的外部形象，增强消费者对企业的信任和认可，进而拓展市场份额，提升竞争力。

绿色能源数智化管理也符合政府的相关政策和法规要求，有助于企业获得政府的支持和认可。随着全球温室气体排放和能源消耗问题日益严重，各国政府纷纷出台了一系列的环境保护政策和能源节约政策，鼓励企业采用清洁能源，并推动企业实施节能减排措施。作为企业，积极响应政府的政策号召，采用绿色能源并实施数智化管理，不仅可以获得政府的政策支持和补贴，还可以减少因不符合法规而可能面临的罚款和处罚，降低企业的经营风险，提升企业的竞争力。

（四）履行企业的社会责任，实现可持续发展

企业园区绿色能源数智化管理对于企业履行社会责任和实现可持续发展具有重要意义。通过采用绿色能源和实施数智化管理，企业可以减少对环境的影响，同时也可以提高资源利用效率，降低生产成本，实现经济效益最大化，为企业未来的可持续发展奠定坚实基础。因此，企业应该积极采取措施，推动绿色能源数智化管理的实施，为实现可持续发展贡献力量。

绿色能源数智化管理有助于企业履行社会责任。在当今社会，企业不仅要追求经济利益，还要承担起对社会和环境的责任。采用绿色能源和实施数智化管理是企

业履行社会责任的重要途径之一。通过采用可再生能源，如太阳能、风能等，企业可以减少对传统能源的依赖，降低对环境的影响，减少温室气体排放，从而为缓解气候变化、改善环境质量做出贡献。同时，实施数智化管理可以帮助企业实现对能源的精细管理和高效利用，减少能源浪费，降低资源消耗，促进资源循环利用，进一步减少对环境的压力，履行企业的社会责任。

绿色能源数智化管理也有助于企业实现可持续发展。采用绿色能源和实施数智化管理是企业实现可持续发展的重要举措之一。首先，通过采用可再生能源，企业可以减少对有限资源的开采和消耗，延长资源的使用寿命，为未来的发展留下更多的空间。其次，实施数智化管理可以提高资源利用效率，减少资源浪费，降低生产成本，提高企业的经济效益，从而为企业未来的可持续发展奠定坚实基础。此外，通过实施绿色能源数智化管理，企业还可以树立良好的外部形象，增强消费者和投资者对企业的信任和认可，为企业未来的发展提供有力支持。

第二节　国内外研究及应用现状

一、绿色能源企业发展驱动机制的国内外研究及应用现状

近年来，关于绿色能源企业发展驱动机制的研究日益受到学者们的重视。他们不仅探讨了能源企业发展和战略转型的动力机制，还深入分析了各种影响因素的重要性。目前，研究重点集中在绿色能源企业发展的性质和制度依赖特征上，主要从能源要素、经济环境、科技创新和生态环境等方面剖析了绿色能源企业发展的驱动机制。

中国能源产业的要素配置和价格受到行政力量的强烈影响，导致实际情况下能源要素配置与能源市场相偏离。王俊豪和金暄暄在其研究中指出，绿色能源具有强烈的体制和机制依赖性，现有的能源体制缺乏竞争机制和成本驱动。然而，Saunila 等学者也指出，经济和制度压力在一定程度上有助于促进企业技术创新和转型。在此基础上，赖力等人提出了双碳背景下的新能源行业竞争力模型，该模型主要涵盖了关键脱碳资源要素、绿色市场需求条件、支持性产业和主体战略结构与同业竞争四个领域。

在进一步的研究中，付丽萍着重探讨了我国绿色能源企业存在的成本高、融资难等发展问题，并从政策扶持、利益诱导和需求拉动三个方面分析了绿色能源企业发展的驱动机制。此外，尚梅等人也指出，资源禀赋型省域和经济粗放发展省域的环境规制曲线均处于上升阶段，政府应适当提高碳配额及高能耗企业的进驻门槛，并促进与绿色能源相关的高能效技术从东部向西部输入。考虑到科技创新的重要性，孟凡生和邹运从生态系统健康要求、能源资源禀赋、国家政策支持和科技发展等方面分析了其对能源企业发展的驱动效应。郭阳和李金叶在其研究中则从能源价格、技术进步和能源安全等维度，探讨了绿色能源发展的驱动机制。刘晓娴和张鹏基于扎根理论，构建了企业数字化转型的"双轮"驱动机制，

涵盖了外部因素和内部因素两个方面。

目前，国内外学者在研究绿色能源企业发展驱动机制时主要采用层次分析法（ANP）、决策试验与评价实验室法（DEMATEL）和卡方自动交互检测法（CHAID）等方法对企业发展的影响因素进行分析，但这些方法还存在一些不足之处。首先，一些学者在使用层次分析法时，对复杂问题进行分解，并对各层因素进行人为赋值，但这种过程存在主观意识过强的风险。其次，虽然有学者在ANP的基础上做了进一步改进，但难以探究众多能源企业发展影响因素之间的多层次作用关联。最后，一些研究采用卡方自动交互检测法来研究能源转型驱动力的组间结构性特征，但能源转型效益效果评价体系的科学合理性尚未提出和验证，转型路径依赖及路径创新工作仍需建立健全。针对以上不足，探讨适用于规划方案的评价方法，对于梳理绿色能源企业数智化转型发展的相关因素和驱动机制至关重要，也具有进一步开展研究的必要性。本研究在综合运用德尔菲法的基础上，实现了各影响因素的重要度研究。通过DEMATEL法和ANP法对绿色能源企业数智化转型的影响因素和驱动机制进行解析，更适合区域性问题的评价。这一研究方法不仅可以帮助我们更全面地理解绿色能源企业发展的关键因素和驱动机制，还能为后续的绿色能源企业发展规划提供有力的决策支持。

DEMATEL法是一种系统性的结构方程模型方法，可以帮助我们分析影响因素之间的因果关系，进而评估各因素对目标的影响程度。而ANP法则可以更全面地考虑各因素之间的相互作用关系，从而更准确地评估各因素对目标的影响。通过这两种方法的综合运用，我们可以更好地理解绿色能源企业数智化转型的驱动机制，为制订科学合理的发展规划提供重要参考。

二、绿色能源企业数智化转型的国内外研究及应用现状

绿色能源企业数智化转型是利用新一代信息通信技术（ICT），如5G、大数据、人工智能、云计算等提升生产计划的灵活性和效率，更有效地利用间歇性、分布式的绿色能源资源。随着传感测量技术、控制方法、决策支持系统等技术的应用，绿色能源企业在生产和配送环节实现了更为稳定、高效、经济和安全的应用。

绿色能源数智化转型的核心在于利用数智化新技术，充分挖掘和利用与能源企业发展相关的数据价值，优化决策过程，促进能源的产、供、销三大环节的互通互济。通过提升能源信息的采集、传输和处理效率，建立起跨界融合、协同发展的新业务模式和实时反应与多元互动的智能服务模式，从而推动绿色能源企业形成共建、共享、共治、共赢的新发展格局。在实践中，绿色能源企业数智化转型已经取得了一系列显著的成果。通过应用大数据分析技术，能源企业可以更精准地预测市场需求和能源供应情况，提前做好生产和配送计划，降低生产成本，提高能源利用效率。利用人工智能技术，能源企业可以优化能源系统的控制策略，实现对能源生产和配送过程的智能监控和管理，提高系统的稳定性和安全性。同时，通过云计算技术，能源企业可以实现对大规模数据的快速存储、处理

和共享，为企业决策提供更加全面的信息支持。

国内外研究和应用实践表明，绿色能源企业数智化转型不仅可以提升企业自身的竞争力和发展水平，还可以促进整个能源行业的转型升级，推动能源生产和消费方式的转变，为实现可持续发展目标做出重要贡献。因此，加强对绿色能源企业数智化转型的研究和实践，积极推动相关技术的创新和应用，对于推动能源行业的转型升级、提升能源利用效率和促进其可持续发展具有重要意义。

在前人研究的基础上，一些学者进一步扩展了对绿色能源企业数智化转型的属性、形态、发展模式等方面的研究。孟凡生等结合对数智化技术特征的考虑，通过技术创新、数字化集成、互联互通和制造转型四个指标来分析我国绿色能源数智化转型的影响因素。从绿色能源企业数智化转型层次来看，部分学者考虑到数智化技术发展程度与企业结合程度，将能源企业数智化转型划分为智能化阶段、透明化阶段、智慧化阶段三种融合形态。陈静鹏等学者结合联网技术革新的背景，赋予能源企业数智化转型新的特征，将能源企业数智化转型发展的内在属性归纳为包容性、开放性、系统性、广泛性、互动性五个方面。

此外，刘晓龙等结合绿色能源企业发、输电路径，从横向多源互补、纵向"源—网—荷—储"协调两个角度，构建与信息相融合的新型能源体系。周孝信等考虑到外部影响因素对企业发展的影响，将能源互联网划分为物理基础层、信息应用层、市场交易层、体制保障层四层组成构架。高歌指出，能源数智化转型需要关注技术创新、绿色发展、开放协同和人力资源在其中的驱动作用。

这些研究不仅从技术、形态和发展模式等角度深入探讨了绿色能源企业数智化转型的内涵和特征，还从多个维度分析了其对能源产业发展的影响和作用。通过这些研究，我们能够更好地理解绿色能源企业数智化转型的本质和发展趋势，为绿色能源行业的可持续发展提供重要的理论指导和实践支持。

绿色能源企业的数智化转型进程可以从供应和消费两个角度进行研究。从能源供应角度来看，赵剑波强调企业数智化转型需要共建共享跨区域、跨行业的数字基础设施，探索"数字化—生态化—协同化"的数智化转型路线。王田、梁洋洋等结合绿色能源随机性和间歇性特征，通过智能电网调控、分布式计算等技术，研究能源网络供应链买电决策和供需平衡问题。从能源消费角度来看，数智化智能电网能够实现能源灵活管理和实时控制，用户可以根据自身偏好进行电力需求转移或缩减，实时主动选择能源消费方式，有效节省能源生产成本，提升电力系统的可靠性和稳定性。

绿色能源企业的数智化转型不仅是企业发展的重要驱动力，也是世界各国制定绿色能源企业发展战略的重点。国外能源企业从可再生能源传输与管理系统、高效能源系统以及多能系统利用等方面进行了数智化转型的探索。例如，美国研发了未来可再生能源传输与管理系统（FREEDM系统），提出了能源路由器的概念并实现了原型开发；德国发起了E-Energy计划，重点创建基于信息和通信技术的高效能源系统；日本加强电力路由器的研发，构建了"数字电网"；瑞士发起未来能源网络项目，通过多能系统仿真分析模型和软件，推动多能系统和分布式能源的利用。

与此同时，我国以能源革命战略与电力体制改革为契机，掀起了能源领域数智化转型的新浪潮。国家能源局发布《关于推进"互联网+"智慧能源发展的指导意见》，提出建立互联网与能源生产、传输、存储、消费以及能源市场深度融合的能源产业发展新形态；国务院发布《关于积极推进"互联网+"行动的指导意见》，以互联网实现能源系统的升级；国家能源局、国家发展和改革委员会联合发布《能源技术革命创新行动计划（2016—2030年）》，将能源互联网技术创新列为重点任务；同时，由国家牵头开展了一系列能源互联网示范项目建设等。

这些措施的实施对能源与互联网融合进行了有益探索，但对绿色能源企业数智化转型的具体实施路径规划还缺乏总体描述。因此，我们需要进一步加强研究与实践，探索适合我国国情的绿色能源企业数智化转型路径，推动能源行业的数智化升级，促进绿色能源产业的健康发展。

第三节 主要研究内容

一、能源资源评估与规划

企业园区绿色能源数智化管理的首要研究内容之一是能源资源评估与规划。这一领域旨在通过深入调查、分析和评估企业园区内各种能源资源的情况，制订科学合理的能源利用规划，以实现能源的高效利用、优化配置，从而推动园区的可持续发展和绿色转型。这项工作涵盖了多个方面，包括能源资源的种类与分布、园区能源消耗结构、潜在的节能减排空间等，具体论述如下。

能源资源评估与规划的核心任务之一是对企业园区内各种能源资源的种类与分布进行全面调查和评估。这包括对传统能源资源，如电力、燃气以及新能源资源如太阳能、风能等的调查与评估。对园区内能源资源的种类、分布以及供应情况进行详细了解，可以为后续的能源规划与管理提供重要数据支持，为园区的绿色能源转型奠定基础。

能源资源评估与规划需要深入分析和理解企业园区的能源消耗结构。通过对园区内各类能源的使用情况、消耗量以及消耗结构的分析，企业可以清晰地了解园区能源消耗的主要特点和规律。同时，企业还可以识别出园区能源消耗的重点领域和高能耗设备，为后续的能源管理与优化提供重要参考，有针对性地制订能源规划和管理措施。

能源资源评估与规划还需要对园区的能源供需状况进行综合评估。这包括对园区能源需求的预测与分析，以及对园区能源供应的稳定性和可靠性进行评估。通过对园区能源供需状况的深入了解，我们可以为园区能源规划与管理提供科学依据，合理调配能源资源，确保园区能源供应的安全稳定。

能源资源评估与规划还需要识别园区内存在的潜在节能减排空间，制订相应的节能减排目标和措施。这包括对园区内能源消耗的瓶颈和潜在的节能优化空间进行识别和分析，制订科学合理的节能减排方案，推动园区能源消耗结构的优化调整，提高能源利用效率，降低能源消耗成本，实现园区的绿色发展和可持续运营。

二、数智化监测与数据采集

企业园区绿色能源数智化管理的数智化监测与数据采集，致力于利用先进的信息技术和智能设备，建立高效、精准的能源监测系统，实现对园区能源消耗情况的实时监测、数据采集和分析。这项工作的重点在于能够准确获取园区各类能源数据，包括天然气、石油、蒸汽、风能、太阳能、氢能等的使用情况，并将这些数据有效地整合、分析，为后续的能源管理和优化提供可靠的数据支持。

数智化监测与数据采集的核心目标是建立一套完善的能源监测系统，实现对园区能源消耗的实时监测和数据采集。这需要利用物联网技术、传感器技术等先进手段，将各类能源设备和系统与数据采集设备相连接，实现数据的自动采集和传输。通过实时监测，企业可以及时发现能源消耗异常情况，并采取相应的措施加以调整，以确保园区能源系统的稳定运行。

数智化监测与数据采集的关键是确保数据的准确性和可靠性。为了实现这一目标，企业需要对园区内各类能源设备进行精确的监测和识别，确保数据采集设备的部署位置和参数设置的准确性，以及数据传输过程中的稳定性和可靠性。同时，企业还需要建立完善的数据质量管理机制，对采集到的数据进行质量检查和校正，确保数据的准确性和一致性，为后续的数据分析和决策提供可靠的依据。

数智化监测与数据采集还需要充分考虑园区能源系统的复杂性和多样性。不同类型的能源设备和系统可能具有不同的监测需求和数据采集方法，因此需要针对园区内不同能源设备和系统的特点，设计相应的监测方案和数据采集策略。同时，企业还需要考虑能源数据的多源性和异构性，实现不同数据来源之间的有效整合和统一管理，为园区能源系统的综合监测和分析提供支持。

数智化监测与数据采集还需要充分考虑信息安全和隐私保护等重要问题。在建立能源监测系统和数据采集平台的过程中，需要采取有效的安全防范措施，防止能源数据被恶意篡改或泄露，确保园区能源系统的安全稳定运行。同时，企业还需要合理处理能源数据的使用和共享问题，确保能源数据的合法使用，同时保障用户的隐私权益，促进能源数据的共享和交流，推动园区能源管理的信息化和智能化发展。

数智化监测与数据采集是企业园区绿色能源数智化管理的重要组成部分，通过建立高效、精准的能源监测系统，企业可以实现对园区能源消耗情况的实时监测和数据采集，为园区能源管理和优化提供可靠的数据支持，推动企业园区的绿色发展和可持续运营。

三、大数据分析与预测

企业园区绿色能源数智化管理的另一个关键研究内容是大数据分析与预测。

在这一领域，利用先进的大数据技术和数据分析方法，对企业园区内的能源数据进行深度挖掘和分析，以实现对能源消耗情况、能源需求趋势以及节能减排效果等方面的准确预测和精准分析。这项工作的目标在于为企业园区的能源管理与决策提供科学依据，提高能源利用效率，降低能源消耗成本，推动园区的绿色发展和可持续运营。

大数据分析与预测的重要性在于能够基于大数据技术，对企业园区内的能源数据进行全面、深入的分析。通过收集、整合园区各类能源设备和系统产生的大量数据，包括能源消耗、生产运行状态、环境参数等方面的数据，利用数据挖掘、机器学习等技术手段，揭示能源数据中隐藏的规律和趋势，发现能源消耗的主要影响因素，为园区能源管理和优化提供科学依据。

大数据分析与预测的方法与技术包括数据清洗、特征提取、模型构建等步骤。首先，我们需要对采集到的大量能源数据进行清洗和预处理，剔除异常数据和噪声干扰，确保数据的质量和准确性。其次，通过特征提取技术，我们需要从海量数据中提取与能源消耗密切相关的特征，为后续的数据分析和建模提供依据。最后，我们可以利用机器学习、深度学习等方法构建能源消耗的预测模型，基于历史数据和实时数据，对未来园区能源消耗情况进行准确预测和分析，为园区能源管理决策提供数据支持。

大数据分析与预测在企业园区绿色能源数智化管理中的应用十分广泛。例如，我们可以利用大数据分析技术对园区能源消耗的影响因素进行分析，找出能源消耗的关键驱动因素，为制订节能减排策略提供依据。同时，我们还可以通过大数据预测技术，对园区未来的能源需求趋势进行预测，合理调配能源资源，优化能源供应结构，确保园区能源供应的安全稳定。此外，大数据分析还可以结合智能化能源监测系统，实现对园区能源消耗的实时监测和分析，及时发现异常情况并采取相应措施，提高园区能源利用效率，降低能源消耗成本。

四、智能控制与优化

企业园区绿色能源数智化管理的另一个重要研究内容是智能控制与优化，利用先进的智能化技术，如人工智能、物联网、自动化等，对园区内的能源系统进行智能监控、控制和优化，以提高能源利用效率、降低能源消耗成本，实现园区能源的智能化管理和可持续发展。这项工作的目标在于通过智能化手段，实现对园区能源系统的精细化控制和优化调度，最大限度地提升能源利用效率，同时降低能源消耗对环境的影响。

智能控制与优化的重要性在于其能够通过实时监测、数据分析和智能决策，实现对园区能源系统的精细化控制和优化调度。利用物联网技术，企业可以将园区内各类能源设备与传感器相连接，实现对能源设备状态、能源消耗数据等信息的实时监测和采集。通过数据分析和算法模型，我们可以对园区能源消耗的特征和规律进行分析，发现能源消耗的瓶颈和潜在的优化空间。然后，通过智能控制系统，我们可以实现对能源设备和系统的自动化调控，根据实时数据和预测模型，实现能源系统的智能优化调度，提高能源利用效率，降低能源消耗成本。

智能控制与优化的方法与技术包括智能算法、优化算法、模型预测控制等。我们可以利用人工智能技术，如机器学习、深度学习等，构建能源消耗的预测模型，实现对园区未来能源需求的精准预测，为能源系统的优化调度提供依据。同时，我们还可以利用优化算法，如遗传算法、模拟退火算法等，对能源系统进行优化设计，寻找最优的能源调度方案，实现园区能源消耗的最大化利用。此外，我们还可以采用模型预测控制技术，根据实时数据和预测模型，实现对能源系统的动态调控，使其在不同情况下都能够保持最佳运行状态，提高能源利用效率。

智能控制与优化可以利用智能控制系统实现对园区能源设备的远程监控和控制，实现能源系统的自动化运行和管理。同时，我们还可以通过智能优化算法，实现对园区能源消耗的动态调度和优化，根据不同时段的能源需求和成本情况，调整能源供应结构，最大限度地降低能源消耗成本。此外，我们还可以通过智能控制系统，实现对园区能源系统的智能诊断和故障预警，及时发现能源设备的异常情况并采取相应处理措施，保障园区能源系统的安全稳定运行。

五、能源储存与调度

企业园区绿色能源数智化管理的关键领域之一是能源储存与调度。这一研究内容旨在通过利用先进的能源储存技术和智能调度系统，实现对园区绿色能源的高效利用和灵活调配，以满足园区能源需求的变化，提高能源利用效率，推动园区的绿色发展和可持续运营。能源储存与调度涉及能源存储设施的建设与管理、能源调度算法与策略的研发以及储能技术与设备的应用等多个方面。

能源储存与调度的重要性体现在其能够解决可再生能源不稳定性和间歇性的问题，实现对园区绿色能源的灵活调配和高效利用。随着可再生能源，如太阳能和风能的大规模应用，园区能源供应的波动性日益显著，传统的能源供应模式已经不能满足需求。而能源储存与调度技术能够通过储存可再生能源的过剩电力，并在需要时释放，实现对园区能源供应的灵活调配，以满足不同时间段的能源需求，最大限度地提高可再生能源的利用率。

能源储存与调度涉及能源存储设施的建设与管理。这包括储能设备的选择与布局、储能系统的设计与建造等方面。目前常见的能源储存技术包括电池储能、压缩空气储能、水泵储能等，针对园区的实际情况和能源需求，企业需要选择合适的储能技术，并进行合理的布局和设计。同时，企业还需要建立完善的储能设施管理系统，实现对储能设备的实时监测和远程控制，确保其安全稳定运行。

能源储存与调度还需要研发相应的能源调度算法与策略。这包括制订合理的能源调度策略，根据园区能源需求和可再生能源的供应情况，实现对能源的智能化调配。同时，企业还需要研发相应的能源调度算法，基于大数据分析和预测技术，对园区能源需求和供应情况进行准确预测，为能源调度决策提供科学依据。这些算法和策略可以利用最优化算法、模糊控制等方法，实现对园区能源系统的智能调度，提高能源利用效率。

能源储存与调度还需要应用先进的储能技术与设备。随着能源储存技术的不断发展，我国目前出现了许多新型的储能设备，如锂离子电池、钠硫电池、超级电容器等。这些设备具有高效、环保、可靠的特点，可以广泛应用于企业园区的能源储存与调度系统中，实现对园区能源的高效利用和灵活调配。

六、环境效益评估与社会影响分析

企业园区绿色能源数智化管理的关键研究内容之一是环境效益评估与社会影响分析。这一领域旨在通过对企业园区绿色能源数智化管理实施的效果进行评估与分析，深入了解其对环境保护、资源利用和社会发展等方面的影响，为决策者和相关利益方做决策提供科学依据，推动企业园区向绿色、可持续发展的方向转型。环境效益评估与社会影响分析涉及环境效益评估方法、社会影响因素分析、可持续发展指标评价等多个方面。

环境效益评估与社会影响分析的重要性体现在其能够全面评估企业园区绿色能源数智化管理实施的效果，深入了解其对环境保护、资源利用和社会发展等方面的影响。绿色能源数智化管理的实施不仅能够降低企业园区的能源消耗和碳排放量，减少对环境的污染和压力，还能够促进资源的合理利用和循环利用，提高园区的生态环境质量。同时，绿色能源数智化管理还能够带动相关产业的发展，创造就业机会，促进社会经济的可持续发展。因此，通过对其环境效益和社会影响进行评估与分析，企业可以全面了解园区绿色能源数智化管理的实施效果，为进一步的改进和优化提供依据。

环境效益评估与社会影响分析涉及多种评估方法和指标体系的建立与应用。其中，环境效益评估主要包括对园区能源消耗、碳排放量、资源利用效率等方面的评估，我们可以采用生命周期评价、碳足迹评估、能源水平评估等方法，综合评估园区绿色能源数智化管理对环境的影响。而社会影响分析则主要包括对园区能源管理实施对就业、经济增长、社会稳定等方面的影响进行评估，我们可以采用社会成本、收益分析、社会影响评价等方法，全面分析园区绿色能源数智化管理的社会效益和影响。同时，我们还需要建立科学合理的指标体系，包括环境效益指标、社会影响指标等，为评估与分析提供定量化的数据支持，实现对企业园区绿色能源数智化管理的全面评估。

环境效益评估与社会影响分析还需要充分考虑园区绿色能源数智化管理的特点和实际情况。不同类型的企业园区在能源消耗结构、产业特点、区域环境等方面均存在差异，因此在进行环境效益评估与社会影响分析时，我们需要针对具体情况采取相应的评估方法和指标体系，确保评估结果的科学准确性和可靠性。同时，我们还需要考虑园区绿色能源数智化管理的长期性和可持续性，评估分析的结果要能够为园区的长期发展和持续改进提供支持。

第二章 企业园区能源数智化管控对象

第一节 能源供应

一、能源供应概述

能源供应是现代社会和经济发展的重要基础,包括电网电力、光伏、风能、天然气、空气能、蒸汽能以及综合能源站等多种形式。图 2-1 所示的饼状图显示了不同能源在全球能源供应中的占比情况。从图中我们可以看出,电网电力是主要的能源来源,占据了 40% 的份额。其次是光伏和风能,各占 15%。天然气占了20%,空气能和蒸汽能分别占据了 5% 和 3%,综合能源站占了 2%。这反映了电网电力在能源供应中的重要性。随着技术的进步和政策的推动,未来可再生能源在能源供应中的比例有望进一步提升,从而推动全球向更加可持续的能源结构转变。

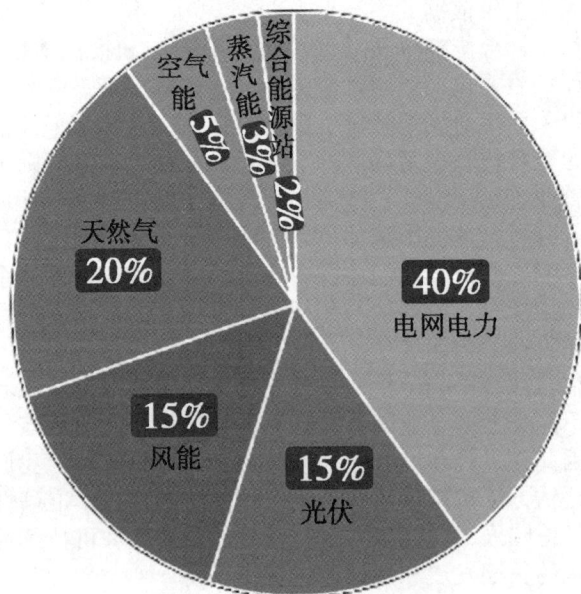

图 2-1 全球能源供应占比

二、电网电力

电网电力在我国能源供应和经济发展中占据了重要地位，近年来取得了显著的发展成就。随着电力需求的不断增长和技术的不断进步，我国电网系统在发电能力、输电技术和可再生能源的整合方面都取得了长足的进步。自 2015 年以来，我国的发电总装机容量呈现出稳定增长的趋势。2015 年，我国的发电总装机容量为 1500 GW，而到 2022 年，这一数字已经增长至 2500 GW，显示出我国电力基础设施建设的快速发展。这一增长不仅满足了国内日益增长的电力需求，也为经济发展提供了坚实的能源保障。

同时，我国在可再生能源的利用方面也取得了显著进展。从 2015 年到 2022 年，可再生能源在总发电量中的占比从 20% 上升至 35%。这表明我国在积极推进能源结构转型，逐步减少对化石燃料的依赖，增加可再生能源的比重，以实现更加可持续的能源发展目标。风能和光伏发电在这方面表现尤为突出，成为推动可再生能源发展的重要力量。我国的电网基础设施建设也在不断完善。近年来，特高压输电技术的发展极大地提高了电力传输的效率和稳定性，能够将远距离的电力资源高效地输送到需求中心。同时，智能电网技术的应用也显著提升了电网的管理和调度能力，使电力供应更加灵活和可靠。

三、光伏

（一）光伏发电

光伏发电是利用太阳能电池将太阳光直接转化为电能的一种技术，近年来在我国得到了快速发展。据调查，自 2015 年以来，我国光伏发电装机容量和发电量均呈现出显著增长的态势。2015 年我国光伏发电装机容量为 43.18 GW，而到 2022 年，这一数字已经增长到 392.61 GW。装机容量的大幅增加，反映了我国在光伏发电领域的快速扩张和技术进步。这一增长不仅提升了我国的可再生能源发电比例，也为全球应对气候变化和减少碳排放贡献了重要力量。与此同时，我国光伏发电量也在稳步增长。2015 年，光伏发电量为 39.6 TWh，而到 2022 年，这一数字已上升至 392.3 TWh。光伏发电量的快速增长，不仅满足了国内日益增长的电力需求，还进一步优化了我国的能源结构，减少了对传统化石能源的依赖。

我国光伏发电的快速发展得益于多方面的推动因素。首先，政府出台了一系列支持政策，包括补贴政策、税收优惠和电价保障措施，极大地促进了光伏产业的发展。其次，技术进步和成本下降也为光伏发电的普及提供了坚实的基础。近年来，光伏组件的生产成本不断降低，使得光伏发电的经济性逐渐提高，成为竞争力较强的能源选择。

（二）光伏发展存在的问题

光伏发展在当今能源行业中扮演着重要角色，然而，其发展过程中也面临着一系列挑战与问题。这些问题的存在不仅影响着光伏发电的稳定性和可靠性，同时也对电力系统的运行和管理提出了新的挑战。

光伏发电具有不确定性和随机性，不确定性主要源于天气因素，例如日照强度的变化、云量的变化等都会直接影响光伏发电量。尤其是在多云、阴雨天气下，光伏发电效率大幅下降，这给光伏电站的运行带来了一定的不确定性。随机性则主要体现在天气的突发性变化上，比如突然出现的大风、暴雨等极端天气，可能会导致光伏电站的损坏，进而影响发电效率。

另一个突出的问题是光伏发电的消纳问题。随着光伏发电装机容量的增加，光伏电站并网后会产生大量的电力，但由于电力系统的供需平衡问题，有时电网无法完全消纳光伏发电所产生的电力，这就导致了部分光伏电站的发电被弃风弃光，造成资源浪费。

此外，随着光伏发电装机规模的不断扩大，高渗透下对电网的影响也越来越显著。光伏发电的随机性和间歇性使得电网的调度和运行更加复杂，可能会导致电网的稳定性受到影响，甚至引发电网故障。

针对这些问题，我们需要采取一系列的措施来应对。首先是加强光伏发电的预测和调度能力，通过合理的天气预测和发电量预测，优化光伏发电的调度，减少不确定性和随机性带来的影响。此外，还可以通过技术手段提高光伏电站的抗灾能力，减少极端天气对光伏设备的影响。其次是加强电网建设和运行管理，提高电网的承载能力和稳定性，以适应光伏发电高渗透的情况。

（三）光伏发展趋势

光伏发展在当今世界范围内呈现出一系列引人注目的趋势，这些趋势不仅是对能源行业的重大挑战，同时也是为了应对全球能源需求增长和应对气候变化而采取的重要举措之一。在全球范围内，光伏发展的趋势受到多方面因素的影响，包括技术创新、政策支持、市场需求、环境考量等。

技术创新是推动光伏发展的关键因素之一。随着科技的不断进步，光伏技术得到了长足的发展，光伏电池的效率不断提升，成本不断降低。尤其是在太阳能电池技术方面，从传统的多晶硅太阳能电池到薄膜太阳能电池，再到有机太阳能电池等新型太阳能电池技术的涌现，为光伏发展提供了更多的选择和可能性。此外，光伏与其他能源技术的融合也在不断拓展，比如光伏与储能技术的结合，可以有效地解决光伏发电的间歇性和不确定性问题，提高光伏发电的可靠性和稳定性。

政策支持是推动光伏发展的重要保障。各国政府通过出台一系列政策和措施，如补贴政策、税收优惠政策、能源转型目标等来促进光伏发展。特别是在一些光照资源丰富的地区，政府还会制定相应的光伏发展规划和政策，鼓励企业和个人投资光伏发电项目。此外，一些国际组织也通过各种合作机制和项目，支持发展中国家发展光伏电力，促进全球清洁能源的普及和应用。

市场需求是推动光伏发展的另一个重要因素。随着人们对清洁能源的需求不断增加，光伏发电逐渐成为各国能源供应的重要组成部分。尤其是在一些新兴经济体和发展中国家，由于经济增长和能源需求的增加，光伏发电前景广阔。同时，一些大型企业和能源公司也加大了对光伏项目的投资和布局，推动了光伏市场的进一步扩大和发展。

随着全球气候问题日益严重，各国政府和社会各界都越来越重视清洁能源的发展和利用。光伏发电作为一种零排放的清洁能源，具有显著的环保优势，受到了广泛关注和支持。通过大力发展光伏发电，人们可以减少化石能源的使用，降低温室气体排放，有利于改善环境质量和保护生态环境。

四、风能

（一）风能供需基本情况

风能作为可再生能源的重要组成部分，在能源供需结构中扮演着日益重要的角色。在全球范围内，风能的开发利用持续增长，其供需基本情况呈现出一系列显著的特征。国际能源机构（IEA）的数据显示，全球风能装机容量持续增长，截至 2022 年，全球累计风能装机容量已达 743.4GW，其中仅 2021 年新增装机容量就达 93.8 GW，创下历史新高。这表明风能作为一种清洁的、可再生的能源形式受到了全球范围内的广泛关注和认可（图 2-2）。

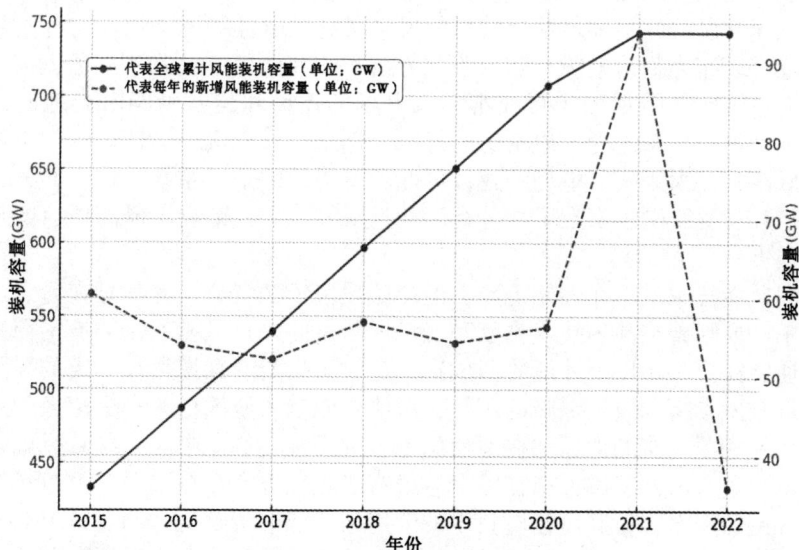

图 2-2 全球风能供需基本情况

在风能发电技术方面，随着技术的不断进步和成本的持续下降，风能的竞争力得到了显著提升。IEA 国际能源署的数据显示，近年来，风能发电的成本逐年下降，尤其是在新兴市场和成熟市场中，风能的发电成本已经接近甚至低于传统化石能源发电成本。这使得风能成了一种具有经济竞争力的能源选择，吸引了更多的投资和项目建设。

在全球范围内，风能市场需求呈现出强劲增长的态势。各国政府纷纷出台政策措施，支持和促进清洁能源的发展和利用。根据 IEA 国际能源署的数据可知，2020 年，全球风能发电量约占全球电力需求的 6.7%，而到 2030 年，这一比例预计将达到 14%，显示了风能在全球能源供应中的重要地位和潜在市场需求。

另外，风能供应情况也受到风能项目投资和建设的影响。全球各地区不断涌现出大型风电项目，尤其是在欧洲、北美和亚洲等地区，风能装机容量持续增长。IEA 的数据显示，中国、美国、德国、印度和西班牙等国家是全球风能装机容量最大的国家，占据了全球风能装机容量的大部分份额。特别是在中国，风能装机容量已经超过了 280 GW，位居全球首位，这充分体现了风能在全球能源供应中的重要地位和巨大潜力。

总的来说，风能作为一种清洁的、可再生的能源形式，其供需基本情况表现出持续增长的趋势。随着技术的不断进步和市场的不断扩大，风能将继续在全球能源供应中发挥重要作用，为推动全球能源转型和应对气候变化做出积极贡献。

（二）风能发展存在的问题

风能作为一种可再生能源在全球范围内快速发展，但在其发展过程中也面临诸多问题和挑战。风能的间歇性和不稳定性问题突出。由于风能发电依赖于自然风力，风速和风向的不确定性导致风能发电具有间歇性和波动性。这种不稳定性使得风能难以作为基荷电源，需依赖储能技术或其他稳定电源来平衡供需，这增加了电力系统的复杂性和运行成本。风电场的建设和运营可能对当地的生态环境、野生动物和鸟类迁徙产生一定的影响。例如，风电机组的转动叶片可能对鸟类造成威胁，而大规模风电场的建设可能改变当地的生态系统结构。此外，风电场的噪声和视觉影响也引发了部分社区的抵触和担忧，影响了风能项目的推进和社会接受度。

虽然风能技术成本在逐年下降，但初始投资依然较高，尤其是在海上风电场的建设中，面临着更高的技术难度和建设成本。此外，风能项目的投资回报周期较长，通常需要十年以上才能收回成本，这对于投资者来说存在一定的风险和不确定性。金融支持和政策保障的不足，可能会限制风能项目的资金流入和规模化发展。风能资源丰富的地区往往地处偏远，远离主要负荷中心，导致风电需要长距离运输。现有电网基础设施在输电容量和稳定性方面存在不足，难以满足大规模风电并网的需求。特高压输电技术的应用虽然能够缓解这一问题，但其建设和维护成本高昂。此外，风电的波动性也对电网调度和管理提出了更高的要求，增加了电力系统的复杂性。

虽然风能技术在不断进步，但在一些核心技术和设备上，仍然存在依赖进口的情况，且其自主研发能力不足。这不仅限制了风能技术的进一步突破，也影响了风能产业的整体竞争力。加大对风能技术的研发投入，提高自主创新能力，是解决这一问题的关键。虽然许多国家出台了支持风能发展的政策，但在具体实施过程中，政策的不连续性和不确定性影响了投资者的信心。此外，一些地区的审批流程复杂，行政效率低下，也延缓了风能项目的落地和推进。建立稳定、连续和透明的政策体系，简化审批流程，提高行政效率，对于风能的可持续发展至关重要。

风能产业的快速发展需要大量的专业人才，但现有的教育和培训体系尚未完全跟上产业发展的步伐。专业人才的缺乏不仅影响了风能技术的研发和创新，也制约了风能项目的建设和运营。加强风能专业教育和培训，培养更多的技术和管理人才，是推动风能产业发展的重要保障。

社会接受度和公众参与度不足也是风能发展需要面对的问题。虽然风能作为清洁能源得到了广泛认可，但在一些地方，社区居民对风电项目的认知不足，存在一定的抵触情绪。提高公众对风能的认知，增强社会接受度，推动公众参与风能项目的规划和决策，是提升风能发展质量的重要环节。

（三）风能发展趋势

风能作为一种重要的可再生能源，其发展趋势呈现出多个显著特点和方向。首先，风能技术的不断进步将大幅提升发电效率。随着材料科学、机械工程和信息技术的发展，新型风力发电机组的设计更加高效和可靠。未来的风电机组将具备更高的容量因子和更长的使用寿命，同时维护成本也将显著降低，这将进一步推动风能的广泛应用。相比陆上风电，海上风电具有更高的风速和更稳定的风力资源，且不占用宝贵的土地资源。各国纷纷加大对海上风电的投资和研发力度，预计未来几年，海上风电的装机容量将快速增长。特别是在沿海国家和地区，海上风电有望成为能源供应的重要组成部分，为能源结构转型提供有力支持。

风能的间歇性和不稳定性一直是制约其发展的重要因素，而先进的储能技术，如电池储能和抽水蓄能，可以有效解决这一问题。未来，随着储能技术的进步和成本的降低，风电与储能系统的集成将更加普及，进一步增强电网的稳定性和灵活性。各国政府为实现碳中和目标，纷纷出台了支持风能发展的政策措施，如补贴、税收优惠和可再生能源配额制等。这些政策为风能产业的发展提供了良好的环境和条件。此外，国际技术合作和经验交流也将促进风能技术的快速进步和市场份额的扩大，推动全球风能产业的共同发展。

分布式风电系统指的是在用户侧安装的小型风力发电设备，直接为当地用户供电。这样的系统可以有效降低输电损耗，提高能源利用效率。未来，随着技术的进步和政策的支持，分布式风电系统将在农村和偏远地区得到广泛应用，改善当地的能源供应状况，推动能源的分散化和多元化发展。为提升产业竞争力和保障能源安全，各国都在积极推动风能设备的本地化生产，降低对进口设备的依赖。这不仅有助于降低成本，还能带动本地经济的发展，创造更多的就业机会。未来，随着自主研发能力的提升和本地供应链的完善，风能产业的本地化水平将不断提高。

通过物联网、大数据和人工智能等技术的应用，风电场的运行和维护将更加高效和智能。实时监测、远程控制和故障预测等数字化手段，可以显著提高风电场的运营效率和安全性，降低运维成本。未来，智能风电场将成为风能发展的主流模式，为风能产业的可持续发展提供强大的技术支撑。随着全球对环境保护和气候变化的关注不断增加，风能作为一种清洁能源，其重要性将进一步凸显。各国在制定能源政策时，将更加注重环保要求和可持续发展目标，推动风能产业在绿色低碳发展的道路上不断前行。

五、天然气

（一）天然气供需基本情况

1. 供需两侧协同发力，天然气市场总体平稳

当前，天然气市场呈现出供需两侧协同发力的态势，整体保持平稳。供应端依托国产气和长期进口协议气源，稳定供应、稳定价格，发挥着关键作用。同时，灵活调节液化天然气现货采购，使资源池能够均衡配置，进一步平抑了市场价格波动。多家企业相互支援，强化了供应保障能力。在需求端，天然气行业积极应用能源系统思维，实现了多能互补，最大限度地优化了煤炭的使用，确保了能源供应的稳定。此外，通过优化调整用气结构，实现了用气的高效利用，减少了浪费。市场机制的引入也起到了积极作用，用户可中断用气等快速响应，从而更好地平衡了供需矛盾。整个天然气行业形成了"全国一盘棋"的局面，各个环节齐心协力，有效地应对了国际市场价格波动带来的挑战。

2022 年数据显示，全国天然气消费量为 3646 亿立方米，虽然同比下降了 1.2%，但天然气在一次能源消费总量中的占比仍为 8.4%，这体现了中国天然气产业在发展过程中所具备的弹性和灵活性。从消费结构看，城市燃气消费占比增至 33%，而工业燃料、天然气发电、化工行业用气规模则有所下降，分别占比 42%、17% 和 8%。具体到各地区，广东和江苏全年消费量保持在 300 亿立方米以上，而河北、山东和四川的消费量则位于 200 亿至 300 亿立方米。

这些数据不仅是数字的反映，更是整个天然气行业发展的一个缩影。在当前国际形势复杂多变的情况下，中国天然气产业面临着前所未有的挑战与机遇。因此，我们需要继续保持头脑清醒，紧密团结，坚定信心，不断创新，以应对未来更大的挑战，实现天然气行业的可持续发展。

2. 大力提升勘探开发力度，新增储量产量维持高位

在天然气供需现状与前景中，大力提升勘探开发力度成为关键举措，以维持新增储量产量的高位。2022 年，天然气勘探开发在多个领域取得了重大突破，

为行业发展注入了新动力。其中，值得关注的包括在琼东南盆地南海首个深水深层大型天然气田的突破性举措，这标志着中国深水天然气资源勘探开发取得了重要进展。同时，在四川盆地的页岩气领域，寒武系新地层的勘探也取得了重大进展，开辟了规模增储新阵地，深层页岩气田的开发也全面铺开。此外，鄂尔多斯盆地东缘大宁—吉县区块深层煤层气开发先导试验的成功实施，为中国煤层气资源的开发提供了重要经验和技术支持。

在2022年，国内油气企业加大了勘探开发投资力度，勘探投资约达840亿元，开发投资约为2860亿元，创历史最高水平。这一投资力度的增加为勘探开发活动提供了更多的资金支持，有助于进一步发掘潜在的天然气资源。全国新增探明地质储量也保持在高峰水平，达到了11323亿立方米。同时，全国天然气产量为2201亿立方米，同比增长6.0%，连续六年增产超过100亿立方米，其中页岩气产量为240亿立方米。

这些数据显示了中国天然气勘探开发领域的活跃态势和不断增长的产能。在未来，随着技术的不断进步和政策的支持，天然气资源的勘探开发将继续保持高位，这为天然气市场的稳定供应和可持续发展提供坚实的基础。同时，需要注意的是，在勘探开发过程中，我们要充分考虑生态环境保护和可持续发展的原则，实现资源的合理开发利用，实现经济效益和社会效益的双赢。

3. 管道气进口稳健增长，LNG 贸易灵活调节

在天然气供需现状与前景中，管道气进口呈稳健增长的态势，而LNG贸易则在面对全球天然气供应紧张和LNG现货价格高企的情况下展现出了灵活调节的特点。

2022年，中国的进口天然气量达到了1503亿立方米，虽然同比下降了9.9%，但仍然保持了较大规模。其中，来自土库曼斯坦、澳大利亚、俄罗斯、卡塔尔、马来西亚等五个国家的进口量占比高达81%（图2-3），这些国家一直是中国主要的天然气供应来源。管道气进口量达到627亿立方米，同比增长了7.8%，其中俄罗斯管道气的增长率达到了54%，显示出中国对于俄罗斯天然气的依赖程度增加，同时中亚管道气的履约量波动也在加大。

相比之下，LNG进口量为876亿立方米，同比下降了19.5%，这主要是受到国际高气价的影响。尽管进口量下降，但由于国际气价上涨，中国作为进口国亦是付出了更高的成本，LNG进口货值同比增长了25%。为了更好地应对市场波动，中国企业在2022年签订了近1700万吨/年的新长期购销协议合同，其中离岸交货（FOB）合同占比近60%。这些长期合同为中国提供了一定程度的价格稳定性和供应保障。

面对国际市场的不确定性和变化，中国天然气行业在进口方面采取了灵活的策略，通过调整进口结构和签订长期合同等方式，降低了市场风险，保障了国内天然气供应的稳定性。未来，随着全球天然气市场的进一步变化，中国天然气行业将继续积极应对挑战，保持市场敏感性，灵活调整策略，确保国内天然气市场的平稳运行和可持续发展。

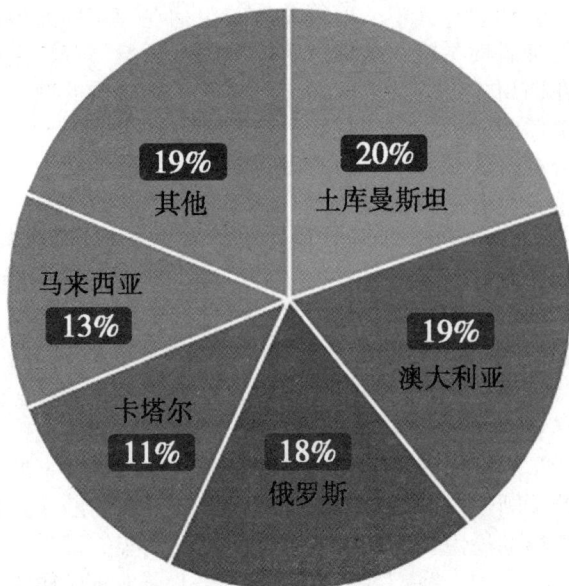

图 2-3   中国天然气进口来源占比

4. 基础设施建设持续推进，储气能力快速提升

天然气供需现状与前景的关注重点之一是基础设施建设持续推进，储气能力快速提升。在全国范围内，"全国一张网"和全国储气能力建设工作正在加速推进，各项工作层层落实，推动了天然气基础设施建设体系的不断完善。

截至 2022 年，全国长输天然气管道总里程已达到 11.8 万千米（包括地方及区域管道），其中新增长输管道里程超过 3000 千米。重大项目如中俄东线、苏皖管道及与青宁线联通工程等相继投产，而西气东输三线中段、西气东输四线（吐鲁番—中卫段）等重大工程也在持续快速建设中。这些举措将有助于进一步加强天然气的输送能力和覆盖范围，提升供应保障水平。

同时，2022 年全国新增储气能力约达 50 亿立方米。大港驴驹河、大港白15、吉林双坨子、长庆苏东 39-61、吐哈温吉桑储气库群温西一库等地下储气库，以及中国海油江苏滨海 LNG 接收站等陆续投产，这些项目的建成投运进一步提升了我国储气能力和供气灵活性。此外，北京燃气天津 LNG 接收站、河北新天曹妃甸 LNG 接收站的建成，也进一步增强了环渤海区域的天然气保供能力。

这些基础设施建设的成果为中国天然气行业的可持续发展提供了坚实的基础。未来，随着天然气需求的不断增长和市场的不断拓展，基础设施建设将继续保持高速发展态势，以适应市场需求的变化，确保天然气供应的稳定和可靠。同时，我们还需加强对基础设施建设过程中环境保护和安全管理的重视，确保天然气行业的可持续发展。

5. 油气体制改革深入实施，市场体系加快建设

油气体制改革正深入实施，市场体系加快建设的步伐也在持续推进。在全国范围内，油气资源的出让工作得到了进一步加强，共有广西、黑龙江、新疆等7个省（自治区）挂牌出让了42个石油天然气和页岩气区块，为资源的有效开发和利用提供了更多的机会和平台。

同时，"全国一张网"建设也在持续推进中，其中浙江省的天然气管网以市场化方式融入国家管网，这一举措将有助于加强管网设施的公平开放，提升管网设施的运营效率。国家管网开放服务及管容交易平台的上线运行，为油气市场的多样化交易模式提供了新的机会，包括探索"一票制"服务、"储运通"产品以及文23储气库容量竞价等方式，促进了市场的公平竞争和资源的有效配置。同时，出台完善进口液化天然气接收站气化服务定价机制的指导意见，为进一步优化液化天然气的进口环节提供了指导和支持。

天然气购销合同的签订与执行构成了天然气市场化保供的坚实基础。此外，持续压缩管输层级和供气层级，部分地区积极探索和开展燃气特许经营评估，促进了城镇燃气行业的优胜劣汰和整合重组。这些举措有助于进一步完善市场体系，提升油气市场的运行效率和透明度，为行业的健康发展打下了坚实基础。

在油气体制改革和市场体系建设的推动下，中国天然气行业将迎来更加开放、透明、竞争激烈的市场环境，为行业的发展注入了新的活力和动力。未来，我们可以期待油气市场的进一步规范化和市场化程度的提升，促进天然气资源的高效开发和利用，实现供需的平衡和行业的可持续发展。

6. 科技创新示范取得新进展，塑造发展新动能

在天然气供需现状与前景中，科技创新示范取得了新的进展，为行业发展注入了新的动能。中国天然气行业通过自主研发和技术创新，不断提升了勘探开发、生产加工、储存运输等方面的能力，塑造了行业的发展新动能。

中国成功研发了国产超深井钻机，其中在四川盆地蓬莱气区的蓬深6井，钻井深度达到了9026米，刷新了亚洲最深直井的纪录。此外，我国还成功研制了"一键式"人机交互7000米自动化钻机，并在四川长宁—威远页岩气国家级示范区成功应用。这些成就不仅提升了勘探开发的效率，也展示了中国在高端装备制造领域的实力。

中国在深层煤层气方面取得了新认识，深层煤层气成藏模式、渗流机理等方面取得了新的突破，钻井、压裂技术也实现了新的进步，拓展了煤层气开发的新思路和新领域。同时，中国首套国产化500米级水下油气生产系统、自主设计建造的亚洲第一深水导管架平台"海基一号"等项目正式投入使用，为深水油气资源的开发提供了关键支撑。

天然气管道在线仿真等数字化智能化水平也持续提升，为管道运行管理提供了更加有效的手段和技术支持。中国还建设了最大的碳捕集、利用与封存（CCUS）全产业链示范基地，并成功运行了国内首个百万吨级CCUS项目"中国石化齐鲁石化—胜利油田百万吨级CCUS项目"，为应对气候变化提供了重要支

持。中国自主研制的 F 级 50 兆瓦重型燃气轮机已经交付并进入实际应用阶段，为能源生产提供了新的选择和保障。

这些科技创新成果为中国天然气行业的发展注入了新的动能，提升了行业的竞争力和可持续发展能力。未来，随着科技的不断进步和创新成果的不断涌现，中国天然气行业将迎来更加广阔的发展前景，为实现能源安全、环境保护和经济可持续发展做出更大的贡献。

7. 行业发展总体向好，局部矛盾需差异化解决

天然气行业的发展总体向好，但在局部地区仍存在一些矛盾和问题，需要差异化的解决方案来应对。

自天然气产供储销体系建设以来，国产气连续六年年增产超过百亿立方米，同时，"全国一张网"的初步形成使得储气能力呈现翻番式增长，全国天然气干线管输的"硬瓶颈"基本消除。这些成就为中国天然气行业的稳步发展奠定了坚实的基础，为满足国内市场需求提供了重要支撑。然而，在行业整体发展良好的背景下，2022 年至 2023 年采暖季期间，一些地区出现了民生用气限供甚至断供等情况。这暴露出部分地区民生保供责任未能得到有效落实，特许经营权责不对等问题。此外，下游企业用气成本较高，终端价格合理性的诉求，以及城市燃气领域优胜劣汰和整合重组的趋势也需要引起重视。

为了进一步促进天然气行业的健康发展，我们需要加快改革步伐，加强市场体系建设。首先，我们要坚持产业链互利共赢的基本原则，促进天然气市场的健康发展。其次，中央政府、地方政府以及相关企业需要共同承担责任，采取针对性的措施，差异化解决个别地区面临的问题，特别是农村"煤改气"项目的可持续运营难题。同时，我们要加强监管和政策引导，保障市场的公平竞争和资源的有效配置。

（二）天然气供需存在的问题

1. 天然气储存及管网等基础建设滞后

中国天然气供需存在的问题之一是天然气储存及管网等基础建设滞后。与西方发达国家相比，中国在天然气地下储气库及运输管道的建设方面存在较大差距，导致天然气干线管道密度落后于世界平均水平。具体来说，中国天然气地下储气库工作气量在中国天然气消费量中所占比重仅为 3.4%，而世界平均水平约为 24%。

这种差距主要体现在管道建设及其互联互通以及天然气输送调配能力等方面。中国的天然气管道网络不够发达，系统性和输配气应急应变能力相对较差，这是导致近年来在极端气候条件下和冬季用气高峰期出现市场供需紧张的主要因素之一。由于管道建设不足，天然气的输送和调配能力受到限制，难以满足市场需求的快速变化，进而影响了供应的稳定性和可靠性。

中国省级输配气管网的发展程度存在不一致的问题，导致输配气的区域割裂性矛盾突出。一些地区的天然气管网建设相对滞后，与发达地区相比存在明显的

差距，这导致了天然气的分布不均衡，一些地区可能面临供气不足的问题，而另一些地区则可能存在天然气资源的浪费和过剩。因此，我们要解决中国天然气供需存在的问题，首先需要加大对天然气基础设施建设的投入，提升天然气地下储气库的建设规模和能力，加快天然气管网的建设和完善，提高系统性和输配气应急应变能力，确保天然气供应的稳定和可靠。同时，中国还需要加强省级输配气管网的统筹规划和协调，促进天然气资源的合理利用和分配，实现全国范围内的天然气供应的均衡和协调。通过这些措施，可以有效解决中国天然气供需存在的问题，推动天然气行业的健康发展。

2. 区域性和季节性天然气供需矛盾突出

近年来，尽管中国天然气产供储销体系建设得到了加强，但仍然存在区域性和季节性天然气供需矛盾突出的问题。这些问题主要源于以下几个方面。

中国对于天然气的进口依赖度较高，而进口天然气易受出口国政治、经济、地缘政治局势、自然灾害和管道事故等不可控因素的影响。例如，在 2017 年冬季，中亚进口天然气突然减供，导致天然气供应不足，日供应量比计划供应量少约 4000 亿立方米，加剧了供需紧张局势。此外，海上 LNG 进口通道受冬季气候及环境的影响较大，运输 LNG 船舶及时靠岸存在一定困难。

近年来，随着北方地区清洁取暖的推进，天然气季节性需求峰谷差进一步加大。特别是"煤改气"政策的不断推进，使得冬季保暖需求逐渐增加，导致冬季天然气需求的峰值持续上升。

中国天然气基础设施之间的互联互通程度不够，导致天然气资源的优化配置和调运受到一定限制。不同地区之间的管道网络连接不畅，使得天然气无法有效地从供应充裕地区输送到需求紧张地区，加剧了区域性供需矛盾。

部分地区的天然气供应和城市燃气公司存在监管缺位或监管不力的问题，导致未能严格执行《天然气利用政策》规定的供气顺序。部分城市燃气公司将天然气优先投放给高气价行业，或将民用气销售到非民用气相关的行业，使得民用气供应紧张。

国家规定的调峰保供责任没有落实到位，大部分地方政府和城市燃气公司的储气调峰能力尚未达到要求，缺乏有效的调峰措施和应急预案，使得在天然气供应出现波动时无法及时有效地应对，加剧了供需矛盾。

要解决中国天然气供需存在的问题，我们需要加强天然气资源进口管控和多元化供应渠道建设，加大基础设施建设投入力度，提升管道网络的互联互通能力，加大监管力度，强化法律法规执行力度，完善调峰保供机制，确保天然气供应的稳定和可靠。同时，中国还需要加强与出口国的合作，共同应对天然气供需波动带来的挑战，推动天然气行业的健康发展。

3. 天然气市场机制及监管体系不完善

中国天然气市场存在着市场机制不完善和监管体系不健全的问题。天然气资源供应较为集中，主要由中国石油、中国石化和中国海油等三大石油公司掌握，其他国有及私营企业在市场份额上占比较低，无法形成有效的竞争。天然气价格体系不完整，缺乏有效的调节机制，现行的季节差价随意性较大，储气价格机制尚未有效落实，国家级交易平台交易量有限，竞争性不充分，无法有效调节供需和价格。天然气基础设施的公平开放仍处于初期建设阶段，市场化效果尚待验证。

天然气市场监管方面存在诸多问题。监管机制不够明确，监管职责分配存在问题，导致监管工作效率不高，监管体系不完善，相关法律法规尚不明确，执行力不足。监管主体和手段单一，主要依靠行政强制执行，缺乏其他社会群体的监督审查作用，导致监管成效不明显。

中国天然气市场的市场机制不完善和监管体系不健全，制约了市场的健康发展。为解决这些问题，中国需要加强监管机制的建设和完善，明确监管职责，加大监管力度，建立健全市场化机制，促进天然气市场的健康发展。

4. 油价波动冲击天然气勘探开发投入

近年来，国际油价的波动对天然气勘探开发投入造成了严重冲击。油价的上下波动频率和幅度大幅增加，甚至出现了几次断崖式下跌和历史上首次的负油价现象。这种不稳定性不仅影响着世界经济的发展，也直接影响到全球油气勘探开发的投入情况。

自2014年油价暴跌以来，各大石油企业普遍采取了大幅削减上游投资的措施，其中包括削减勘探投资幅度达到30%至50%。2017年，全球油气勘探投资为434亿美元，仅为2013年的43%，维持在较低水平。尽管相较于2016年有所回升，增幅约为6.1%，但仍处于低位状态，呈现触底回暖态势。

然而，2020年新冠疫情暴发后，国际油价再次跳水，并在极低价位上持续较长时间，严重影响了当年的油气勘探开发投资。尽管到了年末，油价有所回升，但由于疫情发展仍未见明显下行拐点，全球经济仍处于不稳定状态，这可能导致全球重大天然气项目投资明显下降。这种情况将在一定程度上影响到2025年前后全球天然气市场特别是LNG市场的供给。

（三）天然气的发展趋势

天然气作为一种清洁高效的能源，其发展趋势呈现出多元化和全球化的特点。首先，全球天然气消费量将继续增长。随着各国致力于减少碳排放并推动能源结构转型，天然气作为一种相对清洁的化石燃料，受到越来越多人的青睐。其在发电、工业生产、交通运输以及居民生活中的应用范围不断扩大，特别是在发电领域，天然气因其高效和低污染的优势，逐渐取代煤炭成为主要燃料之一。随着技术的进步和基础设施的完善，LNG的运输和储存变得更加便捷和经济。LNG贸易不仅打破了传统管道气的地域限制，还增强了供应链的灵活性，使得更多国家能够进口天然气。这种趋势特别体现在亚太地区，许多新兴经济体纷纷增加LNG进口，以满足其快速增长的能源需求。

过去，天然气市场主要是区域性的，管道天然气供应链受限于地理位置。而现在，LNG贸易的发展使得全球天然气市场更加一体化。供应国和消费国之间的联系日益紧密，全球天然气价格逐渐趋于一致化，这有助于形成更加稳定和竞争的市场环境。同时，各国在天然气领域的合作也在加深，共同开发资源、分享技术、保障供应安全。随着开采技术的进步，页岩气和致密气等非常规天然气资源的开发利用成为可能。水力压裂和水平钻井等技术的应用，使得非常规天然气资源的经济可行性大幅提高，增加了全球天然气供应的多样性和可持续性。未来，随着技术的进一步突破，非常规天然气资源将在全球能源结构中占据更重要的位置。

尽管天然气相对清洁，但其在生产和使用过程中仍会产生一定的碳排放。为了实现碳中和目标，各国将加大力度推进天然气的绿色化发展。碳捕集与封存（CCS）技术、氢能掺混技术以及甲烷减排技术的应用，将有效降低天然气产业链的碳足迹，推动天然气产业的可持续发展。各国政府纷纷出台政策，鼓励天然气的开发和利用，提供税收优惠、财政补贴和融资支持，以促进天然气产业的发展。同时，天然气市场的改革也在加速，市场化交易机制的建立和完善，有助于提高市场效率，吸引更多的投资，推动天然气产业的健康发展。

由于天然气资源的分布较为集中，许多国家对外依赖度较高，保障天然气供应安全成为重要议题。各国通过多元化进口渠道、建立战略储备以及加强国际合作等措施，提升天然气供应的稳定性和安全性，确保能源安全。中国致力于优化能源结构，减少煤炭消费，推动清洁能源发展。天然气作为重要的过渡能源，将在未来几十年中扮演关键角色。中国将继续加大天然气基础设施建设，完善管网布局，提升储气能力，推进 LNG 接收站建设，以满足日益增长的天然气需求。同时，中国也将加强国际合作，签订长期购销合同，确保天然气供应的稳定性和多样化。

六、空气能

（一）空气能供需的基本情况

1. 供给方面

空气能作为一种清洁的、可再生的能源形式，正逐渐成为人们关注和应用的焦点。从供给方面来看，空气能的发展受到多种因素的影响，包括技术水平、政策支持、市场需求等。以下是对空气能供给现状的详细论述，包含数据支撑。

空气能，主要指空气源热泵技术，是一种将空气中的低品位热能转化为高品位热能的可再生能源技术。近年来，空气能在全球范围内得到了广泛应用，供需情况呈现出显著的增长趋势。从图中可以看出，2015 年至 2022 年，空气能的供应量和需求量均呈现出逐年增长的趋势。2015 年，空气能的供应量为 1.5 百万台，而需求量为 1.4 百万台。到 2022 年，供应量和需求量分别达到了 7.2 百万台和 7.0 百万台。整体上，供应量略高于需求量，这表明市场供应充足，能够满足不断增长的市场需求（图 2-4）。

政策支持对空气能供给的推动起到了重要作用。各国政府纷纷出台支持清洁

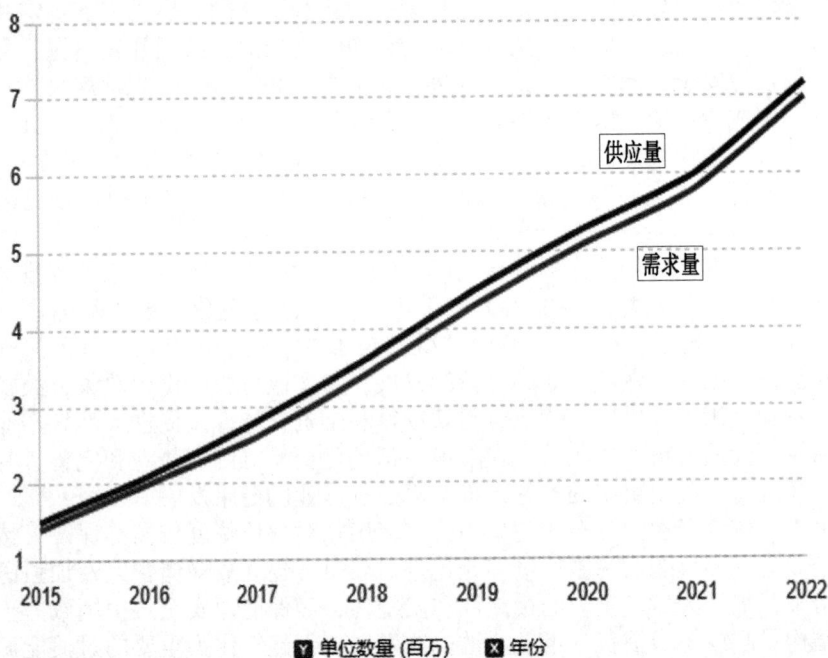

图 2-4 空气能供需基本情况

能源发展的政策和措施，其中包括对空气能的补贴政策、税收优惠政策以及技术标准和认证体系的建立。例如，中国政府发布的《关于促进热泵产业发展的指导意见》提出了一系列支持措施，包括加大对热泵产品研发和应用的资金支持力度，推动热泵市场健康发展。

随着环保意识的提升和能源结构转型的加速推进，人们对清洁能源的需求不断增加。尤其是在采暖、热水等领域，空气能作为一种高效、环保的替代能源备受青睐。据市场调研机构分析，全球空气能产品市场规模自 2015 年以来年均增长率超过 10%，市场潜力巨大。然而，空气能供给也面临一些挑战。首先是技术水平和成本问题。尽管空气能技术不断进步，但与传统能源相比，空气能设备的投资成本仍然较高，制约了其在一些地区的推广应用。其次是能源政策的不确定性。各国政府在能源政策的调整和转型过程中，对空气能的支持力度和政策框架可能发生变化，给企业和投资者带来了一定的不确定性。

空气能作为一种清洁、可再生的能源形式，在供给方面取得了一定进展，但仍面临诸多挑战和机遇。未来，随着技术的不断创新和政策环境的进一步完善，空气能有望在能源结构调整和环境保护方面发挥更加重要的作用。

2. 需求方面

空气能作为一种清洁的、高效的能源形式，在需求方面逐渐受到广泛关注和应用。目前空气能需求呈现紧张态势，需求的增长主要受到环保意识的提升、能源需求结构调整以及政策支持等多重因素的影响。

随着全球气候变化和环境污染问题日益突出，人们对清洁能源的需求不断增加。空气能作为一种零排放、低碳的能源形式，受到了越来越多消费者和政府的青睐。根据国际能源署（IEA）的数据显示，全球各地的清洁能源市场规模逐年扩大，其中包括空气能在内的清洁能源需求持续增长。

能源需求结构调整也促进了空气能的需求增长。传统能源如煤、石油等的供给日益受到限制，而清洁能源的比重不断提高。尤其是在采暖、热水等领域，空气能作为一种高效、环保的替代能源，受到了广泛关注。市场调研数据显示，全球各地的空气能产品市场规模持续增长，市场需求旺盛。

政策支持也对空气能需求的增长起到了重要推动作用。各国政府纷纷出台支持清洁能源发展的政策和措施，包括对空气能产品的补贴政策、能源转型目标的设定以及建立健全的技术标准和认证体系等。例如，欧盟在《欧洲绿色协议》中提出了 2050 年实现碳中和的目标，并明确了对清洁能源的支持政策，这将进一步推动空气能需求的增长。然而，空气能需求增长也面临一些问题。首先是价格因素。尽管空气能作为清洁能源备受青睐，但与传统能源相比，其设备投资成本仍然较高，制约了一部分消费者的购买意愿。其次是技术水平和产品性能。虽然空气能技术在不断进步，但在一些特定环境下，如极寒地区，其性能表现可能存在一定的局限性，这也限制了空气能在一些地区的应用范围。

（二）空气能供应存在的问题

空气能作为一种新兴的可再生能源技术，尽管其市场在快速增长，但在供应方面仍面临诸多问题。首先，空气能设备的初始成本较高。相比传统的供暖和制冷设备，空气能热泵的采购和安装费用明显更高。这种高昂的初始投资使得许多消费者望而却步，特别是在经济条件较为有限的地区，空气能设备的普及率受到了限制。空气能热泵的工作原理依赖于从空气中提取热能，但在寒冷气候条件下，空气中的热能含量显著降低，导致设备的能效比下降。尽管近年来在低温技术方面取得了一些进展，但在极端寒冷条件下，空气能设备的性能仍无法与传统的燃气或电加热设备相媲美，这限制了其在北方寒冷地区的应用。

尽管空气能设备的运行成本相对较低，但其维护成本却不容忽视。空气能热泵系统需要定期进行检查和维护，尤其是对于大型商用设备，这种维护费用可能会增加用户的总拥有成本。此外，设备的寿命和可靠性也受到关注，部分早期安装的空气能设备在长期运行中暴露了一些质量问题，影响了用户的使用体验和市场口碑。空气能热泵需要在户外安装，而且需要一定的空间来保证设备的正常运行。在城市高密度居住区，尤其是老旧小区和高层建筑，安装空间的限制使得空气能设备的推广受到了一定阻碍。同时，空气能设备安装过程中还需要考虑噪声和振动对周围居民的影响，这些都增加了安装的复杂性和成本。

尽管空气能技术在不断进步，但与其他能源技术相比，其研发投入仍显不足。特别是在提升低温性能、降低初始成本和提高设备耐用性方面，仍有很大的提升空间。研发投入的不足不仅限制了技术的突破，也影响了空气能产业的整体竞争力。尽管各国政府都出台了支持清洁能源的政策，但这些政策的稳定性和连续性不够，导致市场预期不稳定。例如，补贴政策的调整和税收优惠的变化，可能对空气能市场产生直接影响。此外，市场竞争的加剧也使得一些企业为了短期利益而忽视了产品质量和技术研发，这对行业的长期健康发展不利。

很多消费者对空气能这种新兴技术缺乏了解，甚至存在误解，认为其成本高、效果差。因此，加强消费者教育，提高公众对空气能技术的认识，是推动空气能市场进一步发展的关键。通过各种宣传渠道，普及空气能的优势和使用方法，提升消费者对空气能产品的接受度和信任度，是未来工作的重点。目前，空气能设备的供应链尚不完善，市场上的产品质量参差不齐。缺乏统一的标准和认证体系，这使得消费者在选择产品时面临较大的困惑，也影响了市场的规范和健康发展。建立健全的标准化体系和质量认证机制，是提升空气能市场整体水平的重要举措。

七、蒸汽能

（一）蒸汽能供应的基本情况

1. 供给方面

蒸汽能作为一种重要的能源形式，其供给方面受到多种因素的影响：蒸汽能的供给受到能源资源的限制。蒸汽能通常是通过燃煤、天然气、核能等能源形式产生的，因此其供给受到这些能源资源的影响。以煤炭为例，煤炭是全球主要的蒸汽能源之一，但其供给受到煤炭资源储量和开采成本的影响。根据国际能源署的数据可知，全球煤炭储量虽然较为丰富，但随着资源的逐渐开采和消耗，一些地区的煤炭资源已经开始减少，这可能会影响到蒸汽能的供给。

蒸汽能的产生和利用需要先进的发电、燃烧、输送等技术支持。随着科技的不断进步和创新，蒸汽能的产能和效率得到了提升，但仍然存在一些技术瓶颈和挑战。例如，在煤炭发电领域，超临界和超超临界技术的应用可以提高发电效率和减少排放，但其投资成本较高，制约了其在一些地区的推广应用。

各国政府为了应对气候变化、减少污染排放等问题，纷纷出台支持清洁能源发展的政策和措施，这包括对蒸汽能的补贴政策、排放标准的限制以及能源结构调整的目标等。例如，一些发达国家在减少煤炭发电比例、加大清洁能源投资等方面采取了积极的政策措施，这可能会对蒸汽能的供给产生影响。

从图中可以看出，2015 年至 2022 年，蒸汽能的供应量和需求量均呈现出逐年增长的趋势。2015 年，蒸汽能的供应量为 1.50 亿吨，而需求量为 1.45 亿吨。到 2022 年，供应量和需求量分别达到了 2.40 亿吨和 2.35 亿吨。整体上，供应量略高于需求量，这表明市场供应充足，能够满足不断增长的市场需求（图 2-5）。

随着环保意识的提升和能源结构调整的推进，人们对蒸汽能的环境影响和碳

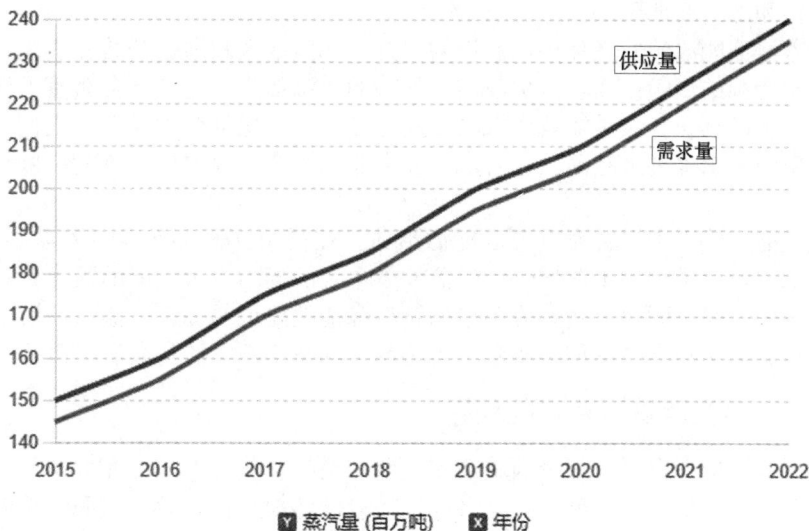

图 2-5　蒸汽能供应的基本情况

排放等问题越来越关注，这可能会对蒸汽能的发展造成一定影响。其次是资源枯竭和成本上升。随着资源的开采和消耗，一些地区的能源资源储量可能会逐渐枯竭，这将增加蒸汽能的生产成本和供给压力。

蒸汽能作为一种重要的能源形式，其供给受到多种因素的影响。未来，随着科技的不断进步和政策环境的进一步完善，蒸汽能有望在供给方面发挥更加重要的作用，并为能源结构调整和可持续发展做出贡献。

2. 需求方面

蒸汽能作为一种传统而重要的能源形式，在能源需求方面一直扮演着关键角色。其主要应用领域包括发电、工业生产、供热等，其需求受到工业化程度、经济增长、技术进步等因素的影响。

蒸汽能在发电行业中的需求占据重要地位。据国际能源署的数据显示，蒸汽发电是全球主要的发电方式之一，尤其在燃煤和核能发电站中应用广泛。根据IEA 发布的数据显示，2019 年全球蒸汽发电装机容量约为 1.5 万吉瓦，占全球总装机容量的 37% 左右。而且，随着新兴经济体的工业化进程加速以及发展中国家对电力的需求不断增长，蒸汽发电的需求仍然呈现稳步增长的趋势。

工业生产领域对蒸汽能的需求也巨大。蒸汽被广泛应用于工业生产中的加热、驱动、蒸馏等过程。特别是在化工、纺织、造纸、食品加工等行业，蒸汽是生产过程中不可或缺的能源之一。根据国际能源署的数据，工业部门是全球蒸汽能消耗的主要领域之一，其在全球总蒸汽消耗中占据相当高比例。

蒸汽作为一种高效的传热介质，被广泛应用于供暖、热水供应等领域。特别是在城市集中供热系统中，蒸汽能源占据了相当重要的地位。根据国际能源署的数据显示，在全球城市供热系统中，蒸汽能源的利用率仍然较高，尤其在一些老工业基地和冷气候地区。

随着清洁能源的发展和环保意识的提升，一些地区和国家开始逐步减少对煤炭等传统能源的依赖，而转向更清洁、低碳的能源形式。这可能会对蒸汽能的需求产生一定影响。其次是能效要求的提高。随着工业化进程的推进，人们对能源利用效率的要求也越来越高，这要求工业企业在生产过程中更加节能高效地利用蒸汽能源。

蒸汽能作为一种传统而重要的能源形式，在需求方面仍然发挥着重要作用。随着全球工业化进程的不断推进和经济发展水平的提高，蒸汽能的需求仍将保持稳定增长的趋势。同时，随着能源结构转型和能效要求的提高，蒸汽能源面临着一些挑战，但也将在技术创新和政策支持的推动下不断发展壮大。

（二）蒸汽能供应存在的问题

蒸汽能供应在发展过程中面临诸多问题和挑战。蒸汽能的能源效率问题亟待解决。蒸汽能在生产和传输过程中会产生大量的热损失，这导致能源利用效率较低。尤其是在一些老旧的工业设施和管网系统中，热损失情况更加严重，亟须进行技术改造和升级，以提高能源利用效率，减少能源浪费。蒸汽能的生产通常依赖于燃烧煤炭、天然气或石油等化石燃料，这些燃料在燃烧过程中会产生大量的二氧化碳、硫氧化物和氮氧化物，导致大气污染和温室气体排放。尽管近年来我国在清洁燃烧技术和污染物控制方面取得了一定进展，但要实现大规模的环境友好型蒸汽能生产，还需要更多的技术创新和政策支持。

蒸汽能供应链包括燃料供应、生产设备和传输系统等多个环节，每一个环节的故障都会影响蒸汽能的稳定供应。例如，燃料供应不足、设备故障和管道泄漏等问题，都会导致蒸汽能供应中断，影响工业生产和居民生活。因此，如何保障蒸汽能供应链的稳定性和可靠性，是一个亟待解决的问题。许多企业的蒸汽能生产设备已经使用多年，存在设备老化、技术落后和能效低下等问题。这不仅影响了蒸汽能的生产效率，也增加了维护和运营成本。更新和升级生产设备，采用先进的生产技术和设备，是提高蒸汽能供应效率的重要途径。

尽管蒸汽能在各个领域有广泛应用，但在技术研发和创新方面的投入仍然不足。特别是在提高能效、减少污染和降低成本等方面，还需要更多的技术突破和创新。加大对蒸汽能技术研发的投入，推动技术创新，这是提升蒸汽能供应水平的重要手段。虽然政府出台了一些支持能源发展的政策，但在具体实施过程中，仍存在政策不连续、执行力度不足等问题，影响了企业的积极性和市场的健康发展。完善政策和法规，加大监管和执行力度，为蒸汽能行业的发展创造良好的政策环境，是解决这一问题的关键。

蒸汽能生产和传输设备的更新改造需要大量的资金投入，许多企业由于资金不足，难以进行大规模的技术改造和设备更新。这不仅影响了企业的生产效率和竞争力，也制约了行业整体水平的提升。通过多渠道融资，吸引社会资本投入蒸汽能行业，是解决资金不足问题的重要途径。蒸汽能行业需要大量的专业技术人才，但现有的教育和培训体系尚未完全跟上行业发展的需求，导致专业人才短缺。加强人才培养和专业培训，提高从业人员的技术水平和专业素质，是推动蒸汽能行业发展的重要保障。

随着蒸汽能市场的快速发展，行业内企业数量不断增加，市场竞争日益激烈。在市场竞争中，一些企业为了追求短期利益，可能会忽视产品质量和安全标准，导致市场混乱和质量问题频发。建立健全行业规范和标准，强化质量监管，是维护市场秩序和保障蒸汽能供应质量的关键。

（三）蒸汽能供应的发展趋势

蒸汽能作为一种重要的能源形式，其供应的发展趋势在当今社会得到了广泛关注。随着工业化和城市化进程的不断推进，蒸汽能的需求量持续增加。这一现象在制造业、能源生产以及建筑供暖等多个领域表现得尤为明显。蒸汽能不仅能够提供高效、稳定的能源供应，还具有较强的可调控性，能够根据具体需求进行灵活调整。在能源结构调整和环境保护的背景下，蒸汽能供应的可持续发展成为一个关键议题。传统的化石燃料在燃烧过程中会释放大量的二氧化碳和其他污染物，造成环境污染和温室效应。而蒸汽能则可以通过清洁能源，如生物质能、地热能和太阳能等方式来获得，从而减少对环境的负面影响。此外，蒸汽能在使用过程中不会产生直接的废气排放，这进一步增强了其环保优势。

现代蒸汽锅炉技术的不断创新和优化，提高了蒸汽能的生产效率和能源利用率。新型材料和智能控制系统的应用，使得蒸汽能设备在运行过程中更加安全、可靠，维护成本也得以降低。例如，智能传感器和物联网技术的结合，可以实现对蒸汽能供应系统的实时监控和远程控制，确保能源供应的稳定性和连续性。各国政府纷纷出台相关政策和激励措施，鼓励企业和机构投资蒸汽能项目。这些政策不仅包括财政补贴、税收优惠，还涉及技术研发支持和市场推广等多个方面。在市场需求方面，越来越多的企业认识到蒸汽能在节能减排、降低运营成本等方面的优势，积极采用蒸汽能技术，推动了蒸汽能市场的快速扩展。

随着全球化进程的加快，各国在蒸汽能技术研发、设备制造和市场推广等方面的合作日益紧密。通过国际会议、技术交流和联合研发等形式，各国可以分享成功经验和创新成果，共同推动蒸汽能产业的发展。同时，跨国公司的参与也为蒸汽能供应链的完善和市场的全球化提供了有力支持。未来蒸汽能供应的发展还需应对一些挑战和问题。例如，如何进一步提高蒸汽能的生产效率，降低能源消耗和运营成本，是需要持续关注的课题。与此同时，蒸汽能设备的维护和管理也需要专业化和规范化，以确保其长期稳定运行。此外，蒸汽能源供应还需要与其他能源形式相结合，形成多元化、综合性的能源供应体系，才能更好地满足日益增长的能源需求。

八、综合能源站

（一）综合能源站的基本情况

综合能源站作为现代能源系统的重要组成部分，近年来在全球范围内得到了广泛应用。从图中可以看出（图2-6），2015年至2022年，综合能源站的供应容量和需求容量均呈现出逐年增长的趋势。2015年，综合能源站的供应容量为50吉瓦（GW），需求容量为48吉瓦。到2022年，供应容量和需求容量分别达到了175吉瓦和170吉瓦。整体上，供应容量略高于需求容量，表明市场供应能够满足不断增长的市场需求。

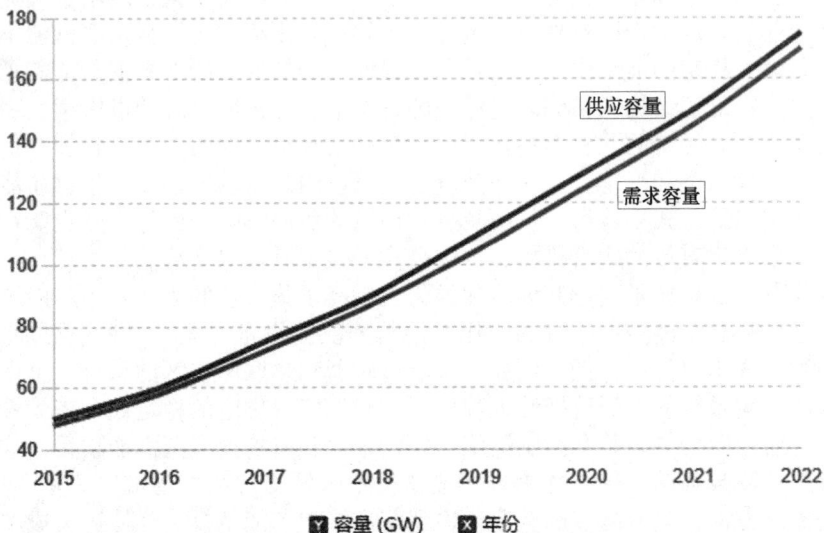

图2-6 综合能源站供应的基本情况

（二）综合能源站存在的问题

综合能源站的建设成本较高。综合能源站需要整合多种能源形式，包括电力、热力、冷力、天然气等，这要求在设计和建设阶段投入大量资金。高昂的建设成本使得许多中小企业望而却步，限制了综合能源站的广泛推广。综合能源站涉及多种能源形式的耦合和调度，需要先进的管理系统和高素质的技术人员来确保其高效运行。由于系统的复杂性，运营和维护的难度和成本显著增加，特别是在技术人才短缺的地区，这一问题尤为突出。

尽管政府出台了一系列支持综合能源站发展的政策，但在实际实施过程中，政策的连续性和稳定性不足，导致企业在投资和运营过程中面临极大的不确定性。此外，各地的政策和标准不统一，增加了企业的运营成本和复杂性。不同能源形式之间的协同和优化需要高效的管理系统和算法，而当前市场上的相关技术和设备还不够成熟，难以满足大规模应用的需求。特别是在高峰用电和极端天气条件下，如何确保能源供应的稳定性和可靠性，是一个亟待解决的问题。

尽管综合能源站在减少碳排放和提高能源利用效率方面具有优势，但其在运行过程中仍会产生一定的污染物排放和废弃物处理问题。如何进一步提高环保标准和技术，减少对环境的影响，是综合能源站未来发展的关键。市场竞争激烈和行业规范不足也影响了综合能源站的健康发展。随着市场的快速扩展，越来越多的企业进入这一领域，市场竞争日益加剧。在竞争压力下，一些企业可能会为了追求短期利润而忽视产品质量和安全标准，导致市场上出现产品质量参差不齐的现象。建立健全的行业规范和质量标准，强化市场监管，是维护市场秩序和保障综合能源站供应质量的关键。

综合能源站项目的投资回报周期较长，且初始投资较大，这使得许多企业在筹集资金方面遇到困难。特别是在融资环境不稳定的情况下，企业很难获得足够的资金支持，影响了项目的顺利推进。多渠道融资和政策性金融支持对于解决这一问题至关重要。许多潜在用户对综合能源站的优点和使用方法缺乏了解，导致市场推广困难。加强市场教育和消费者宣传，提高公众对综合能源站的认知和接受度，是促进市场发展的重要手段。在城市高密度区域，土地资源紧张，综合能源站的选址和建设面临较大困难。此外，现有的电网和管网基础设施也可能无法满足综合能源站的接入和运行需求，需要进行大规模的改造和升级，这进一步增加了项目的推进难度和成本。

（三）综合能源站的发展趋势

随着全球能源结构转型的加速，综合能源站在能源供应中的地位将更加重要。各国政府纷纷出台政策鼓励综合能源站的建设和运营，以实现能源多样化、提高能源利用效率和减少碳排放。政策支持将推动更多企业投资综合能源站，促进其广泛应用。随着储能技术、智能电网技术和可再生能源技术的不断进步，综合能源站的运行效率和经济性将显著提升。特别是储能技术的发展，将有效解决能源供应的间歇性问题，提高综合能源站的稳定性和可靠性。同时，智能化管理系统的应用，将实现多种能源形式的高效调度和优化，提高能源利用效率。

随着全球对气候变化和环境保护的重视，综合能源站在设计和运营过程中将更加注重环保措施的实施。通过采用先进的污染控制技术和废弃物处理技术，综合能源站将进一步减少对环境的影响，实现绿色低碳发展目标。随着工业、商业和居民用能需求的多样化，综合能源站将提供更加灵活和多样化的能源解决方案。例如，在工业园区，综合能源站可以通过余热回收和能源梯级利用，提供稳定和高效的能源供应；在城市社区，综合能源站可以整合冷、热、电等多种能源形式，满足居民的多样化用能需求。

随着全球能源市场的一体化，国际技术合作和经验交流将不断加深。通过引进国外先进技术和管理经验，结合本地实际情况，综合能源站的技术水平和管理能力将不断提升。同时，国际合作还将带来更多的资金和资源支持，推动综合能源站的建设和运营。通过物联网、大数据和人工智能技术的应用，综合能源站的运行和管理将更加智能化。实时监控、远程控制和数据分析等技术手段，将显著提高综合能源站的运营效率和安全性，降低运行成本。未来，智能综合能源站将成为能源供应的重要模式，为用户提供高效、稳定和安全的能源服务。

随着能源意识的提高，越来越多的社区和用户愿意参与到综合能源站的建设和运营中来。通过建立社区能源管理平台，用户可以实时了解和管理自己的能源使用情况，参与能源的生产和消费，实现能源自给自足和社区能源共享。这不仅提高了能源利用效率，也增强了用户的参与感和责任感。各国政府将继续出台和完善支持综合能源站发展的政策措施，如补贴、税收优惠和融资支持等，鼓励更多企业和社会资本投入综合能源站建设。同时，建立健全的市场机制，促进公平竞争，提升市场运行效率，为综合能源站的可持续发展创造良好的市场环境。

随着社会经济的发展和居民生活水平的提高，对高质量能源供应的需求不断增加。综合能源站作为一种高效、环保和多功能的能源供应模式，将在满足社会需求的同时，实现环境保护和可持续发展的目标。未来，综合能源站将在能源结构转型、环境保护和经济发展中发挥更加重要的作用。

第二节　供应网络

一、电网网络

（一）电力网络的基本情况

电力网络是现代社会的重要基础设施，承载着电力的生产、输送和分配任务。电力网络的基本结构包括发电、输电和配电三个主要环节。发电环节利用各种能源资源如化石燃料、水力、风能和太阳能，通过发电厂将其转化为电能。然后，电能通过输电线路输送到各个用电区域，这个过程涉及高压电力的长距离传输。最后，电能经过变电站降压后，通过配电网络分配到各个终端用户，包括居民、商业机构和工业企业。

电力网络的运行需要高度的协调和管理。现代电力网络已经发展成为一个庞大而复杂的系统，涵盖了广泛的地理区域，甚至跨越多个国家和地区。为了确保电力供应的稳定性和可靠性，调度中心通过实时监控和调节电力的生产和输送，确保电力系统的平衡和安全。电力网络的建设和维护是一个复杂而持续的过程。各国政府和电力公司不断投入大量资源，用于电力网络的扩建和升级。特别是在新兴经济体和快速发展的城市地区，电力需求的快速增长推动了电力网络的不断扩展。此外，电力网络的维护也至关重要，定期检修和更新可以避免电力故障和停电事故，确保电力供应的连续性。

随着技术的进步，电力网络正在向新型电力系统方向发展。新型电力系统通

2022-2030年中国国网配电节能市场空间及增速情况

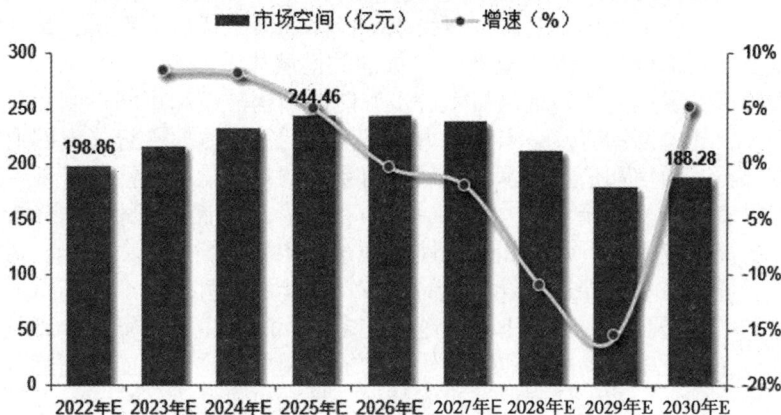

图 2-7 配电网络节能市场

过引入先进的传感器、通信和信息技术，实现电力系统的自动化和智能化管理。智能电网能够实时监测电力的生产、输送和消费情况，提高电力系统的运行效率和安全性。同时，新型电力系统还能够更好地整合分布式能源和储能设备，促进新能源的接入和利用。未来，新型电力系统将成为电力网络发展的重要方向。电力网络的发展面临诸多挑战。首先是能源结构转型的压力，全球范围内推动绿色能源和减少碳排放的趋势，对传统电力网络提出了新的要求。其次，电力网络的安全性和稳定性也备受关注，网络攻击和自然灾害等因素可能对电力供应造成严重影响。为了应对这些挑战，各国在电力网络建设中逐步引入了更多的安全措施和应急预案，以此提高电力系统的韧性和应对能力。

各国政府通过制定和实施一系列政策和法规，促进电力网络的发展和优化。例如，通过补贴和税收优惠，鼓励新能源发电和智能电网技术的应用。此外，政府还通过加强监管，确保电力市场的公平竞争和电力系统的安全稳定运行。在全球化背景下，电力网络的国际合作也在不断加强。跨国电力互联互通项目如欧洲超级电网和北美电力联网，不仅提高了电力供应的稳定性和效率，还促进了区域间的能源互补和经济合作。这种国际合作为电力网络的发展提供了新的机遇和动力。

（二）电力网络的发展趋势

2023 年 6 月 2 日，由国家能源局主办，电力规划设计总院、中国能源传媒集团有限公司承办的《新型电力系统发展蓝皮书》（以下简称《蓝皮书》）发布仪式在北京举行。《蓝皮书》全面阐述新型电力系统的发展理念、内涵特征，制定"三步走"发展路径，并提出构建新型电力系统的总体架构和重点任务。《蓝皮书》明确，新型电力系统是以确保能源电力安全为基本前提，以满足经济社会高质量发展的电力需求为首要目标，以高比例新能源供给消纳体系建设为主线任务，以源网荷储多向协同、灵活互动为有力支撑，以坚强、智能、柔性电网为枢纽平台，以技术创新和体制机制创新为基础保障的新时代电力系统，是新型能源体系的重要组成部分和实现"双碳"目标的关键载体。

电力网络的发展趋势体现出技术进步、能源结构转型和市场机制优化等多方面的特征。智能电网的普及是未来电力网络发展的重要方向。智能电网通过引入先进的传感器、通信和信息技术，实现电力系统的自动化和智能化管理。智能电网不仅可以实时监控和调节电力生产、输送和消费，还能通过大数据分析优化电力调度，提高系统的运行效率和安全性。分布式能源系统包括太阳能、风能、储能设备等，通过在用户端进行发电和储能，实现能源的就地生产和消费。随着分布式能源技术的进步和成本的下降，越来越多的家庭和企业将安装分布式能源系统，形成分布式发电、储能和用电一体化的能源网络。这不仅能提高能源利用效率，降低输电损耗，还能增强能源供应的灵活性和可靠性。

能源互联网将电力网络与信息网络深度融合，通过物联网、大数据、云计算等技术，实现能源生产、传输、分配和消费的全面互联互通和智能化管理。能源互联网不仅能提高能源系统的整体效率，还能促进多种能源形式的协同利用，为能源供应提供更多的灵活性和弹性。随着可再生能源发电比例的提高，电力供应的波动性和不稳定性问题日益突出。先进的储能技术可以有效平衡供需，稳定电网运行。未来，随着储能技术的进步和成本的降低，储能设备将在电力系统中得到广泛应用，进一步提升电力网络的可靠性和稳定性。

随着电动汽车的不断普及，充电网随之形成。电动汽车不仅是电力的消费者，还可以作为分布式储能单元，参与电网调节。智能充电技术的发展，使电动汽车能够根据电网负荷情况灵活调整充电时间，减少高峰负荷，提高电网运行效率。未来，充电网与电力网络的深度融合，将促进交通能源与电力系统的协同发展，推动能源结构的优化和碳排放的减少。为了应对气候变化和环境污染问题，各国纷纷提出碳中和目标，加大对可再生能源的开发利用。随着风能、太阳能等可再生能源在电力系统中的比例不断增加，电力网络需要具备更高的灵活性和适应性，以整合不稳定的可再生能源，确保电力供应的安全和可靠。

各国政府通过制定和实施一系列政策和法规，鼓励新能源发电和智能电网技术的应用，促进电力市场的公平竞争和效率提升。市场化改革的深入，将推动电力交易机制的完善，优化资源配置，提高电力系统的运行效率和服务质量。跨国电力互联互通项目如欧洲超级电网和北美电力联网，不仅提高了电力供应的稳定性和效率，还促进了区域间的能源互补和经济合作。通过国际合作，各国可以共享技术经验，联合开发新技术，提升全球电力网络的整体水平和应对能力。

网络安全问题日益严峻，随着电力网络的数字化和智能化，网络攻击和信息泄露的风险也在增加。各国需要加强电力网络的安全防护措施，提升网络安全水平，确保电力系统的安全运行。自然灾害对电力网络的影响也不容忽视，面对地震、风暴等极端天气事件，电力网络需要具备更高的韧性和恢复能力。

二、非电力网络

（一）非电力网络的基本情况

非电力网络是指除电力网络外的其他能源和资源传输网络，包括燃气网络、水网络和供热网络等。这些网络在现代社会中同样扮演着重要角色，保障了居民和工业的基本生活和生产需求。燃气网络主要负责天然气、液化石油气和人工煤气等气体燃料的输送和分配。近年来，随着天然气消费的增长，燃气网络的规模也在不断扩大。图 2-8 显示，从 2015 年到 2022 年，燃气网络的总长度从 120 万千米增长到 180 万千米。这一增长趋势反映了燃气在能源结构中的重要地位，以及燃气网络在保障能源供应中的关键作用。

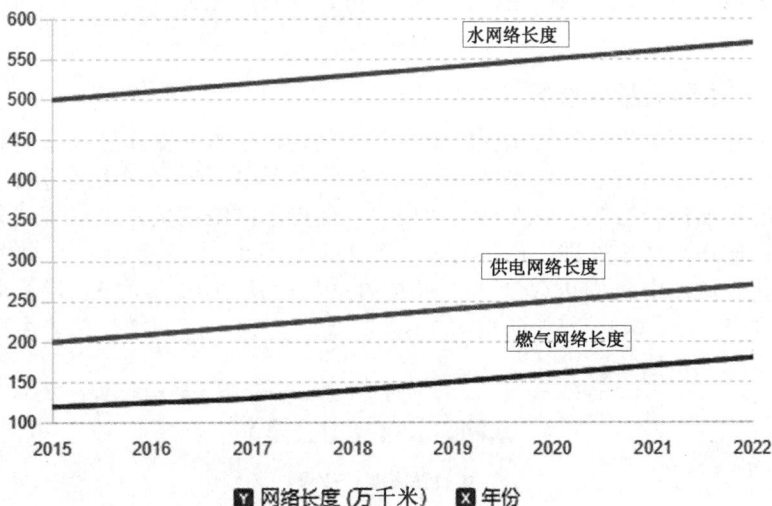

图 2-8　非电力网络的基本情况

水网络包括供水和排水系统，主要负责自来水的输送以及污水的收集和处理。水网络的覆盖范围和服务能力直接关系到居民的生活质量和城市的卫生环境。从上图可以看到，2015 年至 2022 年，水网络的总长度从 50 万千米增加到 57 万千米。水网络的扩展不仅满足了日益增长的用水需求，也提高了供水和排水系统的服务水平和可靠性。供热网络在寒冷地区尤为重要，主要用于输送热水或蒸汽，以满足居民和工业的供暖需求。供热网络的覆盖范围和供热能力直接影响到冬季供暖的效果和居民的生活舒适度。根据上图数据，供热网络的总长度从 2015 年的 20 万千米增长到 2022 年的 27 万千米。这一增长趋势显示了供热网络在提高供暖质量和保障冬季取暖中的重要作用。

非电力网络的发展不仅依赖于基础设施的建设和扩展，还需要不断提升技术水平和管理能力。随着科技的进步，智能化管理在非电力网络中的应用越来越广泛。智能传感器、物联网和大数据技术的引入，使得燃气、水和供热网络的监测和调度更加精准和高效。例如，智能水表和智能燃气表的推广，极大地提高了用水和用气的计量精度和管理效率，减少了资源浪费和管理成本。环境保护和可持续发展也是非电力网络建设的重要考量。燃气网络的发展需要确保安全和环保，防止泄漏和污染事件的发生。水网络的建设要兼顾水资源的保护和水质的提升，污水处理设施的完善和升级是保障水环境的重要措施。供热网络在提升供暖效率的同时，需要减少污染物的排放，推动清洁能源的应用，如地热能和太阳能供热技术的推广。

政策支持和市场化改革是推动非电力网络发展的重要力量。各国政府通过出台政策和法规，鼓励和支持燃气、供水和供热网络的建设和改造。例如，通过提供财政补贴和税收优惠，吸引企业投资基础设施建设；通过市场化改革，提高服务质量和运营效率，增强网络的竞争力和可持续发展能力。

1. 水网

1.1 水网的基本情况

水网是城市基础设施的重要组成部分，负责自来水的输送和污水的收集与处理。水网的基本结构包括供水网络和排水网络两部分。供水网络通过自来水厂将处理后的水输送到居民、商业和工业用户，而排水网络则负责收集生活和工业污水，将其输送到污水处理厂进行处理。图2-9显示了2015年至2021年水网的总长度变化。从图中我们可以看出，水网的总长度从2015年的51万千米增加到2021年的57万千米，反映了水网的不断扩展和完善。这一增长趋势主要受到城市化进程和人口增长的推动。

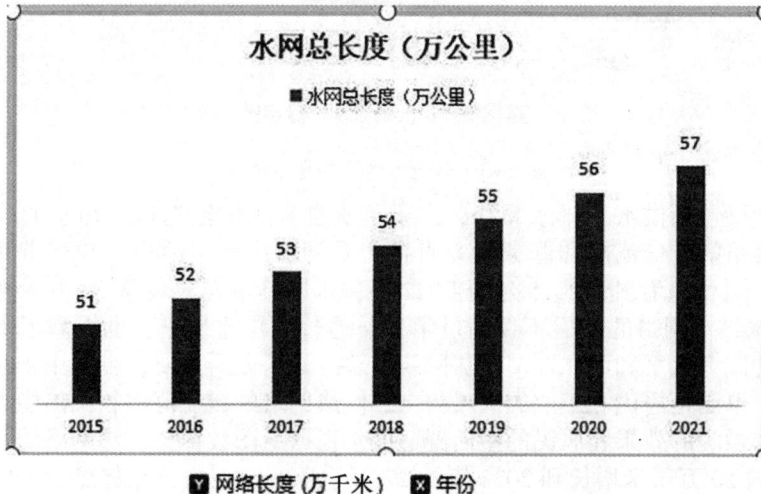

水网总长度（万公里）

■ 水网总长度（万公里）

2015	2016	2017	2018	2019	2020	2021
51	52	53	54	55	56	57

Y 网络长度（万千米）　X 年份

图2-9　水网的基本情况

水网的运行需要高度的管理和维护。为了确保水质和供水的连续性，供水网络必须定期进行检修和维护。同时，随着污水排放量的增加，排水网络的负荷也在不断加大，需通过扩建和升级提高其处理能力和效率。近年来，各地政府和水务公司不断投入大量资源用于水网的建设和改造，以满足日益增长的用水需求。水网的发展还面临诸多挑战。首先是水资源的有限性和区域性不均衡。在水资源丰富的地区，供水网络相对发达，但在水资源匮乏的地区，供水网络建设和维护面临着巨大的压力。其次，随着城市化进程的加快，老旧城区的水网老化问题日益突出，容易出现漏水和爆管等问题，影响供水安全和水质。

通过引入智能传感器、物联网和大数据技术，水网的管理和运行将更加智能化。智能水表的推广，可以实现用水量的精准计量和实时监控，优化水资源的调度和管理，减少水资源浪费。未来，智能水网将成为水务管理的重要工具，提高水网的运行效率和安全性。水网的发展必须兼顾水资源的保护和环境的可持续性。供水网络需要确保水质达标，防止二次污染；排水网络需要加强污水处理设施的建设和升级，提高污水处理能力，减少对环境的污染。通过推广再生水利用和中水回用技术，我们可以实现水资源的循环利用，缓解水资源短缺问题。

各级政府通过制定和实施一系列政策和法规，鼓励和支持水网的建设和改造。例如，通过提供财政补贴和税收优惠，吸引社会资本投资水网建设；通过市场化改革，提高水务公司的运营效率和服务质量，增强水网的可持续发展能力。随着全球化进程的加快，各国在水网领域的合作和交流将不断深化。通过引进国外先进技术和管理经验，结合本地实际情况，我们可以提升水网的技术水平和管理能力。同时，国际合作还将带来更多的资金和资源支持，推动水网的建设和运营。

1.2 水网的发展趋势

水网的发展趋势在技术进步、环境保护需求和政策推动等方面的影响下，呈现出智能化、绿色化和综合化的特点。随着物联网、大数据和人工智能技术的迅猛发展，智能水网的建设成为可能。智能传感器、智能水表和自动化控制系统的应用，将使水网的管理和运行更加高效和精确。通过实时监控和数据分析，智能水网可以实现水资源的优化调度，减少漏损，提高供水的可靠性和水质安全。为了应对水资源短缺和环境污染问题，水网的发展需要注重水资源的保护和循环利用。在供水方面，推广节水技术和设备，提高用水效率，减少水资源浪费。在排水方面，加强污水处理设施的建设和升级，提高污水处理能力和效率，减少污水排放对环境的污染。此外，推广再生水利用和中水回用技术，实现水资源的循环利用，缓解水资源压力。

各级政府通过制定和实施一系列政策和法规，鼓励和支持水网的建设和改造。例如，通过提供财政补贴、税收优惠和融资支持，吸引社会资本投资水网建设；通过市场化改革，提高水务公司的运营效率和服务质量，增强水网的可持续发展能力。政策的引导和支持，将为水网的发展提供坚实的保障和动力。随着城市化进程的加快，水网的管理和运行需要更加系统化和综合化。通过建立综合水资源管理体系，将供水、排水和防洪等各个环节有机结合起来，实现水资源的统筹调度和科学管理，提高整体管理水平和效率。特别是在应对极端天气事件和突发水污染事故时，综合化管理能够提高应急响应能力，保障水网的安全运行。

随着全球化进程的加快，各国在水网领域的合作和交流将不断深化。我国将通过引进国外先进技术和管理经验，结合本地实际情况，提升水网的技术水平和管理能力。同时，国际合作还将带来更多的资金和资源支持，推动水网的建设和运营。国际合作与交流，能够借鉴成功经验，共享技术成果，共同应对全球水资源挑战。水网的发展还将面临一些挑战和问题。首先是水资源的有限性和区域性不均衡。在水资源丰富的地区，水网的建设和运营相对容易，但在水资源匮乏的地区，供水网络建设和维护却面临巨大压力。此外，随着城市化进程的加快，老旧城区的水网老化问题日益突出，容易出现漏水和爆管等问题，影响供水安全和水质。解决这些问题需要加大对水网的投资和技术改造，提高水网的现代化水平。

水网的发展趋势还包括提高公众的节水意识和参与度。通过宣传教育，提高公众保护水资源和节约用水的意识，形成全社会共同参与水资源保护的良好氛围。鼓励公众积极参与水网的建设和管理，提出意见和建议，共同推动水网的发展和优化。公众的积极参与将为水网的发展提供源源不断的动力和支持。水网的发展将更加注重与其他市政基础设施的协同发展。通过与电力、燃气、交通等基础设施的协同规划和建设，实现资源共享和综合利用，提高整体效益和服务水平。例如，通过综合管廊的建设，将供水、排水、电力、燃气等管线集中铺设，减少城市道路反复开挖，提高城市运行效率和管理水平。

2. 天然气网

2.1 天然气网的基本情况

天然气网是现代能源基础设施的重要组成部分，负责天然气的输送和分配。天然气网的基本结构包括上游的天然气田、中游的输气管道和下游的城市燃气管网。上游天然气田负责天然气的开采和初步处理，中游输气管道将天然气从生产地输送到消费地，而下游城市燃气管网则将天然气分配到居民、商业和工业用户。图2-10展示了2015年至2022年天然气网络总长度的变化。从图中可以看出，天然气网络的总长度从2015年的100万千米增加到2022年的190万千米。这一增长趋势反映了天然气作为清洁能源在能源结构中的重要性不断提升，同时也反映了天然气需求的快速增长和天然气基础设施的持续扩展。

天然气是一种易燃易爆的能源，天然气网络的建设和运行必须严格遵守安全标准和规定，确保管道的密封性和耐压性，防止泄漏事故的发生。为此，各国政府和天然气公司投入大量资源进行管道的监测、维护和检修，以保障天然气的安全输送和供应。天然气网络的发展受到多种因素的驱动。首先是能源结构转型的需求。为了减少对煤炭和石油等高污染能源的依赖，各国纷纷推动能源结构转型，增加天然气等清洁能源的使用比例。其次是政策和法规的支持。各级政府通过制定和实施一系列政策和法规，鼓励天然气基础设施的建设和天然气的广泛应用，如提供财政补贴、税收优惠和融资支持等。

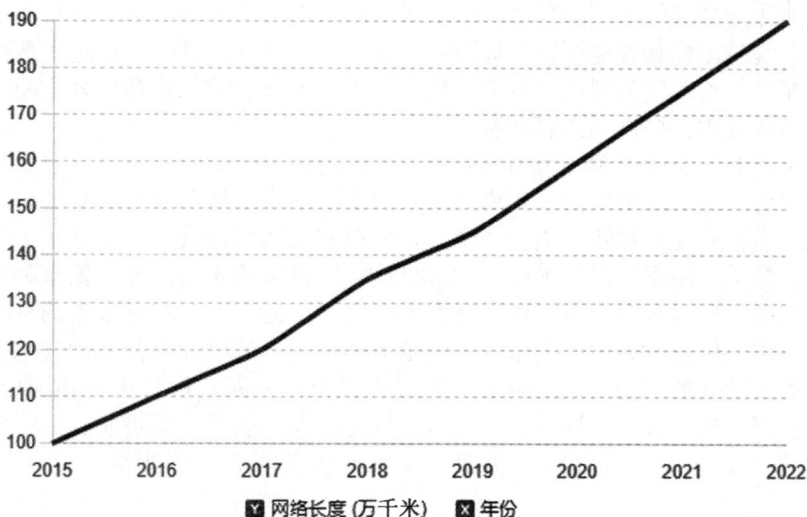

图 2-10 天然气网络的基本情况

随着管道材料和施工技术的不断进步，天然气管道的建设速度和安全性显著提高。同时，智能化监控和管理系统的应用，使得天然气网络的运行更加高效和安全。通过实时监控和数据分析，我国可以及时发现和处理管道运行中的异常情况，减少事故的发生。天然气资源在地理上分布不均，许多消费地远离生产地，需要长距离输送，增加了输气管道建设和运营的复杂性和成本。随着天然气网络的不断扩展，早期建设的管道逐渐老化，需要进行大规模的更新和改造，以确保天然气输送的安全和稳定。

尽管天然气相比于煤炭和石油具有较低的碳排放，但在开采、运输和使用过程中仍会产生一定的环境影响。因此，我们需要通过技术创新和管理优化，减少天然气网络对环境的影响，实现清洁生产和绿色发展。随着全球对清洁能源需求的增加，天然气在能源结构中的比重将继续提升。特别是在交通、工业和居民用能等领域，天然气的应用将更加广泛。通过不断优化天然气网络的布局和技术水平，提高天然气输送的效率和安全性，天然气网络将为经济社会的可持续发展提供强有力的能源保障。

2.2 天然气网的发展趋势

天然气网的发展趋势在技术进步、能源结构转型和政策推动等多方面因素的影响下，呈现出多元化、智能化和绿色化的特点。首先，多元化发展是天然气网的重要趋势。随着全球对清洁能源需求的增加，天然气在能源结构中的比重将继续提升。未来，天然气网不仅要满足传统的居民、商业和工业用气需求，还要在交通运输、发电和其他新兴领域拓展应用。例如，天然气汽车和天然气发电等新兴市场将进一步推动天然气需求的增长，要求天然气网具备更强的灵活性和适应性。随着物联网、大数据和人工智能技术的迅猛发展，天然气网的管理和运行将更加智能化。智能传感器、自动化控制系统和数据分析平台的应用，将实现天然气管网的实时监控和智能调度，提高运营效率和安全性。例如，通过大数据分析和预测模型，天然气公司可以更准确地预测用气需求，优化输配计划，减少资源浪费和事故发生，提高整体管理水平。

为了应对气候变化和环境污染问题，各国纷纷提出碳中和的目标，推动能源结构的绿色转型。尽管天然气作为一种相对清洁的化石能源，其碳排放较低，但在开采、运输和使用过程中仍会产生一定的温室气体和污染物。为此，天然气网的发展需要更加注重环保技术的应用和排放控制措施的实施。推广低碳和零碳技术，如碳捕集与封存（CCS）和可再生天然气（RNG）等，将是未来的重要发展方向。各国政府通过制定和实施一系列政策和法规，鼓励和支持天然气基础设施的建设和天然气的广泛应用。例如，通过提供财政补贴、税收优惠和融资支持，吸引社会资本投资天然气网建设；通过市场化改革，引入竞争机制，提高服务质量和运营效率。政策的引导和支持，将为天然气网的发展提供坚实的保障和动力。

随着全球化进程的加快，各国在天然气网领域的合作和交流将不断深化。我国将通过引进国外先进技术和管理经验，结合本地实际情况，提升天然气网的技术水平和管理能力。同时，国际合作还将带来更多的资金和资源支持，推动天然气网的建设和运营。国际合作与交流能够借鉴成功经验，共享技术成果，共同应对全球能源和环境挑战。天然气资源在地理上分布不均，许多消费地远离生产地，需要长距离输送，增加了输气管道建设和运营的复杂性和成本。随着天然气网络的不断扩展，早期建设的管道逐渐老化，需要进行大规模的更新和改造，以确保天然气输送的安全和稳定。

随着天然气网络的智能化和数字化，网络攻击和信息泄露的风险也在增加。各国需要加强网络安全防护措施，提升网络安全水平，确保天然气网络的安全运行。自然灾害和极端天气对天然气网络的影响也不容忽视，天然气网络需要具备更高的韧性和应对能力，通过加强基础设施建设和应急预案，提高网络的抗风险能力。天然气网的发展将更加注重与其他能源基础设施的协同发展。通过与电力、供热和交通等基础设施的协同规划和建设，实现资源共享和综合利用，提高整体效益和服务水平。例如，通过综合能源站的建设，将天然气、电力和供热等多种能源形式有机结合，提供一体化的能源服务，满足用户多样化的用能需求。

3. 蒸汽网

3.1 蒸汽网的基本情况

蒸汽网是工业和城市供热的重要基础设施，负责蒸汽的生产、输送和分配。首先，蒸汽网的基本结构包括蒸汽生产设施、输汽管道和用户终端。蒸汽生产设施通常包括锅炉和热电联产设备，通过燃烧燃料（如煤、天然气或生物质）将水加热成高温高压蒸汽。随后，这些蒸汽通过高压输气管道输送到各个用气区域，最后通过降压装置和配气管道分配到各个终端用户，包括工业用户和城市居民。图2-11展示了2015年至2022年蒸汽网络总长度的变化。从图中我们可以看出，蒸汽网络的总长度从 2015 年的 50 万千米增加到 2022 年的 90 万千米。这一增长趋势反映了蒸汽网在工业和城市供热中的重要性不断提升，同时也反映了蒸汽需求的快速增长和蒸汽基础设施的持续扩展。

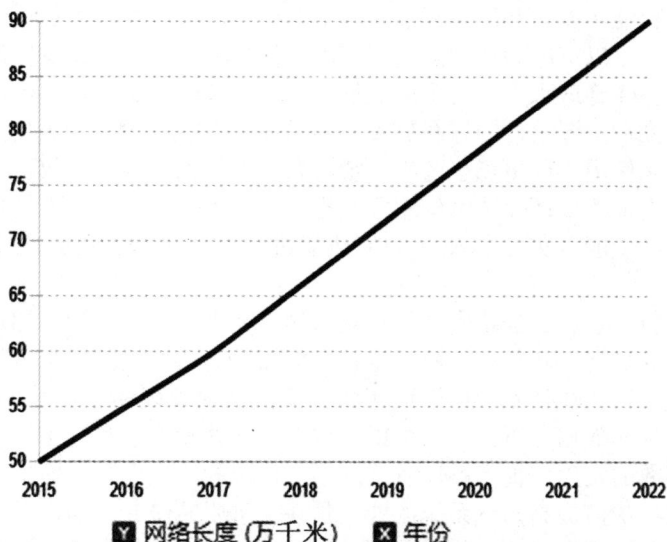

图 2-11　蒸汽网络的基本情况

　　蒸汽网的运行需要高度的安全管理和维护。蒸汽是一种高温高压的介质，其输送和使用过程中存在一定的危险性。蒸汽网的建设和运行必须严格遵守安全标准和规定，确保管道和设备的密封性和耐压性，防止泄漏事故的发生。为此，各国政府和蒸汽公司投入大量资源进行管道和设备的监测、维护和检修，以保障蒸汽的安全输送和使用。蒸汽在许多工业过程如化工、制药、食品加工和造纸等领域都有着广泛应用，是工业生产中不可或缺的热能来源。特别是在北方寒冷地区，蒸汽供热系统是城市居民冬季取暖的重要方式，随着城市化进程的加快，城市供热需求不断增加，推动了蒸汽网的扩展和升级。

　　随着材料科学和工程技术的不断进步，蒸汽管道和设备的性能和可靠性显著提高。同时，智能化监控和管理系统的应用，使得蒸汽网的运行更加高效和安全。通过实时监控和数据分析，我们可以发现和处理传统的蒸汽生产和输送过程存在的能量损失，如何提高蒸汽系统的能效是一个重要的研究方向。蒸汽生产通常依赖于燃烧化石燃料，会产生一定的污染物排放。因此，推动清洁能源技术的应用和改进燃烧技术，减少污染物排放，是蒸汽网发展的重要任务。随着全球对清洁能源和高效能源利用的需求增加，蒸汽在工业生产和城市供热中的应用将更加广泛。通过不断优化蒸汽网的布局和技术水平，提高蒸汽输送和使用的效率和安全性，蒸汽网将为经济社会的可持续发展提供强有力的能源保障。

3.2　蒸汽网的发展趋势

　　蒸汽网的发展趋势在技术进步、节能减排和政策推动等多方面因素的影响下，呈现出智能化、绿色化和综合化的特点。智能化是蒸汽网发展的重要方向。随着物联网、大数据和人工智能技术的迅猛发展，智能蒸汽网的建设变得更有可能性。智能传感器、自动化控制系统和数据分析平台的应用，将实现蒸汽管网的实时监控和智能调度，提高运营效率和安全性。例如，通过大数据分析和预测模型，蒸汽公司可以更准确地预测用气需求，优化输配计划，减少资源浪费和事故发生，提高整体管理水平。为了应对气候变化和环境污染问题，各国纷纷提出碳中和目标，推动能源结构的绿色转型。尽管蒸汽作为一种高效的能源传输形式，但在其生产和使用过程中仍会产生一定的温室气体和污染物排放。为此，蒸汽网的发展需要更加注重环保技术的应用和排放控制措施的实施。推广低碳和零碳技术，利用可再生能源如生物质能和地热能进行蒸汽生产，将是未来的重要发展方向。

随着材料科学、工程技术和信息技术的不断进步，蒸汽管道和设备的性能和可靠性将显著提高。新材料的应用使管道更加耐用和高效，减少了热损失和漏气现象。此外，智能化技术的广泛应用将使蒸汽网的管理和运行更加高效和安全。通过实时监控和数据分析，我们可以及时发现和处理管道和设备运行中的异常情况，减少事故的发生，提高整体管理水平。传统的蒸汽生产和输送过程存在一定的能量损失，如何提高蒸汽系统的能效是一个重要的研究方向。通过技术创新和管理优化，我们可以显著提高蒸汽系统的能效，减少能源消耗和碳排放。例如，利用热电联产技术，可以同时生产电力和蒸汽，提高能源利用效率。通过改进燃烧技术和采用清洁能源，我们可以减少蒸汽生产过程中的污染物排放，实现节能减排的目标。

各国政府通过制定和实施一系列政策和法规，鼓励和支持蒸汽基础设施的建设和蒸汽的广泛应用。例如，通过提供财政补贴、税收优惠和融资支持，我们吸引社会资本投资蒸汽网建设；通过市场化改革，引入竞争机制，我们可以提高服务质量和运营效率。政策的引导和支持，将为蒸汽网的发展提供坚实的保障和动力。随着全球化进程的加快，各国在蒸汽网领域的合作和交流将不断深化。我国将通过引进国外先进技术和管理经验，结合本地实际情况，提升蒸汽网的技术水平和管理能力。同时，国际合作还将带来更多的资金和资源支持，推动蒸汽网的建设和运营。国际合作与交流使我们能够借鉴成功经验，共享技术成果，共同应对全球能源和环境挑战。

蒸汽资源在地理上分布不均，许多消费地远离生产地，需要长距离输送，增加了输汽管道建设和运营的复杂性和成本。随着蒸汽网络的不断扩展，早期建设的管道逐渐老化，需要进行大规模的更新和改造，以确保蒸汽输送的安全和稳定。随着蒸汽网络的智能化和数字化发展，网络攻击和信息泄露的风险也在增加。各国需要加强网络安全防护措施，提升网络安全水平，确保蒸汽网络的安全运行。自然灾害和极端天气对蒸汽网络的影响也不容忽视，蒸汽网络需要具备更高的韧性和应对能力。我们将通过加强基础设施建设和应急预案，提高网络的抗风险能力。通过与电力、供热和交通等基础设施的协同规划和建设，我们将会实现资源共享和综合利用,提高整体效益和服务水平。例如,通过综合能源站的建设,将蒸汽、电力和供热等多种能源形式有机结合,提供一体化的能源服务,满足用户多样化的用能需求。

4. 压缩空气能网

4.1 压缩空气能网的基本情况

压缩空气能网是现代能源基础设施的重要组成部分,负责压缩空气的生产、输送和分配。首先,压缩空气能网的基本结构包括压缩空气生产设施、输气管道和用户终端。压缩空气生产设施通常包括空气压缩机和储气罐,通过压缩机将空气压缩成高压气体,并储存在储气罐中。随后,这些压缩空气通过输气管道输送到各个用气区域,最终分配到各个终端用户,包括工业用户和部分商业用户。图2-12展示了2015年至2022年压缩空气能网络总长度的变化。从图中我们可以看出,压缩空气能网络的总长度从2015年的10万千米增加到2022年的24万千米。这一增长趋势反映了压缩空气能在工业生产和能源储存中的重要性不断提升,同时也反映了压缩空气需求的快速增长和基础设施的持续扩展。

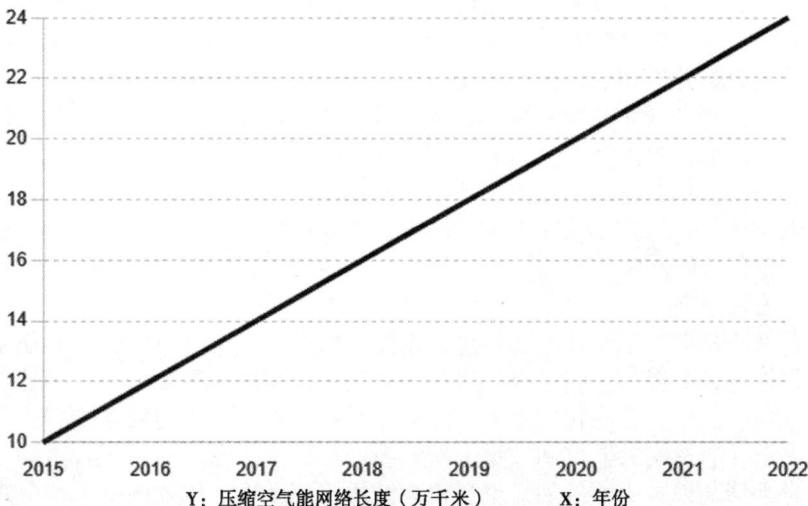

图2-12 压缩空气能网络的基本情况

压缩空气作为一种高压介质,其生产和输送过程存在一定的危险性。压缩空气能网的建设和运行必须严格遵守安全标准和规定,确保管道和设备的密封性和耐压性,防止泄漏事故的发生。为此,各国政府和相关公司投入大量资源进行管道、设备的监测、维护和检修,以保障压缩空气的安全输送和使用。压缩空气在许多工业过程如制造、矿山、化工和食品加工等领域有着广泛应用,是工业生产中不可或缺的能量和动力来源。压缩空气能作为一种清洁的储能技术,可以在风能、太阳能等可再生能源发电不稳定时,将多余的电能转化为压缩空气储存起来,并在需要时释放出来,实现能源的平衡和稳定供应。

随着材料科学、工程技术和信息技术的不断进步，压缩空气管道和设备的性能和可靠性显著提高。同时，智能化监控和管理系统的应用，使得压缩空气能网的运行更加高效和安全。通过实时监控和数据分析，我们可以及时发现和处理管道、设备运行中的异常情况，减少事故的发生，提高整体管理水平。传统的压缩空气在生产和输送过程存在一定的能量损失，如何提高压缩空气系统的能效是一个重要的研究方向。尽管压缩空气能是一种相对清洁的能源，但其在生产过程中的能耗和潜在的泄漏问题仍需要加以关注和解决。随着全球对清洁能源和高效能源利用的需求增加，压缩空气能在工业生产和能源储存中的应用将更加广泛。通过不断优化压缩空气能网的布局和技术水平，提高压缩空气输送和使用的效率和安全性，压缩空气能网将为经济社会的可持续发展提供强有力的能源保障。

4.2 压缩空气能网的发展趋势

压缩空气能网的发展趋势在技术进步、能源需求增长和政策推动等多方面因素的影响下，呈现出智能化、绿色化和综合化的特点。首先，智能化是压缩空气能网发展的核心方向。随着物联网、大数据和人工智能技术的迅猛发展，智能压缩空气能网的建设成为可能。智能传感器、自动化控制系统和数据分析平台的应用，将实现压缩空气管网的实时监控和智能调度，提高运营效率和安全性。例如，通过大数据分析和预测模型，压缩空气公司可以更准确地预测用气需求，优化输配计划，减少资源浪费和事故发生，提高整体管理水平。为了应对气候变化和环境污染问题，各国纷纷提出碳中和目标，推动能源结构的绿色转型。尽管压缩空气能是一种相对清洁的储能技术，但其在生产和使用过程中仍会产生一定的能耗和碳排放。为此，压缩空气能网的发展需要更加注重环保技术的应用和能效的提升。推广低碳和零碳技术，如利用可再生能源进行压缩空气的生产，将是未来的重要发展方向。

随着材料科学、工程技术和信息技术的不断进步，压缩空气管道和设备的性能和可靠性将显著提高。新材料的应用使管道更加耐用和高效，减少了能量损失和漏气现象。此外，智能化技术的广泛应用将使压缩空气能网的管理和运行更加高效和安全。通过实时监控和数据分析，我们可以及时发现和处理管道和设备运行中的异常情况，减少事故的发生，提高整体管理水平。传统的压缩空气在生产和输送过程存在一定的能量损失，如何提高压缩空气系统的能效是一个重要的研究方向。通过技术创新和管理优化，我们可以显著提高压缩空气系统的能效，减少能源消耗和碳排放。例如，利用高效空气压缩机和先进的储能技术，我们可以提高压缩和储存过程的能量转换效率，减少能源浪费，实现节能减排的目标。

各国政府通过制定和实施一系列政策和法规，鼓励和支持压缩空气能基础设施的建设和压缩空气能的广泛应用。例如，通过提供财政补贴、税收优惠和融资支持，吸引社会资本投资压缩空气能网建设；通过市场化改革，引入竞争机制，提高服务质量和运营效率。政策的引导和支持，将为压缩空气能网的发展提供坚实的保障和动力。随着全球化进程的加快，各国在压缩空气能网领域的合作和交流将不断深化。我国将通过引进国外先进技术和管理经验，结合本地实际情况，提升压缩空气能网的技术水平和管理能力。同时，国际合作还将带来更多的资金和资源支持，推动压缩空气能网的建设和运营。国际合作与交流，能够借鉴成功经验，共享技术成果，共同应对全球能源和环境挑战。

压缩空气能系统的能量转换效率是影响其广泛应用的关键因素，如何提高压缩和储存过程的能效，是一个需要持续研究和改进的重要方向。尽管压缩空气能是一种相对清洁的储能技术，但其生产和输送过程中的能耗和潜在的泄漏问题仍需要加以关注和解决。随着压缩空气能网络的智能化和数字化，网络攻击和信息泄露的风险也在增加。各国需要加强网络安全防护措施，提升网络安全水平，确保压缩空气能网络的安全运行。自然灾害和极端天气对压缩空气能网络的影响也不容忽视，压缩空气能网络需要具备更高的韧性和应对能力，通过加强基础设施建设和应急预案，提高网络的抗风险能力。我们将通过与电力、供热和交通等基础设施的协同规划和建设，实现资源共享和综合利用，提高整体效益和服务水平。例如，通过综合能源站的建设，将压缩空气能、电力和供热等多种能源形式有机结合，提供一体化的能源服务，满足用户多样化的用能需求。

（二）非电力网络的发展趋势

非电力网络的发展趋势在技术进步、环保需求和政策支持等多方面的推动下，呈现出智能化、绿色化和高效化的特点。首先，智能化管理将成为非电力网络发展的主要方向。随着物联网、大数据和人工智能技术的不断进步，燃气、供水和供热网络的管理和调度将更加智能化。智能传感器和自动化控制系统的广泛应用，将实现对网络运行状态的实时监测和调控，提高网络的运行效率和安全性。例如，智能水表和智能燃气表的推广，不仅提高了资源计量的精度，还能通过数据分析优化资源配置，减少浪费。

为了应对气候变化和环境污染问题，各国纷纷提出碳中和目标，推动能源结构的绿色转型。在燃气网络方面，天然气作为一种相对清洁的化石能源，将继续在能源供应中占据重要地位。同时，生物天然气和氢气等绿色气体的开发和利用也将逐步增加，替代传统化石燃料，减少碳排放和污染物排放。在水网络方面，污水处理和再生水利用技术的提升，将实现水资源的循环利用，减少水污染。在供热网络方面，清洁供热技术如地热能、太阳能和热泵技术的应用，将大幅减少供热过程中产生的碳排放和污染物排放，推动供热系统的绿色转型。

随着城市化进程的加快和资源需求的增加，如何提高网络的运营效率和资源利用率，成为非电力网络发展的关键。通过优化网络布局和改造老旧设施，提高输配效率和服务能力，是实现高效化的重要途径。此外，推进网络的集约化管理，减少能源和资源的损耗，也将提升整体效率。特别是在供热网络中，我们将推广集中供热和区域供热模式，通过热电联产和余热利用等技术手段，提高能源利用效率，降低运营成本。各国政府将继续出台支持非电力网络建设和改造的政策措施，如财政补贴、税收优惠和融资支持等，鼓励社会资本投入基础设施建设。同时，我们将通过市场化改革，引入竞争机制，提高服务质量和运营效率。

建立健全的市场监管体系，确保网络的安全运行和公平竞争，推动非电力网络的健康发展。

随着全球化进程的加快，各国在非电力网络领域的合作和交流将不断深化。通过引进先进技术和管理经验，结合本地实际情况，提升非电力网络的技术水平和管理能力。同时，国际合作还将带来更多的资金和资源支持，推动非电力网络的建设和运营。网络安全问题日益突出，随着网络的智能化和数字化发展，网络攻击和信息泄露的风险也在增加。各国需要加强网络安全防护措施，提升网络安全水平，确保非电力网络的安全运行。自然灾害和极端天气对网络的影响也不容忽视，非电力网络需要具备更高的韧性和应对能力，通过加强基础设施建设和应急预案，提高网络的抗风险能力。通过推广节能环保技术和绿色能源，提高资源利用效率，减少环境污染，实现可持续发展目标。同时，加强公众教育和宣传，提高居民的节能环保意识，鼓励公众积极参与非电力网络的建设和管理，共同推动网络的可持续发展。

第三节 能源使用

一、能源使用的负荷特性及设备

（一）能源使用的负荷特性

1. 动态性

能源使用的负荷特性中，动态性是指能源需求在时间上的变化特征。这一特性在能源系统的规划、运营和管理中具有至关重要的作用。能源负荷的动态性主要受到以下几个因素的影响。

生产活动的季节性和周期性变化是能源负荷动态性的主要原因之一。不同行业、不同企业的生产活动往往受到季节、节假日等因素的影响，导致能源需求呈现出明显的季节性和周期性变化。例如，冬季取暖需求增加、夏季制冷需求增加等都会对能源负荷产生较大的影响。

日常生活和社会活动的变化也会对能源负荷的动态性产生影响。随着人们生活水平的提高和社会发展的进步，能源在日常生活、商业、交通等领域的需求不断增加，导致能源负荷呈现出日趋复杂化和多样化的特点。例如，工作日和休息日、白天和夜晚等时间段的能源需求差异较大，我们需要根据实际情况进行合理调配。

新能源技术的应用和能源政策的调整也会对能源负荷的动态性产生影响。随着新能源技术的不断发展和应用，如风能、太阳能等清洁能源的利用比例逐渐增加，能源供应结构发生了较大变化，对能源负荷的动态性提出了新的挑战和机遇。同时，政府能源政策的调整和实施也会对能源负荷产生直接影响，例如限电、限产等政策措施都会导致能源负荷的变化。

自然环境的影响也是能源负荷动态性的重要因素之一。自然灾害、气候变化等因素都会对能源供应和需求产生直接影响，导致能源负荷出现较大波动。例如，极端天气条件下的能源需求增加，会对能源系统的稳定性和安全性提出更高要求。

针对能源使用的负荷特性中的动态性，我们需要采取一系列有效的措施和策略来应对。我们应建立健全的能源监测和预测系统，及时掌握能源负荷的动态变化情况，为能源规划和调度提供科学依据。我们应推动能源技术的创新和应用，加大清洁能源和新能源的开发利用，提高能源供应的灵活性和可持续性。我们还应加强能源政策的制定和实施，促进能源需求管理和节能减排工作，实现能源供需的平衡和优化。最后，我们应加强能源系统的调控和管理，建立多元化、灵活化的能源供应体系，提高能源系统的抗风险能力和应对能力，确保能源供应的安全稳定。

2. 波动性

能源需求的波动性显著影响能源供应系统的稳定性和效率。无论是电力、天然气还是供热系统，能源使用量都会随时间、季节和天气变化而波动。例如，夏季和冬季的高峰用电需求显著高于春季和秋季，尤其是在空调和供暖设备的广泛使用时期。此外，昼夜间的电力需求差异也很大，白天的用电高峰通常集中在工作时间，而夜间的需求则相对较低。在需求高峰期，能源价格往往会上涨，而在需求低谷期，价格则可能下降。这种价格波动对能源生产和供应企业提出了更高的要求，企业需要在生产计划和库存管理上更加灵活，以应对市场价格的波动。同时，消费者在高峰期的能源消费成本也会增加，这对家庭和企业的能源支出产生直接影响。

风能和太阳能等可再生能源的发电量受天气和环境因素的影响较大，具有明显的间歇性和波动性。例如，太阳能发电在白天和晴天条件下表现出色，而在夜晚和阴天时则几乎没有产出。同样，风能发电依赖风速和风力条件，在风力不稳定时，发电量也会出现大幅波动。这种波动性要求电力系统具备更高的灵活性和调节能力，以平衡供需并确保电网的稳定运行。国际能源价格、地缘政治局势和供应链中断等因素都会导致能源使用的波动性。例如，国际油价的剧烈波动直接影响到天然气和电力价格，从而影响到终端用户的能源使用习惯和成本；地缘政治冲突和供应链问题也可能导致能源供应的突然中断，进一步加剧能源使用的波动性。

储能技术的发展是应对能源波动性的重要手段。通过大规模储能系统，我们可以在能源需求低谷期存储多余的能源，并在需求高峰期释放出来，平衡供需，减少波动对能源系统的影响。先进的电池储能技术、抽水蓄能和压缩空气储能等都在这方面发挥着重要作用。智能电网通过引入先进的传感器、通信和控制技术，实现对电力系统的实时监控和调节，提高电网的灵活性和适应性。智能电表和需求响应技术可以激励消费者在用电高峰期减少用电，在低谷期增加用电，平衡整个电力系统的负荷，降低波动性对电网的冲击。

各国政府通过制定和实施一系列政策和法规，鼓励可再生能源的发展，推动能源储能技术的应用，优化能源市场的价格机制。例如，通过财政补贴、税收优惠和强制性配额制度等措施，我们促进可再生能源的应用和发展，减少对化石能源的依赖，提高能源系统的韧性和适应性。通过国际技术合作和经验分享，各国可以借鉴成功的案例和先进的技术手段，共同应对能源使用的波动性挑战。例如，欧洲的跨国电力联网项目通过区域间的电力互补和平衡，有效缓解了各国电力系统的波动性问题，提高了区域电网的稳定性和可靠性。

3. 多样性

能源使用的负荷特性中的多样性指的是能源需求在不同领域、不同行业、不同地区以及不同时间段的多样化特点。这种多样性反映了能源需求的复杂性和多变性，对能源系统的规划、供应和管理提出了新的挑战和要求。

能源使用的负荷多样性在不同领域和行业之间表现出明显差异。不同行业和领域的生产活动对能源的需求特点各不相同，涉及工业制造、商业服务、交通运输、建筑业等各个方面。例如，工业制造领域通常对电力、燃料等能源的需求量较大；商业服务领域对电力等能源的需求较为突出；交通运输领域则对燃油、电力等能源的需求较为集中。这种多样性需要能源系统能够根据不同行业和领域的需求特点，灵活调整能源供应结构，满足不同行业和领域的能源需求。

能源使用的负荷多样性在不同地区之间也存在着较大差异。由于地理位置、气候条件、经济发展水平等因素的影响，不同地区的能源需求特点各异。例如，工业发达地区和农村地区的能源需求差异较大，前者通常对电力、燃料等能源的需求量较大，而后者则更加依赖于生物质能源、天然气等传统能源。这种地区间的能源需求多样性需要能源系统能够根据不同地区的特点，制定相应的能源供应策略，实现能源供应的平衡。

能源使用的负荷多样性还在不同时间段之间表现出较大差异。在一天的不同时间段内，能源需求通常呈现出明显的波动特点，存在着高峰时段和低谷时段。例如，工作日的早晚高峰时段能源需求较大，而夜间或节假日的能源需求则相对较低。这种时间段的能源需求多样性需要能源系统能够根据不同时间段的特点，调整能源供应策略，合理利用能源峰谷差异，实现能源供需的平衡和优化。

能源使用的负荷特性中的多样性反映了能源需求的复杂性和多变性，对能源系统的规划、供应和管理提出了新的挑战和要求。因此，我们需要加强对能源需求多样性的监测和分析，制定相应的能源供应策略，提高能源系统的灵活性和适应性，为实现能源供应的稳定和可持续发展提供有力保障。同时，我们还需要加强能源技术的创新和应用，推动能源供应结构的优化和升级，以适应能源需求多样性的变化，实现能源供需的平衡和协调。

4. 季节性

能源使用的负荷特性中的季节性是指能源需求在不同季节之间发生变化的特点。这种季节性变化对于能源系统的规划、供应和管理具有重要的影响，需要针对性地制定相应的策略和措施。

季节性变化直接影响着能源需求的规模和结构。不同季节的气候条件、生产活动和社会活动都会对能源需求产生影响，导致能源需求呈现出季节性变化的特点。例如，在冬季寒冷时，人们对取暖、制热等能源的需求较大；而在夏季炎热时，人们对制冷、空调等能源的需求则相对较高。这种季节性变化需要能源系统能够及时调整能源供应结构，满足不同季节的能源需求。

季节性变化对能源供应的稳定性和可靠性提出了新的挑战。由于季节性变化导致能源需求出现波动，使得能源供应系统需要能够根据季节性变化的需求特点，灵活调整能源供应策略，确保能源供应的稳定和可靠。例如，在冬季寒冷时，需要增加供暖设备的运行，加大对燃气、电力等能源的供应量；而在夏季炎热时，则需要增加制冷设备的运行，加大对空调、制冷等能源的供应量。这种能源供应的季节性调整需要能源系统具备一定的灵活性和适应性，以应对不同季节的能源需求波动。

季节性变化还对能源成本和价格产生影响。由于季节性变化导致能源需求的波动，使得能源市场供需关系发生变化，能源价格也会随之波动。例如，在冬季寒冷时，由于取暖需求增加，导致燃气、电力等能源价格上涨；而在夏季炎热时，则可能导致电力、空调等能源价格上涨。这种季节性变化对企业和消费者的能源成本和费用都会产生影响，需要加强能源市场监管，保障能源价格的稳定和合理。

为了应对季节性变化带来的挑战，我们需要加强对季节性变化的监测和分析，制定相应的能源供应策略，提高能源系统的灵活性和适应性，确保能源供应的稳定和可靠。同时，我们还需要加强能源技术的创新和应用，推动能源供应结构的优化和升级，以适应季节性变化对能源系统的影响，实现能源供需的平衡和协调。

5. 突发性

能源使用的负荷特性中的突发性指的是能源需求在突发事件或紧急情况下的突然增加或减少。这种突发性的能源需求变化可能由自然灾害、事故、突发事件等多种因素引起，对能源系统的供应和管理提出了严峻的挑战。

突发性的能源需求增加可能导致能源供应紧张和不足。在突发事件发生时，如自然灾害、事故、突发事件等情况下，能源需求可能会突然增加，导致能源供应系统面临严峻挑战。例如，在自然灾害发生时，灾区的能源需求通常会急剧增加，但由于受灾区域的通信、交通等条件限制，能源供应往往无法及时满足需求，导致能源供应紧张和不足。因此，这需要能源系统具备一定的应急响应能力，能够在突发事件发生时迅速调整能源供应结构，确保能源供应的稳定和可靠。

突发性的能源需求减少可能导致能源供应过剩和浪费。在一些突发事件或紧急情况下，如经济衰退、疫情封锁、生产停滞等情况下，能源需求可能会突然减少，导致能源供应过剩和浪费。例如，在疫情期间，由于生产活动和交通运输受到限制，能源需求急剧下降，但能源供应系统往往无法及时调整供应结构，导致能源供应过剩和浪费。因此，这需要能源系统具备一定的灵活性和调控能力，能够根据突发事件或紧急情况的变化，调整能源供应策略，避免能源供应过剩和浪费。

突发性的能源需求变化还可能影响能源价格和市场稳定。在突发事件或紧急情况发生时，由于能源需求的突然增加或减少，可能导致能源价格出现波动和不稳定。例如，在自然灾害发生时，灾区的能源需求通常会急剧增加，导致能源价格上涨；而在经济衰退或疫情期间，能源需求下降，可能导致能源价格下跌。这种能源价格的波动和不稳定会影响到能源市场的稳定和秩序，增加市场的不确定性和风险。因此，我国需要加强能源市场监管，保障能源价格的稳定和合理，维护能源市场的正常运行。

6. 可靠性

无论是电力、天然气还是供热系统，可靠的能源供应对于居民生活和工业生产均至关重要。任何能源供应的中断都可能导致严重的社会和经济后果。例如，电力系统的停电事故不仅会影响日常生活，还可能导致工厂停产、交通瘫痪和医疗服务中断。能源生产、输送和分配系统需要具备抵御各种外部风险的能力，包括自然灾害、设备故障和人为破坏等。例如，电网需要设计和建设得足够坚固，能够承受风暴、地震和洪水等极端天气事件的冲击，同时还要具备快速恢复的能力。在天然气管网和供热系统中，我们也需要通过定期维护和升级，提高设备的可靠性和安全性，防止泄漏和爆炸等事故的发生。

随着科技的发展，智能电网、智能管网和综合能源管理系统等技术的应用，这为提高能源使用的可靠性提供了有力支持。智能电网通过实时监控、自动化调节和故障检测等手段，能够快速响应和处理电力系统中的各种问题，确保电力供应的稳定和连续。类似地，智能管网可以对天然气和供热管道进行实时监测，及时发现和处理泄漏、堵塞等问题，提高能源输送的可靠性。单一能源来源容易受到供应中断和价格波动的影响，从而降低能源使用的可靠性。发展多元化的能源供应链，可以提高能源系统的韧性。例如，既发展传统的化石能源，又积极开发可再生能源，如风能、太阳能和生物质能等，可以减少对单一能源的依赖，提高整体能源供应的可靠性。同时，国际能源合作和互联互通项目也可以增强能源供应的多样性和稳定性。

各国政府通过制定和实施一系列政策和法规，规范和促进能源系统的建设和运行。例如，制定能源安全战略，确保能源基础设施的投资和维护；实施能源效率标准，提高能源利用的有效性和可靠性；建立应急响应机制，提高能源系统应对突发事件的能力。政府的政策支持和监管是保障能源使用可靠性的关键。引入竞争机制，提高能源企业的运营效率和服务质量，可以增强能源供应的可靠性。市场化改革推动能源价格反映真实供需关系，有助于优化资源配置，促进能源供应的稳定性和持续性。此外，市场机制还可以激励能源企业不断创新，开发和应用先进技术，提高能源系统的可靠性和安全性。

通过国际合作，各国可以共享先进的技术和管理经验，共同应对能源使用的可靠性挑战。例如，跨国电力互联互通项目通过区域间的电力交换和调度，提高了电力系统的稳定性和可靠性。国际能源机构和专业组织也在推动能源技术标准和规范的统一，促进全球能源系统的协调和合作。公众对能源使用的节约和合理化也直接影响能源系统的稳定性和可靠性。通过加强能源使用教育，推广节能环保理念，提高公众的能源意识，可以减少能源浪费，缓解能源供应压力，促进能源系统的可持续发展。同时，企业和机构也需要承担相应的社会责任，积极参与能源管理和节能减排，提高能源使用的效率和可靠性。

（二）能源负荷特性调控设备

1. 负荷调节设备

负荷调节设备在能源负荷特性的管理和优化中扮演着关键的角色。这些设备通过调节和控制能源供应系统中的负荷，实现对能源负荷的调节和平衡，提高能源利用效率，确保能源供应的稳定和可靠。

负荷调节设备能够根据能源负荷的变化情况，灵活调整能源供应系统的运行状态，实现对能源负荷的动态调节和优化。通过监测和分析能源负荷的变化趋势和规律，负荷调节设备可以根据实时数据和预测模型，自动调节系统的运行参数和输出功率，实现对能源供应系统的动态控制和优化。这种动态调节能力可以帮助系统快速适应能源负荷的变化，提高能源供应的灵活性和适应性。

负荷调节设备还能够实现能源负荷的灵活控制和智能管理。通过采用先进的传感器、控制器和调节器等技术手段，负荷调节设备可以实现对能源负荷的实时监测、分析和控制，提高系统的响应速度和控制精度。同时，负荷调节设备还可以与智能监控系统相结合，实现对能源供应系统的智能化管理和优化。这种智能管理方式可以帮助系统实时监测能源负荷的变化，及时调整能源供应策略，提高能源系统的运行效率和稳定性。

2. 智能控制系统

智能控制系统作为能源负荷特性管理中的关键设备之一，扮演着调节、优化和管理能源供应系统的重要角色。这种系统结合了先进的传感技术、数据处理技术以及智能算法，能够实现对能源负荷的实时监测、分析和控制，提高能源系统的运行效率和稳定性。

智能控制系统通过采集和分析能源负荷的实时数据，实现对能源系统的实时监测和分析。通过部署传感器和监测设备，智能控制系统可以实时采集能源负荷的数据，包括负荷大小、能源类型、运行状态等信息。然后，通过先进的数据处理技术，对采集到的数据进行分析和处理，实时监测能源负荷的变化趋势和规律，为后续的智能控制提供数据支持。

智能控制系统还能够实现对能源系统的远程监控和管理。通过互联网和物联网技术，智能控制系统可以实现对能源系统的远程监控和管理，实现对能源系统的远程控制和调度。运营人员可以通过远程终端设备随时随地监控能源负荷的运行情况，实时调整能源供应策略，确保能源系统的稳定运行。这种远程监控和管理方式可以提高运营人员的工作效率，降低运维成本，提高能源系统的运行效率和可靠性。

3. 储能设备

储能设备在能源负荷特性的管理和优化中扮演着至关重要的角色。作为能源系统中的重要组成部分，储能设备能够有效平衡能源供需之间的时间和空间差异，提高能源利用效率，增强能源系统的稳定性和可靠性。

储能设备可以有效调节能源供需之间的时间差异。在能源负荷特性中，不同时间段的能源需求通常存在着明显的波动和差异，例如日间和夜间、工作日和休息日等。通过在低负荷时期将多余的能源进行储存，储能设备可以在高负荷时期释放储存的能源，以平衡供需之间的时间差异，保障能源供应的稳定。这种时间差异调节能力可以帮助系统应对能源负荷的突发波动，缓解能源供需矛盾，提高能源系统的运行稳定性。

储能设备可以弥补能源供需之间的空间差异。在能源系统中，不同地区的能源需求通常存在着较大差异，导致能源供需之间的空间不均衡。在能源生产地和能源消费地之间建立储能设备，可以将多余的能源从生产地转移到消费地，以平衡供需之间的空间差异，提高能源的利用效率。这种空间差异调节能力可以有效降低能源运输和分配成本，减少能源浪费，促进能源系统的协调发展。

储能设备还可以提供备用能源供应，增强能源系统的可靠性和鲁棒性。在能源系统中，由于能源供应的不稳定性和不可预测性，可能出现能源供应中断或故障的情况。在系统中设置储能设备，可以提供备用能源供应，保障系统的持续运行，避免因能源供应中断而导致的生产停滞和服务中断等问题。这种备用能源供应能力可以有效降低能源系统的风险和漏洞，提高系统的可靠性和鲁棒性。

4. 智能供暖和制冷设备

智能供暖和制冷设备在能源负荷特性的管理和优化中扮演着重要角色。这些设备结合了先进的技术和智能控制系统，能够根据实时能源负荷需求和环境条件，灵活调节供暖和制冷系统的运行，实现能源的高效利用和供需平衡。

智能供暖和制冷设备可以根据实时能源负荷需求，智能调节供暖和制冷系统的运行。通过先进的传感技术和智能控制系统，这些设备可以实时监测室内温度、湿度和空气质量等环境参数，根据实际需求调节供暖和制冷设备的运行状态和输出功率。例如，在高负荷时段，智能供暖和制冷设备可以增加供暖或制冷设备的运行功率，快速提升室内温度或降低温度，满足用户的舒适需求；而在低负荷时段，则可以降低供暖或制冷设备的运行功率，减少能源消耗，节约能源成本。

智能供暖和制冷设备还可以根据环境条件和能源价格等因素，智能调节供暖和制冷系统的运行策略。通过与智能监控系统和能源市场相连接，这些设备可以实时获取环境参数和能源价格等信息，根据实时数据和预测模型，智能调整供暖和制冷系统的运行策略。例如，在能源价格较高时，智能供暖和制冷设备可以采取节能措施，降低能源消耗，减少能源成本；而在能源价格较低时，则可以增加供暖或制冷设备的运行功率，提升室内舒适度。

智能供暖和制冷设备还可以实现供暖和制冷系统的智能化管理和远程控制。通过互联网和物联网技术，这些设备可以实现与智能手机、平板电脑等终端设备的连接，实现远程监控和控制。用户可以通过手机 App 或云平台随时随地监控室内环境参数，远程调节供暖和制冷设备的运行状态和设置参数，实现对供暖和制冷系统的智能化管理。这种远程控制和管理方式可以提高用户的舒适体验，降低运维成本，提高系统的运行效率和稳定性。

二、企业园区能源使用流程

（一）能源采购

企业园区的能源采购流程是其能源管理中至关重要的一环，涉及能源种类的选择、供应商的选择、采购合同的签订等诸多方面。

能源采购流程的第一步是确定能源需求和种类。企业园区的能源需求可能涵盖电力、天然气、燃油等多种能源类型，因此在能源采购之前，我们需要对企业的能源需求进行详细的分析和评估，确定所需能源的种类、用量和质量要求。这一步需要综合考虑企业的生产活动、设备设施、用能结构以及节能减排目标等因素，制定能源采购的总体规划和策略。

能源采购流程的第二步是选择合适的能源供应商。企业园区通常会与能源供应商签订长期供应合同，因此选择合适的能源供应商至关重要。在选择能源供应商时，我们需要综合考虑供应商的信誉度、供应能力、服务质量、价格竞争力等因素。此外，我们还需要考虑供应商的地理位置、配送能力、供应灵活性等方面，以确保能够及时、稳定地满足企业的能源需求。有些企业园区可能会选择与多家供应商签订合同，以降低供应风险，确保能源供应的稳定性。

能源采购流程的第三步是与选定的能源供应商进行谈判并签订采购合同。在进行谈判之前，企业园区需要对市场行情和竞争情况进行充分了解，制定合理的采购策略和议价方案。在谈判过程中，谈判双方需要就能源价格、供应方式、服务质量、交付周期、合同条款等方面进行充分沟通和协商，确保双方达成一致意见。一旦谈判成功，企业园区就需要与供应商签订正式的采购合同，明确双方的权利和义务，规范能源交易的行为和流程，以确保双方的合法权益。

能源采购流程的最后一步是实施和监督。一旦采购合同签订完毕，企业园区就需要着手实施能源采购计划，并对供应商的履约情况进行监督和评估。在能源供应过程中，企业园区需要密切关注能源市场的变化和供需情况，及时调整采购策略和合同条款，确保能够及时应对市场波动和风险。同时，企业园区还需要建立健全的能源采购管理制度和内部控制机制，加强对能源采购流程的监督和管理，防止出现违规行为和损失风险。

企业园区的能源采购流程涉及能源需求的确定、供应商的选择、合同的签订以及实施和监督等多个方面,这是企业能源管理中至关重要的一环。通过科学合理地组织和管理能源采购流程,企业园区可以确保能源供应的稳定和可靠,降低能源成本,提高企业的竞争力和可持续发展能力。

(二) 能源输送与分配

企业园区的能源输送与分配是确保能源从供应端顺利传输到各个能源需求终端的关键环节。这一过程涉及能源的输送管道、输电线路、供气管网等设施,以及能源的分配系统、配电网络等设备,需要科学合理地规划、建设和管理,以保障能源安全、稳定、高效地传输和分配。

能源输送与分配的关键在于建立可靠的输送网络和分配系统。对于电力能源,我们需要建设完善的输电线路和变电站,将电力从发电厂输送到企业园区各个用电终端;对于天然气能源,我们需要建设完善的输气管网和调压站,将天然气从生产地输送到企业园区的用气终端;对于其他能源,如燃油、蒸汽等,我们也需要建设相应的输送管道和分配系统。这些输送网络和分配系统需要具备安全可靠、稳定高效的特点,能够满足企业园区的能源需求,确保能源供应的稳定和可靠。

能源输送与分配还需要根据企业园区的能源需求和能源负荷特性,科学合理地进行规划和设计。在能源输送与分配的过程中,我们需要考虑到企业园区的用能结构、能源消耗特点、能源需求变化趋势等因素,合理确定能源输送和分配的方案和策略。例如,我们可以根据企业园区的能源负荷特性,采取分区分级、多源供应、多能源协同等方式,提高能源供应的灵活性和适应性,降低能源供应的风险和成本。

能源输送与分配还需要加强对输送网络和分配系统的运行监测和管理。通过部署先进的监测设备和传感器,可以实时监测能源输送和分配系统的运行状态和运行参数,及时发现和处理运行异常和故障,确保能源输送和分配系统的安全稳定运行。同时,我们需要建立健全的管理制度和应急预案,加强对能源输送和分配系统的日常管理和维护,提高系统的运行效率和可靠性。

能源输送与分配还需要加强与能源供应商和相关部门的合作与沟通。企业园区需要与能源供应商建立良好的合作关系,加强信息共享和技术交流,共同解决能源输送和分配过程中的问题和挑战。同时,我们还需要与相关部门加强协调和沟通,共同制定能源政策和规划,推动能源输送与分配的规范化和标准化,促进能源供应的智能化和可持续发展。

能源输送与分配是企业园区能源使用流程中至关重要的一环。科学合理地规划、建设和管理能源输送与分配系统,可以确保能源供应的安全、稳定、高效,提高企业园区的能源利用效率和竞争力,为企业的可持续发展提供有力支持。

(三) 能源转换与利用

企业园区的能源转换与利用是能源使用流程中至关重要的环节,涉及将原始能源转化为可用能源，并将其应用于生产、运行和生活等各个方面。这一过程涵盖了能源转换设备的选择、能源利用技术的应用、能源利用效率的提升等多个方面，需要综合考虑能源类型、能源质量、能源效率等因素，以实现能源的高效利用和可持续发展。

能源转换与利用的第一步是选择合适的能源转换设备。企业园区的能源需求可能涵盖电能、热能、动能等多种形式的能源，因此在能源转换与利用的过程中，我们需要选择合适的能源转换设备，将原始能源转化为满足特定需求的可用能源。例如，对于电能，我们可以选择发电机组、变压器等设备进行能源转换；对于热能，我们可以选择锅炉、热交换器等设备进行能源转换；对于动能，我们可以选择机械设备、动力传动系统等设备进行能源转换。选择合适的能源转换设备可以提高能源利用效率，降低能源成本，满足企业园区的能源需求。

能源转换与利用还需要应用先进的能源利用技术和工艺。随着科技的不断进步和应用的深入推广，社会中涌现了许多高效节能的能源利用技术和工艺，如余热利用技术、能量回收技术、能源综合利用技术等。这些技术和工艺可以将能源的废热、废气、废水等转化为可用能源，实现能源的循环和综合利用，提高能源利用效率，降低能源消耗，减少环境污染。企业园区可以根据自身的能源特点和需求，选择合适的能源利用技术和工艺，提升能源转换与利用的效益。

能源转换与利用还需要不断提升能源利用效率，实现能源的可持续发展。采用节能技术、优化工艺流程、改进设备设计等措施，可以提高能源转换和利用的效率，降低能源消耗和排放，减少资源浪费，实现能源的可持续利用。企业园区可以开展能源审计和能源管理工作，建立健全节能管理制度和内部控制机制，加强对能源利用过程的监督和管理，推动能源利用效率的不断提升，为企业的可持续发展提供有力支持。

（四）能源监测与管理

企业园区的能源监测与管理是确保能源系统运行稳定、高效和可持续的重要环节。这一过程涉及对能源系统的实时监测、数据分析、运行调整和管理优化等多个方面，需要借助先进的监测技术、数据分析工具和管理系统，以实现能源的智能化管理和持续改进。

能源监测与管理的关键在于建立完善的能源监测系统。企业园区需要部署各类传感器、监测设备和智能仪表，实时监测能源系统的运行状态、能源消耗情况、能源效率指标等关键参数。这些监测设备可以覆盖能源系统的各个环节，包括能源采购、能源转换、能源利用等，以全面、准确地了解能源系统的运行情况，为后续的能源管理和优化提供数据支持。

能源监测与管理需要借助先进的数据分析技术和工具，对监测到的数据进行分析和处理。通过建立数据采集与处理平台，企业园区可以对监测到的能源数据进行实时、准确的分析和诊断，发现能源系统的运行问题和潜在风险，及时制定调整策略和优化措施。同时，企业还可以通过数据挖掘、模型建立等手段，深入挖掘能源数据的内在规律和关联性，为能源管理和决策提供科学依据。

能源监测与管理还需要实施运行调整和管理优化。通过监测数据分析的结果，企业园区可以及时调整能源系统的运行参数和控制策略，优化能源供应和消耗的策略，提高能源利用效率和系统稳定性。同时，企业园区还需要建立健全的能源管理制度和内部控制机制，明确能源管理的责任和权限，加强对能源系统的日常监督和管理，确保能源管理工作的有序、规范进行。

能源监测与管理还需要加强与各相关部门和利益相关者的合作与沟通。企业园区需要与能源供应商、政府部门、行业协会等多方建立良好的合作关系，共同推动能源监测与管理工作的开展。同时，企业还需要加强与员工和社会公众的沟通与交流，提高能源管理意识和能源节约意识，形成全员参与、共建共享的能源管理氛围。

第四节　能源储存

一、热储能

（一）显热储能技术

1. 显热储能技术概述

显热储能技术是一种利用加热储能介质来存储热能的技术。在这种技术中，通过加热储能介质，例如水、碎石，来提高其温度，并将热能储存在其中。水是常用的储能介质之一，因为它价格低廉，比热容较高（4180J/kg·℃），并且化学性质稳定。在大型显热储能系统中，我们通常采用地下蓄水层作为储热介质。这种系统具有较高的能源存储效率，特别适用于需要季节性储存热能的情况。显热储能技术利用介质吸收或释放热量时的相变过程，即液体转化为蒸气或固体，或者反过来的过程。这种相变过程所需的能量称为潜热。在储能过程中，我们通过将储能介质加热至其相变温度以上，将热能储存在介质中。当需要释放储存的热能时，介质被再次加热以释放储存的热量。

2. 显热储能技术的应用

显热储能技术通过储存和释放热能来调节能源供需平衡。显热储能的基本原理是利用材料的比热容，通过加热或冷却将热能储存在材料中，并在需要时释放出来。常见的显热储能材料包括水、岩石、混凝土和熔融盐等。风能和太阳能等可再生能源的发电具有间歇性和波动性，通过显热储能技术，我们可以在发电高峰期储存多余的热能，在发电低谷期释放热能，以平衡供需，稳定能源供应。例如，在太阳能热发电系统中，利用显热储能技术可以延长太阳能电站的发电时间，提高电力输出的稳定性和可靠性。

工业过程如冶金、化工和食品加工等需要大量热能，显热储能技术可以在能耗低谷期储存热能，在能耗高峰期释放热能，降低能源成本，提高能源利用效率。在建筑供暖和空调系统中，显热储能技术通过储存和释放热能，平衡室内温度，减少对电网的负荷，提升能效，减少能源浪费。通过显热储能，我们可以实现能源的跨时间段传输，提高能源系统的调节能力。例如，在电力系统中，显热储能技术可以作为调峰手段，在电力需求高峰期释放热能，减少对电力系统的压力；在电力需求低谷期储存热能，提高电力系统的稳定性和灵活性。

显热储能系统不产生二氧化碳等温室气体，有助于减少环境污染，实现低碳发展。同时，显热储能技术利用的材料通常成本低、资源丰富，如水和岩石等，使得显热储能系统具有较高的经济性和可行性。各国政府通过制定和实施一系列政策和法规，鼓励显热储能技术的研发和应用。例如，通过财政补贴、税收优惠和研究资助等措施，支持显热储能项目的建设和运营；通过市场机制，引导企业和社会资本投入显热储能技术，促进显热储能产业的发展。

随着材料科学和工程技术的发展，显热储能材料和系统的性能不断提升。例如，高比热容和高导热系数的新材料的研发，使得显热储能系统的能量密度和效率显著提高。此外，智能控制和监测技术的应用，使得显热储能系统的运行更加精准和高效，进一步提高了显热储能技术的应用水平。通过国际合作，各国可以分享先进的显热储能技术和应用经验，共同应对能源和环境挑战。例如，欧洲和美国在显热储能技术研发和应用方面积累了丰富的经验，其他国家通过合作和交流，可以借鉴这些成功案例，推动本国显热储能技术的发展。

尽管显热储能材料成本相对较低，但储能系统的建设和维护费用较高，需要通过技术创新和规模化应用来降低成本。显热储能系统的能量转换效率相对较低，如何提高显热储能系统的效率是一个重要的研究方向。此外，显热储能系统的集成和优化也是需要解决的问题，如何将显热储能系统与现有能源系统有效结合，实现系统的最优化配置，是显热储能技术应用的关键。随着能源需求的增加和环境保护的要求，显热储能技术将在更多领域得到应用。例如，在智能电网和智慧城市建设中，显热储能技术将发挥重要作用，可以提高能源系统的整体效率和稳定性。同时，随着技术的不断进步和成本的降低，显热储能技术的经济性和可行性将进一步提升，推动显热储能技术的广泛应用。

3. 显热储能技术的发展趋势

显热储能技术的发展趋势在技术创新、市场需求增长和政策推动等多方面因素的影响下，呈现出多样化、智能化和规模化的特点。首先，多样化发展是显热储能技术的重要发展趋势。显热储能技术通过储存和释放热能来调节能源供需平衡，其应用领域不断扩大，从传统的工业和建筑供暖逐渐扩展到可再生能源、智能电网和综合能源系统等新兴领域。例如，在太阳能热发电系统中，显热储能技术被广泛应用于储存太阳能热量，延长发电时间，稳定电力输出。随着物联网、大数据和人工智能技术的快速发展，显热储能系统的智能化管理和控制成为可能。智能传感器、自动化控制系统和数据分析平台的应用，使显热储能系统能够实现实时监控和优化调度，提高运行效率和安全性。例如，通过大数据分析和预测模型，显热储能系统可以根据能源供需变化情况，智能调节储能和释能过程，优化能源利用效率。

随着能源需求的增长和技术进步，显热储能系统的规模和容量不断扩大。大型显热储能项目在电力系统调峰、工业余热回收和区域供热等方面发挥着重要作用。规模化的显热储能系统不仅能够提供稳定的能源供应，还能显著降低单位储能成本，提高经济效益。例如，在电力系统中，通过建设大规模显热储能设施，企业可以在电力需求高峰期释放热能，减少电网压力，提高电力系统的稳定性和可靠性。随着材料科学和工程技术的发展，新型显热储能材料不断涌现，高比热容和高导热系数的材料显著提高了显热储能系统的能量密度和效率。例如，熔融盐作为一种高效显热储能材料，被广泛应用于太阳能热发电和工业余热回收领域。此外，先进的热传导和热管理技术的发展，使得显热储能系统的性能得到进一步提升，推动了显热储能技术的进步和应用。

随着全球对清洁能源和可再生能源需求的增加，显热储能技术在平衡能源供需、提高能源利用效率方面的优势逐渐凸显。各国纷纷加大对可再生能源的投资和支持，推动显热储能技术在风能、太阳能等领域的应用。例如，在太阳能热发电系统中，显热储能技术可以有效解决太阳能发电的间歇性问题，提高电力输出的稳定性，满足市场对稳定和高效能源供应的需求。各国政府通过制定和实施一系列政策和法规，鼓励显热储能技术的研发和应用。例如，通过财政补贴、税收优惠和研究资助等措施，支持显热储能项目的建设和运营；通过市场机制，引导企业和社会资本投入显热储能技术，促进显热储能产业的发展。此外，国际合作和技术交流也在显热储能技术的发展中发挥了积极作用。通过国际合作，各国可以分享先进的显热储能技术和应用经验，共同应对能源和环境挑战。

尽管显热储能材料成本相对较低，但储能系统的建设和维护费用较高，需要通过技术创新和规模化应用来降低成本。显热储能系统的能量转换效率相对较低，如何提高显热储能系统的效率是一个重要的研究方向。此外，显热储能系统的集成和优化也是需要解决的问题，如何将显热储能系统与现有能源系统有效结合，实现系统的最优化配置，是显热储能技术应用的关键。随着能源需求的增加和环境保护的要求，显热储能技术将在更多领域得到应用。例如，在智能电网和智慧城市建设中，显热储能技术将发挥重要作用，提高能源系统的整体效率和稳定性。同时，随着技术的不断进步和成本的降低，显热储能技术的经济性和可行性将进一步提升，推动显热储能技术的广泛应用。

（二）潜热储能技术

1. 潜热储能技术概述

潜热储能技术是一种利用储能介质的液相和固相之间的相变来存储热能的技术。在这种技术中，热能被用于将储能介质从液态转变为固态或反之，从而实现热能的储存。常用的潜热储能介质包括氟化物（如 NaF、MgF_2、LiF、CaF_2 等的混合物）或水合物（如硝酸钠的水合物 $NaNO_3 \cdot 2H_2O$）等。潜热储能技术的特点在于能够在较低的温度下进行储能，并具有较高的能量密度。尽管潜热储能技术具有一定的优势，但也存在一些挑战和限制。储能介质的成本较高，这增加了技术的经济成本。部分介质容易受到腐蚀，并且可能发生分解反应，这会影响系统的稳定性和寿命。此外，潜热储能装置相较于显热型设备更为复杂，技术难度也较大。

2. 潜热储能技术的应用

潜热储能技术通过储存和释放材料在相变过程中吸收或释放的热量，来实现能量的存储和利用。常见的相变材料包括石蜡、金属氢化物和盐类，这些材料在固态液态相变时能够吸收或释放大量的热量，从而达到储能的目的。风能和太阳能等可再生能源的发电具有间歇性和不稳定性，通过潜热储能技术可以在发电高峰期储存多余的热能，在发电低谷期释放热能，从而平衡供需，稳定能源供应。例如，在太阳能热发电系统中，利用潜热储能材料可以延长太阳能电站的发电时间，提高电力输出的稳定性和可靠性。

在建筑材料中加入相变材料，可以有效地调节室内温度，减少供暖和制冷的能耗。在冬季，相变材料可以在白天吸收太阳能并储存热量，晚上释放热量供暖；在夏季，相变材料可以在白天吸收室内热量，降低室温，夜间释放热量到室外。这样不仅可以提高建筑的能源效率，还能提升室内环境的舒适度。许多工业过程需要大量的热能，潜热储能技术可以在能耗低谷期储存热能，在能耗高峰期释放热能，从而降低能源成本，提高能源利用效率。例如，在冶金、化工和食品加工等行业，潜热储能技术可以用于余热回收和利用，减少能源浪费，降低生产成本。

通过潜热储能，我们可以实现能量的跨时间段传输，提高电力系统的调节能力。例如，在电力系统中，潜热储能技术可以作为调峰手段，在电力需求高峰期释放热能，减少对电力系统的压力；在电力需求低谷期储存热能，来提高电力系统的稳定性和灵活性。当前各国政府通过制定和实施一系列政策和法规，鼓励潜热储能技术的研发和应用。例如，通过财政补贴、税收优惠和研究资助等措施，支持潜热储能项目的建设和运营；通过市场机制，引导企业和社会资本投入潜热储能技术，促进潜热储能产业的发展。

随着材料科学和工程技术的发展，新型相变材料不断涌现，这些材料具有更高的能量密度和更稳定的相变特性。例如，微胶囊化技术可以将相变材料封装在微胶囊中，提高材料的热稳定性和使用寿命。此外，先进的热传导和热管理技术的发展，使得潜热储能系统的性能得到进一步提升，推动了潜热储能技术的进步和应用。通过国际合作，各国可以分享先进的潜热储能技术和应用经验，共同应对能源和环境挑战。例如，欧洲和美国在潜热储能技术研发和应用方面积累了丰富的经验，其他国家通过合作和交流，可以借鉴这些成功案例，推动本国潜热储能技术的发展。

尽管潜热储能材料具有较高的能量密度，但其生产成本较高，需要通过技术创新和规模化应用来降低成本。潜热储能系统的能量转换效率相对较低，如何提高潜热储能系统的效率是一个重要的研究方向。此外，潜热储能系统的集成和优化也是需要解决的问题，如何将潜热储能系统与现有能源系统有效结合，实现系统的最优化配置，是潜热储能技术应用的关键。随着能源需求的增加和环境保护的要求，潜热储能技术将在更多领域得到应用。例如，在智能电网和智慧城市建设中，潜热储能技术将发挥重要作用，提高能源系统的整体效率和稳定性。同时，随着技术的不断进步和成本的降低，潜热储能技术的经济性和可行性将进一步提升，推动潜热储能技术的广泛应用。

3. 潜热储能技术的发展趋势

潜热储能技术的发展趋势在技术创新、市场需求增长和政策推动等多方面因素的影响下，呈现出多样化、智能化和规模化的特点。首先，多样化是潜热储能技术发展的重要方向。潜热储能技术利用材料在相变过程中吸收或释放的热量实现能量存储，广泛应用于建筑、工业、可再生能源和电力系统等领域。例如，在建筑领域，人们利用相变材料进行墙体和屋顶的隔热，可以显著提升建筑的能源效率和舒适性。随着物联网、大数据和人工智能技术的迅猛发展，潜热储能系统的智能化管理和控制变得更加可能。智能传感器、自动化控制系统和数据分析平台的应用，使潜热储能系统能够实现实时监控和优化调度，提高运行效率和安全性。例如，通过大数据分析和预测模型，潜热储能系统可以根据能源供需变化情况，智能调节储能和释能过程，优化能源利用效率。

随着能源需求的增长和技术进步，潜热储能系统的规模和容量不断扩大。大型潜热储能项目在电力系统调峰、工业余热回收和区域供热等方面发挥着重要作用。规模化的潜热储能系统不仅能够提供稳定的能源供应，还能显著降低单位储能成本，提高经济效益。例如，在电力系统中，通过建设大规模潜热储能设施，我们可以在电力需求高峰期释放热能，减少电网压力，提高电力系统的稳定性和可靠性。随着材料科学和工程技术的发展，新型相变材料不断涌现，这些材料具有更高的能量密度和更稳定的相变特性。例如，微胶囊化技术可以将相变材料封装在微胶囊中，提高材料的热稳定性和使用寿命。此外，先进的热传导和热管理技术的发展，使得潜热储能系统的性能得到进一步提升，推动了潜热储能技术的进步和应用。

随着全球对清洁能源和可再生能源需求的增加，潜热储能技术在平衡能源供需、提高能源利用效率方面的优势逐渐凸显。各国纷纷加大对可再生能源的投资和支持，推动潜热储能技术在风能、太阳能等领域的应用。例如，在太阳能热发电系统中，潜热储能技术可以有效解决太阳能发电的间歇性问题，提高电力输出的稳定性，满足市场对稳定和高效能源供应的需求。各国政府通过制定和实施一系列政策和法规，鼓励潜热储能技术的研发和应用。例如，通过财政补贴、税收优惠和研究资助等措施，支持潜热储能项目的建设和运营；通过市场机制，引导企业和社会资本投入潜热储能技术，促进潜热储能产业的发展。

随着能源需求的增加和环境保护的要求，潜热储能技术将在更多领域得到应用。例如，在智能电网和智慧城市建设中，潜热储能技术将发挥重要作用，提高能源系统的整体效率和稳定性。同时，随着技术的不断进步和成本的降低，潜热储能技术的经济性和可行性将进一步提升，推动潜热储能技术的广泛应用。

（三）化学反应热储能技术

1. 化学反应热储能技术概述

化学反应热储能技术是一种利用化学反应将化学物质分解并储存能量的技术。在这种技术中，通过化学反应使物质发生分解，释放出热能，并将分解后的产物储存起来。当需要释放储存的热能时，再将分解后的产物重新化合即可释放出储存的热能。由于分解后的产物可以妥善保存，因此其储能时间可以很长，而且能量储存效率较高。

化学反应热储能技术一般可分为三种主要类型：

①可逆分解反应：这种反应使化学物质在吸热的条件下发生分解，释放出热能，而在加热的条件下又可以将分解后的产物重新化合，实现能量的储存和释放。

②有机可逆反应：这种反应利用有机化合物的可逆反应特性，将高温热能有效地储存起来。特别适用于发电厂等需要离峰热能储存的场合，可以在尖峰发电时释放储存的热能，推动汽轮机发电。

③氢化物化学反应：这种反应是指将氢气与金属发生反应，形成氢化物释放热能。利用这种反应可以储存氢气，用作一般汽车燃料或设备加热使用。然而，该技术的推广受到液态氢保存技术尚未商业化以及气态氢不适合大量储存的限制。

2. 化学反应热储能技术的应用

化学反应热储能技术通过可逆化学反应来储存和释放能量，利用化学反应过程中吸收或释放的热量，实现能量的存储和利用。常见的化学反应热储能材料包括氨合成-分解、钙氧化物循环和金属氢化物等，这些材料在进行化学反应时能够吸收或释放大量热量，从而实现能量的有效储存和利用。风能和太阳能等可再生能源的发电具有间歇性和不稳定性，通过化学反应热储能技术可以在发电高峰期储存多余的能量，在发电低谷期释放能量，从而平衡供需，稳定能源供应。例如，在太阳能热发电系统中，利用化学反应热储能材料可以延长太阳能电站的发电时间，提高电力输出的稳定性和可靠性。

许多工业过程需要大量的热能，化学反应热储能技术可以在能耗低谷期储存热能，在能耗高峰期释放热能，从而降低能源成本，提高能源利用效率。例如，在冶金、化工和食品加工等行业，化学反应热储能技术可以用于余热回收和利用，减少能源浪费，降低生产成本。化学反应热储能可以实现能量的跨时间段传输，提高电力系统的调节能力。例如，在电力系统中，化学反应热储能技术可以作为调峰手段，在电力需求高峰期释放热能，减少对电力系统的压力；在电力需求低谷期储存热能，提高电力系统的稳定性和灵活性。

在建筑材料中加入化学反应热储能材料，可以有效地调节室内温度，减少供暖和制冷的能耗。在冬季，化学反应热储能材料可以在白天吸收太阳能并储存热量，晚上释放热量供暖；在夏季，化学反应热储能材料可以在白天吸收室内热量，降低室温，夜间释放热量到室外。这样不仅可以提高建筑的能源效率，还能提升室内环境的舒适度。各国政府通过制定和实施一系列政策和法规，鼓励化学反应热储能技术的研发和应用。例如，通过财政补贴、税收优惠和研究资助等措施，支持化学反应热储能项目的建设和运营；通过市场机制，引导企业和社会资本投入化学反应热储能技术，促进化学反应热储能产业的发展。

随着材料科学和工程技术的发展，新型化学反应热储能材料不断涌现，这些材料具有更高的能量密度和更稳定的反应特性。例如，高温相变材料和新型催化剂的研发，提高了化学反应热储能系统的能量转换效率和稳定性。此外，先进的热传导和热管理技术的发展，使得化学反应热储能系统的性能得到进一步提升，推动了化学反应热储能技术的进步和应用。

尽管化学反应热储能材料具有较高的能量密度，但其生产成本较高，需要通过技术创新和规模化应用来降低成本。化学反应热储能系统的能量转换效率相对较低，如何提高化学反应热储能系统的效率是一个重要的研究方向。此外，化学反应热储能系统的集成和优化也是需要解决的问题，如何将化学反应热储能系统与现有能源系统有效结合，实现系统的最优化配置，是化学反应热储能技术应用的关键。随着能源需求的增加和环境保护的要求，化学反应热储能技术将在更多领域得到应用。例如，在智能电网和智慧城市建设中，化学反应热储能技术将发挥重要作用，提高能源系统的整体效率和稳定性。同时，随着技术的不断进步和成本的降低，化学反应热储能技术的经济性和可行性将进一步提升，推动化学反应热储能技术的广泛应用。

3. 化学反应热储能技术的发展趋势

化学反应热储能技术的发展趋势在技术创新、市场需求增长和政策推动等多方面因素的影响下，呈现出多样化、智能化和规模化的特点。首先，多样化是化学反应热储能技术发展的重要方向。化学反应热储能技术利用可逆化学反应储存和释放能量，广泛应用于可再生能源、工业余热回收和建筑供暖等领域。例如，在太阳能热发电系统中，化学反应热储能技术可以有效解决太阳能发电的间歇性问题，提高电力输出的稳定性。随着物联网、大数据和人工智能技术的迅猛发展，化学反应热储能系统的智能化管理和控制变得可能。智能传感器、自动化控制系统和数据分析平台的应用，使化学反应热储能系统能够实现实时监控和优化调度，提高运行效率和安全性。例如，通过大数据分析和预测模型，化学反应热储能系统可以根据能源供需变化情况，智能调节储能和释能过程，优化能源利用效率。

随着能源需求的增长和技术的进步，化学反应热储能系统的规模和容量不断扩大。大型化学反应热储能项目在电力系统调峰、工业余热回收和区域供热等方面发挥着重要作用。规模化的化学反应热储能系统不仅能够提供稳定的能源供应，还能显著降低单位储能成本，提高经济效益。例如，在电力系统中，通过建设大规模化学反应热储能设施，可以在电力需求高峰期释放热能，减少电网压力，提高电力系统的稳定性和可靠性。随着材料科学和工程技术的发展，新型化学反应热储能材料不断涌现，这些材料具有更高的能量密度和更稳定的反应特性。例如，高温相变材料和新型催化剂的研发，提高了化学反应热储能系统的能量转换效率和稳定性。此外，先进的热传导和热管理技术的发展，使得化学反应热储能系统的性能得到进一步提升，推动了化学反应热储能技术的进步和应用。

随着全球对清洁能源和可再生能源需求的增加，化学反应热储能技术在平衡能源供需、提高能源利用效率方面的优势逐渐凸显。各国纷纷加大对可再生能源的投资和支持，推动化学反应热储能技术在风能、太阳能等领域的应用。例如，太阳能热发电系统中，化学反应热储能技术可以有效解决太阳能发电的间歇性问题，提高电力输出的稳定性，满足市场对稳定和高效能源供应的需求。各国政府通过制定和实施一系列政策和法规，鼓励化学反应热储能技术的研发和应用。例如，通过财政补贴、税收优惠和研究资助等措施，支持化学反应热储能项目的建设和运营；通过市场机制，引导企业和社会资本投入化学反应热储能技术，促进化学反应热储能产业的发展。

通过国际合作，各国可以分享先进的化学反应热储能技术和应用经验，共同应对能源和环境挑战。例如，欧洲和美国在化学反应热储能技术研发和应用方面积累了丰富的经验，其他国家通过合作和交流，可以借鉴这些成功案例，推动本国化学反应热储能技术的发展。尽管化学反应热储能材料具有较高的能量密度，但其生产成本较高，需要通过技术创新和规模化应用降低成本。化学反应热储能系统的能量转换效率相对较低，如何提高化学反应热储能系统的效率是一个重要的研究方向。此外，化学反应热储能系统的集成和优化也是需要解决的问题，如何将化学反应热储能系统与现有能源系统有效结合，实现系统的最优化配置，是化学反应热储能技术应用的关键。

随着能源需求的增加和环境保护的要求，化学反应热储能技术将在更多领域得到应用。例如，在智能电网和智慧城市建设中，化学反应热储能技术将发挥重要作用，提高能源系统的整体效率和稳定性。同时，随着技术的不断进步和成本的降低，化学反应热储能技术的经济性和可行性将得到进一步提升，推动化学反应热储能技术的广泛应用。

二、电磁储能

（一）电池储能技术

1. 电池储能技术概述

电池储能技术是一种利用电池将电能储存起来的技术。目前，电池储能主要以铅酸电池为主流，但其使用寿命和能量密度并不理想。如果能够提高电池的寿命、功率密度和能量密度，电池不仅可以作为电动车的能源，还可以大规模应用于电力系统的电能储存方面。

为此，目前正在致力于开发的高级电池主要包括两种类型：

①高温电池：这类电池的操作温度在 30 摄氏度以上。常见的高温电池包括铁镍电池、镍锌电池、钠硫电池、锂硫电池等。这些电池在研究和实验阶段已经取得了一定进展，并且具有较高的能量密度和循环寿命。

②燃料电池：燃料电池是指将燃料所含的化学能直接转化为电能的装置，而不经过燃烧过程。与传统的发电方式相比，燃料电池具有更高的效率和更广阔的发展前景。其中，氢气燃料电池是目前已经取得成功的燃料电池之一。氢气燃料电池利用氢气与氧气在电解质中发生氧化还原反应，产生电能和水，是一种高效、清洁的能源转换技术。

2. 电池储能技术的应用

电池储能技术通过储存电能来调节供需平衡，提高电力系统的稳定性和可靠性。电池储能系统可以在电力需求低谷期储存多余的电能，在需求高峰期释放电能，从而平衡电网负荷，减少电力波动对电网的影响。这种调峰填谷的功能对提高电网运行效率和降低能源成本具有重要意义。风能和太阳能等可再生能源的发电具有间歇性和不稳定性，通过电池储能技术可以在发电高峰期储存多余的电能，在发电低谷期释放电能，从而平衡供需，稳定能源供应。例如，在太阳能发电系统中，利用电池储能可以延长太阳能电站的发电时间，提高电力输出的稳定性和可靠性，增强可再生能源的利用效率。

电动汽车依赖于高效的电池储能系统来提供动力，电池技术的进步直接影响到电动汽车的续航里程、充电速度和使用寿命。通过不断优化电池材料和设计，电池储能技术可以显著提高电动汽车的性能，促进电动汽车的普及，减少交通领域的碳排放，推动绿色交通的发展。家庭储能系统可以通过储存低价电力或自家太阳能系统发电的电能，在高电价时段使用，降低家庭能源成本，提高能源独立性。商业储能系统则可以帮助企业平衡电力需求，降低用电高峰期的成本，提高能源利用效率，提升企业的经济效益和环保形象。

电池储能系统可以在电网发生故障或自然灾害时快速提供电力，保障关键设施和设备的正常运行，提高电力系统的应急能力和抗风险能力。例如，在医院、数据中心和通信基站等关键场所，电池储能系统能够在主电源中断时立即启动，提供连续稳定的电力供应，确保关键业务不中断。各国政府通过制定和实施一系列政策和法规，鼓励电池储能技术的研发和应用。例如，通过财政补贴、税收优惠和研究资助等措施，支持电池储能项目的建设和运营；通过市场机制，引导企业和社会资本投入电池储能技术，促进电池储能产业的发展。

随着材料科学和电化学技术的发展，新型电池材料和设计不断涌现，这些材料具有更高的能量密度、更长的循环寿命和更快的充电速度。例如，锂离子电池、固态电池和钠离子电池的研发和应用，显著提高了电池储能系统的性能和经济性。此外，先进的电池管理系统和智能控制技术的发展，使得电池储能系统的运行更加高效和安全，推动了电池储能技术的进步和应用。通过国际合作，各国可以分享先进的电池储能技术和应用经验，共同应对能源和环境挑战。例如，欧洲和美国在电池储能技术研发和应用方面积累了丰富的经验，其他国家通过合作和交流，可以借鉴这些成功案例，推动本国电池储能技术的发展。

尽管电池储能技术具有显著的优势，但其生产成本较高，需要通过技术创新和规模化应用来降低成本。电池储能系统的能量转换效率和循环寿命是影响其广泛应用的重要因素，如何提高电池储能系统的效率和寿命是一个重要的研究方向。此外，电池储能系统的回收和再利用也是需要解决的问题，如何实现电池材料的高效回收和循环利用，减少环境污染，是电池储能技术应用的关键。

随着能源需求的增加和环境保护的要求，电池储能技术将在更多领域得到应用。例如，在智能电网和智慧城市建设中，电池储能技术将发挥重要作用，提高能源系统的整体效率和稳定性。同时，随着技术的不断进步和成本的降低，电池储能技术的经济性和可行性将得到进一步提升，推动电池储能技术的广泛应用。

3. 电池储能技术的发展趋势

电池储能技术的发展趋势在全球能源转型和技术进步的推动下，展现出多样化、智能化和规模化的特点。随着不同应用场景对储能技术的需求增加，各种类型的电池储能技术应运而生，包括锂离子电池、钠离子电池、固态电池和液流电池等。每种电池技术都有其独特的优点和适用范围。例如，锂离子电池由于其高能量密度和较长的使用寿命，广泛应用于电动汽车和家庭储能系统；而液流电池则因其大规模储能能力和长循环寿命，适合应用于大规模电力调峰和可再生能源并网储能。

随着物联网、大数据和人工智能技术的迅猛发展，电池储能系统的智能化管理和控制变得可能。智能传感器、自动化控制系统和数据分析平台的应用，使电池储能系统能够实现实时监控和优化调度，提高运行效率和安全性。例如，通过大数据分析和预测模型，电池储能系统可以根据能源供需变化情况，智能调节储能和释能过程，优化能源利用效率。智能化的电池管理系统（BMS）可以实时监测电池状态，预测电池寿命，优化充放电策略，进一步提升系统性能和可靠性。

随着能源需求的增长和技术进步，电池储能系统的规模和容量不断扩大。大型电池储能项目在电力系统调峰、工业余热回收和区域供热等方面发挥着越来越重要的作用。规模化的电池储能系统不仅能够提供稳定的能源供应，还能显著降低单位储能成本，提高经济效益。例如，在电力系统中，通过建设大规模电池储能设施，我们可以在电力需求高峰期释放电能，减少电网压力，提高电力系统的稳定性和可靠性。随着材料科学和电化学技术的发展，新型电池材料和设计不断涌现，这些材料具有更高的能量密度、更长的循环寿命和更快的充电速度。例如，锂硫电池、钠离子电池和固态电池的研发和应用显著提高了电池储能系统的性能和经济性。此外，先进的电池管理系统和智能控制技术的发展，使得电池储能系统的运行更加高效和安全，推动了电池储能技术的进步和应用。

随着全球对清洁能源和可再生能源需求的增加，电池储能技术在平衡能源供需、提高能源利用效率方面的优势逐渐凸显。各国纷纷加大对可再生能源的投资和支持，推动电池储能技术在风能、太阳能等领域的应用。例如，在太阳能发电系统中，电池储能技术可以有效解决太阳能发电的间歇性问题，提高电力输出的稳定性，满足市场对稳定和高效能源供应的需求。各国政府通过制定和实施一系列政策和法规，鼓励电池储能技术的研发和应用。例如，通过财政补贴、税收优惠和研究资助等措施，支持电池储能项目的建设和运营；通过市场机制，引导企业和社会资本投入电池储能技术，促进电池储能产业的发展。

尽管电池储能技术具有显著的优势，但其生产成本较高，需要人们通过技术创新和规模化应用降低成本。其次是技术效率问题。电池储能系统的能量转换效率和循环寿命是影响其广泛应用的重要因素，如何提高电池储能系统的效率和寿命是一个重要的研究方向。此外，电池储能系统的回收和再利用也是需要解决的问题，如何实现电池材料的高效回收和循环利用，减少环境污染，是电池储能技术应用的关键。

随着能源需求的增加和环境保护的要求，电池储能技术将在更多领域得到应用。例如，在智能电网和智慧城市建设中，电池储能技术将发挥重要作用，提高能源系统的整体效率和稳定性。同时，随着技术的不断进步和成本的降低，电池储能技术的经济性和可行性将得到进一步提升，推动电池储能技术的广泛应用。

（二）压缩空气储能技术

1. 压缩空气储能技术概述

压缩空气储能技术是一种用于储存电能的先进技术。它的应用场景主要是在电力系统的离峰时段，即电力需求相对较低的时候。在这个过程中，通过利用电动机带动空气压缩机，将大气中的空气进行压缩，然后将压缩后的空气储存于地下的洞窟或储气库之中。当电力需求出现高峰时，即尖峰时段，压缩空气储能技术发挥其作用。此时，通过控制阀门释放储存的压缩空气，利用其势能来驱动涡轮机或发电机组发电。这个过程使得压缩空气的势能得以转化为电能，满足电网在高负荷时段的需求。压缩空气储能技术是一项具有广阔应用前景的能源储存技术。随着技术的不断进步和成本的降低，相信它将在未来得到更广泛的应用，并为能源转型和可持续发展作出重要贡献。

2. 压缩空气储能技术应用

压缩空气储能技术通过利用空气的压缩和膨胀过程来储存和释放能量，提供了一种高效、可靠的储能方式。该技术的基本原理是将电能用于压缩空气，然后在需要时释放压缩空气驱动涡轮机发电。这样，压缩空气储能可以在电力需求低谷期储存多余的电能，在电力需求高峰期释放电能，从而平衡电网负荷，提高电力系统的稳定性。风能和太阳能等可再生能源的发电具有间歇性和不稳定性，通过压缩空气储能技术可以在发电高峰期储存多余的能量，在发电低谷期释放能量，从而平衡供需，稳定能源供应。例如，在风力发电系统中，当风力发电量超过需求时，压缩空气储能系统可以储存多余的电能；当风力不足时，储存的压缩空气可以释放出来发电，保证供电的连续性和稳定性。

通过压缩空气储能，可以实现能量的跨时间段传输，提高电力系统的调节能力。例如，在电力系统中，压缩空气储能技术可以作为调峰手段，在电力需求高峰期释放电能，减少对电力系统的压力；在电力需求低谷期储存电能，提高电力系统的稳定性和灵活性。这种调峰填谷的功能对提高电网运行效率和降低能源成本具有重要意义。许多工业过程需要大量的能量，压缩空气储能技术可以在能耗低谷期储存能量，在能耗高峰期释放能量，从而降低能源成本，提高能源利用效率。例如，在冶金、化工和食品加工等行业，压缩空气储能技术可以用于余热回收和利用，减少能源浪费，降低生产成本。

家庭储能系统可以通过储存低价电力或自家太阳能系统发电的电能，在高电价时段使用，降低家庭能源成本，提高能源独立性。商业储能系统则可以帮助企业平衡电力需求，降低用电高峰期的成本，提高能源利用效率，提升企业的经济效益和环保形象。此外各国政府也在通过制定和实施一系列政策和法规，鼓励压缩空气储能技术的研发和应用。例如，通过财政补贴、税收优惠和研究资助等措施，支持压缩空气储能项目的建设和运营；通过市场机制，引导企业和社会资本投入压缩空气储能技术，促进压缩空气储能产业的发展。

随着材料科学和工程技术的发展，新型压缩空气储能材料和设计不断涌现，这些材料具有更高的能量密度和更稳定的性能。例如，高效的压缩机和膨胀机的研发，提高了压缩空气储能系统的能量转换效率和稳定性。此外，先进的热管理技术的发展，使得压缩空气储能系统的性能得到进一步提升，推动了压缩空气储能技术的进步和应用。通过国际合作，各国可以分享先进的压缩空气储能技术和应用经验，共同应对能源和环境挑战。例如，欧洲和美国在压缩空气储能技术研发和应用方面积累了丰富的经验，其他国家通过合作和交流，可以借鉴这些成功案例，推动本国压缩空气储能技术的发展。

尽管压缩空气储能技术具有显著的优势，但其生产成本较高，需要通过技术创新和规模化应用来降低成本。压缩空气储能系统的能量转换效率和循环寿命是影响其广泛应用的重要因素，如何提高压缩空气储能系统的效率和寿命是一个重要的研究方向。此外，压缩空气储能系统的集成和优化也是需要解决的问题，如何将压缩空气储能系统与现有能源系统有效结合，实现系统的最优化配置，是压缩空气储能技术应用的关键。随着能源需求的增加和环境保护的要求，压缩空气储能技术将在更多领域得到应用。例如，在智能电网和智慧城市建设中，压缩空气储能技术将发挥重要作用，提高能源系统的整体效率和稳定性。同时，随着技术的不断进步和成本的降低，压缩空气储能技术的经济性和可行性将得到进一步提升，推动压缩空气储能技术的广泛应用。

3. 压缩空气储能技术发展趋势

压缩空气储能技术（CAES）作为一种重要的能量储存手段，近年来在全球范围内受到越来越多的关注。随着可再生能源比例的提高，电力系统稳定性的需求愈加迫切，CAES技术凭借其大规模储能和长时间放电的优势，逐渐成为解决这一问题的重要方案之一。传统CAES系统由于压缩和膨胀过程中存在大量的热量损失，整体效率相对较低。为解决这一问题，先进的绝热压缩空气储能技术（AA-CAES）引入了热能回收和储存机制，通过捕捉压缩过程中产生的热能并在膨胀时重新利用，大幅提高了系统的整体效率。此外，新型材料和高效压缩机、膨胀机的应用，也在不断降低系统成本，使得 CAES 在市场上的竞争力进一步增强。

随着城市化进程的加快和工业用电需求的增长，CAES 系统不仅在电网调峰调频中发挥着重要作用，还在微电网、孤岛电网等特定场景中展现出巨大的应用潜力。例如，在偏远地区和海岛，通过 CAES 系统可以有效解决能源供应不稳定的问题，为当地居民和企业提供稳定的电力保障。此外，CAES 还在交通运输领域得到了初步应用，通过将多余的电能转化为压缩空气储存，用于电动汽车和电动列车的驱动，进一步推动了交通领域的能源转型。当前各国科研机构和企业纷纷投入大量资源，以探索更高效、更可靠的 CAES 解决方案。例如，通过对地下洞穴的利用，可以大幅降低储气罐建设成本，同时也提高了系统的安全性和环境友好性。再如，复合储能技术的应用，将 CAES 与电池、飞轮等储能技术相结合，可以实现优势互补，进一步提高整体系统的性能和灵活性。

全球范围内，越来越多的国家和地区出台了支持可再生能源和储能技术发展的政策，为 CAES 项目的落地和推广创造了有利条件。同时，电力市场的不断完善和电价机制的灵活调整，也为 CAES 技术提供了更多的商业化机会。特别是在应对气候变化和实现碳中和目标的背景下，CAES 技术作为一种绿色环保的储能方案，未来必将在能源转型和可持续发展中发挥更为重要的作用。

（三）位能储能技术

1. 位能储能技术概述

位能储能技术是一种用于储存电能的技术。其基本原理是在离峰时段利用电力将水从下池抽到上池，而在尖峰时段则将上池的水用于发电。如果上下池之间的落差较大，那么这种储能技术的能源储存容量也会相应增大。

2. 位能储能技术的应用

位能储能技术作为一种高效、可靠的能源储存方式，近年来在全球范围内得到了广泛的应用和发展。首先，在电力系统的稳定性和可再生能源利用率的提升中，位能储能技术扮演了至关重要的角色。通过在电力需求低谷期将电能转化为位能储存，电力高峰期再将位能释放转化为电能，可以有效平衡电网负荷，减少因可再生能源波动性带来的电网压力。此外位能储能技术在偏远地区和岛屿供电中展现了巨大的应用潜力。在这些地区，由于地理位置的限制，电力供应往往不稳定且成本高昂。通过建设小型的位能储能系统，如抽水蓄能电站或重力储能设备，可以利用当地的自然资源，提供稳定的电力供应，减少对外部电网的依赖，提高能源自给率。

许多工业生产过程需要大量的能量，而且用电需求具有较大的波动性。通过引入位能储能系统，工业企业可以在电力需求低谷时储存能量，并在高峰时段释放能量，从而降低能源成本，减少对电网的冲击，提高生产效率和经济效益。例如，采矿和材料搬运等重工业中，利用重力储能系统可以有效储存和释放能量，提高操作的灵活性和可持续性。随着城市化进程的推进，城市电网的负荷日益增大，电力供应的可靠性面临严峻考验。通过在城市建设抽水蓄能电站或高层建筑重力储能系统，可以在不影响城市美观和环境的前提下，有效提高电力供应的稳定性和可靠性。尤其是在应急供电和备用电源方面，位能储能技术提供了一种经济高效的解决方案，确保在电网故障或自然灾害时能够迅速恢复供电。相较于传统的化石能源储存方式，位能储能系统具有零排放、低噪声、长寿命等特点，可以大幅减少环境污染，促进生态环境的保护。例如，抽水蓄能电站不仅可以提供清洁能源，还能通过调节水资源，实现水资源的高效利用和生态环境的改善。

3. 位能储能技术发展趋势

位能储能技术作为一种重要的能源储存手段，其发展趋势备受关注。随着全球对可再生能源需求的增长，位能储能技术正朝着更高效、更环保的方向发展。新材料的研发和先进技术的应用，使得位能储能系统的能量密度和效率不断提升。例如，先进的压缩空气储能系统通过引入热能回收技术，显著提高了能量转换效率，降低了系统损耗。从传统的抽水蓄能电站到新兴的重力储能装置，各类位能储能技术在不同场景下得到了广泛应用。特别是在偏远地区和海岛，位能储能技术通过有效利用当地地理优势，实现了能源的高效储存和利用，解决了电力供应不稳定的问题。此外，位能储能技术还在城市基础设施中找到了新的应用方向，如利用高层建筑的重力储能系统，为城市电网提供稳定的备用电源。

位能储能技术在政策和市场环境的推动下，呈现出加速发展的态势。全球范围内，越来越多的国家和地区出台了支持可再生能源和储能技术发展的政策，为位能储能项目的实施提供了有力保障。例如，通过财政补贴、税收优惠等政策措施，降低了储能系统的建设和运营成本，吸引了大量资本投入储能领域，推动了技术的快速进步和市场的蓬勃发展。现代信息技术的应用，使得位能储能系统的监控、管理和优化更加精准和高效。例如，通过大数据分析和人工智能算法，可以实时监测和预测储能系统的运行状态，优化能量调度和资源配置，提高系统运行的整体效率和可靠性。这一趋势不仅提升了储能系统的性能，还为实现智能电网和智慧能源管理提供了技术支持。科研机构和企业纷纷加大研发投入，探索新的储能材料和技术路径。例如，通过引入新型复合材料，开发出更高效、更稳定的储能介质；通过优化系统设计，降低储能装置的建设和维护成本，提升经济效益。同时，跨学科合作和国际交流也为位能储能技术的发展注入了新的活力，促进了技术的快速迭代和推广应用。

第三章　企业园区能源数智化管控基本框架

第一节　数智化管控构架

一、数智化管控构架的内涵

数智化管控构架内涵涵盖了智能传感器与设备、数据采集与通信网络、大数据存储与处理平台、实时监测与分析系统、能源智能管理与决策系统及远程控制与自动化系统。首先，智能传感器与设备负责实时采集各种物理参数和运行状态数据。数据采集与通信网络则确保这些数据能及时传输到中央系统。其次，大数据存储与处理平台对数据进行存储和快速处理。实时监测与分析系统通过数据分析及时发现潜在问题并预警。能源智能管理与决策系统则基于分析结果优化决策，提升能源使用效率。最后，远程控制与自动化系统将决策指令执行，实现自动化控制和远程管理。这些系统协同工作，构建了一个高效、智能的管控体系，为各类应用场景提供可靠的解决方案。

二、数智化管控构架的分类

（一）智能传感器与设备

企业园区能源数智化管控构架中的智能传感器与设备是其基础和关键组成部分之一。这些设备通过感知和采集能源系统的各种数据，包括电力、水务、燃气、热力等多种类型的能源数据，以及温度、湿度、光照等环境数据。智能传感器与设备利用先进的传感技术和通信技术，实现对能源系统的实时监测和数据采集，为能源管理和优化提供基础数据支持。

智能传感器与设备需要具备高精度和高可靠性。能源系统的运行状态和数据对于企业的正常运转至关重要，因此智能传感器与设备需要具备高精度和高可靠性，能够准确地感知和采集能源系统的各种数据，保证数据的准确性和可靠性。

智能传感器与设备需要具备多样化和多功能化。能源系统涉及的数据种类繁多，需要采集的数据包括电力、水务、燃气、热力等多种类型的能源数据，以及温度、湿度、光照等环境数据。因此，智能传感器与设备需要具备多样化的传感功能，能够感知和采集各种类型的数据。

智能传感器与设备需要具备实时监测和远程控制的能力。企业园区的能源系统通常分布在不同的地点，因此智能传感器与设备需要支持远程监测和控制，能够实时监测能源系统的运行状态，及时发现异常情况并采取相应措施进行调整。

智能传感器与设备还需要具备低功耗和长寿命的特点。能源系统通常需要长时间稳定运行，因此智能传感器与设备需要具备低功耗的特点，以延长设备的使用寿命并降低能源消耗。

智能传感器与设备需要具备智能化和自适应的特点。随着人工智能和物联网技术的发展，智能传感器与设备可以通过学习和优化算法实现智能化的数据采集和处理，能够自动识别异常情况并采取相应措施进行处理，提高系统的稳定性和可靠性。

智能传感器与设备需要具备网络化和可扩展的特点。企业园区的能源系统通常规模庞大，涉及大量的传感器与设备，因此智能传感器与设备需要支持网络化的通信方式，能够与其他设备进行数据交换和通信，并且具备良好的可扩展性，能够灵活地扩展和升级系统。

智能传感器与设备是企业园区能源数智化管控构架中的基础和关键组成部分，具备高精度、多样化、实时监测、远程控制、低功耗、智能化、网络化和可扩展等特点，为能源管理和优化提供基础数据支持，推动能源数智化管控的深入发展。

（二）数据采集与通信网络

企业园区能源数智化管控构架中的数据采集与通信网络扮演着至关重要的角色。这个部分不仅仅是为了从各种传感器和设备中采集数据，更是为了确保数据的及时性、安全性和可靠性，以支持能源系统的实时监测、分析和优化。一个高效的数据采集与通信网络系统应当具备多项关键特征，以确保能够满足复杂多变的企业能源管理需求。

数据采集与通信网络需要具备高可靠性和稳定性。能源数据是企业能源管理的基础，因此数据采集与通信网络需要具备高可靠性和稳定性，确保数据能够及时、准确地被采集和传输，不受外界干扰和故障的影响。

数据采集与通信网络需要具备高带宽和低延迟的特点。企业园区的能源系统涉及大量的数据采集和传输，因此数据采集与通信网络需要具备高带宽的能力，能够支持大规模数据的实时传输。同时，数据采集与通信网络还需要具备低延迟的特点，确保数据能够及时传输到目的地，以支持实时监测和控制。

数据采集与通信网络需要具备灵活性和可扩展性。企业园区的能源系统通常规模庞大，涉及大量的传感器和设备，因此数据采集与通信网络需要具备灵活的拓扑结构和可扩展的能力，能够灵活地适应系统的扩展和升级。

数据采集与通信网络还需要具备安全性和隐私保护的特点。能源数据是企业的重要资产，涉及企业的核心利益和商业机密，因此数据采集与通信网络需要具备安全的传输机制和隐私保护措施，确保数据在传输过程中不受泄露和篡改的威胁。

数据采集与通信网络需要具备开放性和互操作性。企业园区的能源系统通常涉及多个不同厂商和型号的传感器和设备，因此数据采集与通信网络需要具备开放的通信接口和协议，能够与各种不同类型的传感器和设备进行通信和数据交换，实现数据的互操作性和集成性。

（三）大数据存储与处理平台

企业园区能源数智化管控构架中的大数据存储与处理平台是实现对海量能源数据进行高效存储、管理和分析的关键组成部分。这个平台承载着企业园区能源系统产生的大量数据，包括实时监测数据、历史数据、环境数据等多种类型的数据，通过对这些数据进行存储、处理和分析，为企业提供决策支持、运营优化和资源调配等方面的重要数据支持。

大数据存储与处理平台需要具备高可靠性和稳定性。企业园区的能源数据是企业运营和管理的重要依据，因此大数据存储与处理平台需要具备高可靠性和稳定性，确保数据能够安全地存储和管理，不受外界干扰和故障的影响。

大数据存储与处理平台需要具备高扩展性和高性能。企业园区的能源系统通常规模庞大，涉及大量的数据存储和处理，因此大数据存储与处理平台需要具备高扩展性和高性能，能够支持海量数据的存储和处理，并且能够灵活地扩展和升级系统。

大数据存储与处理平台需要具备高效的数据管理和分析能力。能源数据具有多样性、实时性和复杂性，因此大数据存储与处理平台需要具备高效的数据管理和分析能力，能够对海量数据进行有效地存储、索引和检索，并且能够通过数据分析和挖掘技术，发现数据的潜在价值，为企业提供决策支持和业务优化。

大数据存储与处理平台还需要具备安全性和隐私保护的特点。企业能源数据涉及企业的核心利益和商业机密，因此大数据存储与处理平台需要具备安全的数据存储和传输机制，保护数据的安全性和隐私性，防止数据泄露和篡改的风险。

大数据存储与处理平台需要具备开放性和互操作性。企业园区的能源系统通常涉及多个不同厂商和型号的传感器和设备，因此大数据存储与处理平台需要具备开放的接口和协议，能够与各种不同类型的传感器和设备进行数据交换和集成，实现数据的互操作性和集成性。

（四）实时监测与分析系统

企业园区能源数智化管控构架中的实时监测与分析系统是确保能源系统运行稳定、高效的关键组成部分。这个系统通过实时采集和分析能源系统的各种数据，包括电力、水务、燃气、热力等多种类型的能源数据，以及温度、湿度、光照等环境数据，实现对能源系统运行状态的实时监测和分析，并通过数据分析和挖掘技术，发现问题，优化方案，为企业提供决策支持和运营优化。

实时监测与分析系统需要具备高可靠性和稳定性。能源系统的运行状态和数据对于企业的正常运转至关重要，因此实时监测与分析系统需要具备高可靠性和稳定性，确保数据能够及时、准确地被采集和分析，不受外界干扰和故障的影响。

实时监测与分析系统需要具备实时监测和动态更新的能力。企业园区的能源系统通常涉及多个地点和多个环节，因此实时监测与分析系统需要具备实时监测和动态更新的能力，能够实时获取各个地点和环节的能源数据，并动态更新监测结果和分析报告。

实时监测与分析系统需要具备高效的数据处理和分析能力。能源数据具有多样性、实时性和复杂性，因此实时监测与分析系统需要具备高效的数据处理和分析能力，能够对海量数据进行快速、准确地处理和分析，并且能够通过数据挖掘和机器学习等技术，发现数据的潜在价值，为企业提供决策支持和运营优化。

实时监测与分析系统需要具备智能化和自适应的特点。随着人工智能和物联网技术的发展，实时监测与分析系统可以通过学习和优化算法实现智能化的数据监测和分析，能够自动识别异常情况并采取相应措施进行处理，提高系统的稳定性和可靠性。

实时监测与分析系统需要具备开放性和互操作性。企业园区的能源系统通常涉及多个不同厂商和型号的传感器和设备，因此实时监测与分析系统需要具备开放的接口和协议，能够与各种不同类型的传感器和设备进行数据交换和集成，实现数据的互操作性和集成性。

（五）能源智能管理与决策系统

企业园区能源数智化管控构架中的能源智能管理与决策系统是整个管控架构的核心和灵魂，它承担着监测、分析、优化和决策的重要任务，为企业实现能源系统的智能化管理和优化提供了关键支持。这个系统通过整合各种数据源、采用先进的数据处理和分析技术，实现对能源系统运行情况的全面监测和深度分析，从而为企业提供决策支持、运营优化和资源调配等方面的智能化管理方案。

能源智能管理与决策系统需要具备全面的数据整合和处理能力。企业园区的能源系统涉及多种类型的数据，包括实时监测数据、历史数据、环境数据等，因此能源智能管理与决策系统需要具备全面的数据整合和处理能力，能够整合各种数据源的数据，并对数据进行有效地处理和分析。

能源智能管理与决策系统需要具备先进的数据分析和挖掘技术。能源数据具有多样性、实时性和复杂性，因此能源智能管理与决策系统需要具备先进的数据分析和挖掘技术，能够通过数据分析和挖掘，发现数据的潜在价值，为企业提供决策支持和运营优化方案。

能源智能管理与决策系统需要具备智能化和自适应的特点。随着人工智能和物联网技术的发展，能源智能管理与决策系统可以通过学习和优化算法实现智能化的决策支持，能够自动识别问题并提出解决方案，实现能源系统的自动优化和调整。

能源智能管理与决策系统需要具备开放性和互操作性。企业园区的能源系统通常涉及多个不同厂商和型号的传感器和设备，因此能源智能管理与决策系统需要具备开放的接口和协议，能够与各种不同类型的传感器和设备进行数据交换和集成，实现数据的互操作性和集成性。

能源智能管理与决策系统需要具备可视化和用户界面的特点。为了方便用户理解和使用系统，能源智能管理与决策系统需要具备直观友好的用户界面和实时可视化展示功能，使用户可以直观地了解能源系统的运行状态、能耗情况和优化效果，提高用户对能源管理的参与度和决策效果。

（六）远程控制与自动化系统

企业园区能源数智化管控构架中的远程控制与自动化系统是实现对能源系统远程监控、智能控制和自动化调节的关键组成部分。这个系统通过整合先进的远程监控技术和自动化控制技术，实现对能源系统的远程监测、远程操作和自动化调节，为企业提供高效、便捷的能源管理和优化方案。

远程控制与自动化系统需要具备远程监控和远程操作的能力。企业园区的能源系统通常分布在不同的地点和区域，因此远程控制与自动化系统需要具备远程监控和远程操作的能力，能够实现对能源系统的远程监测和远程操作，无须人员实地操作，实现对能源系统的全面管理和控制。

远程控制与自动化系统需要具备智能化和自适应的特点。随着人工智能和物联网技术的发展，远程控制与自动化系统可以通过学习和优化算法实现智能化的能源管理和自动化调节，能够根据实时监测数据和预设的规则，自动识别异常情况并采取相应措施进行调节，实现能源系统的自动优化和调整。

远程控制与自动化系统需要具备高效的远程通信和控制能力。企业园区的能源系统通常涉及多个地点和区域，因此远程控制与自动化系统需要具备高效的远程通信和控制能力，能够实现对能源系统的实时监控和远程操作，确保能源系统的安全稳定运行。

远程控制与自动化系统需要具备开放性和互操作性。企业园区的能源系统通常涉及到多个不同厂商和型号的传感器和设备，因此远程控制与自动化系统需要具备开放的接口和协议，能够与各种不同类型的传感器和设备进行数据交换和集成，实现数据的互操作性和集成性。

远程控制与自动化系统需要具备安全性和可靠性。能源系统是企业的重要资产，涉及企业的核心利益和商业机密，因此远程控制与自动化系统需要具备安全的远程通信和控制机制，以保护能源系统的安全性和稳定性，防止系统被恶意攻击或者误操作。

第二节 数智化管控平台

一、平台构架

数智化管控平台构架包括数据采集与传输、数据存储与管理、数据处理与分析、智能决策与优化、可视化展示与报表输出。通过数据采集与传输实现信息的实时收集，数据存储与管理确保信息安全与完整，数据处理与分析提供深入洞察，智能决策与优化提升系统效率，可视化展示与报表输出便于结果呈现和决策支持。

（一）设备对接层

数智化管控平台的构架包括多个层级和模块，其中一个重要层级是设备对接层。设备对接层主要包括分布于配电站与车间动力柜的智能电表、空调机组、公辅系统机组等。这一层级在数智化管控平台中起着至关重要的作用，确保了各类设备之间的数据传输和信息共享，实现了系统的高效管理和优化运作。

智能电表是设备对接层的重要组成部分。智能电表安装在配电站和车间动力柜中，能够实时监测和记录电力使用情况。这些电表不仅能够测量电能消耗，还可以监控电压、电流、功率因数等多种电力参数。通过与数智化管控平台对接，智能电表将采集到的数据实时上传到平台，使管理人员能够随时了解电力的使用情况，及时发现和解决电力系统中的问题，提高电力使用效率，降低能耗成本。同时，智能电表的数据还可以用于历史数据分析，帮助企业制定更科学的能源管理策略，进一步优化生产过程。

空调机组也是设备对接层的关键组成部分。空调机组在工业生产环境中发挥着重要作用，既能为生产设备提供适宜的温度环境，又能为员工提供舒适的工作环境。通过数智化管控平台，空调机组可以实现智能控制和管理。具体来说，空调机组通过传感器采集温度、湿度等环境参数，并将这些数据上传至管控平台。平台根据预设的控制策略和实时环境参数，自动调整空调机组的运行状态，确保生产环境和工作环境始终保持在最佳状态。此外，空调机组的运行数据还可以用于故障预测和维护管理，提高设备的可靠性和使用寿命，降低维护成本。

公辅系统机组也是设备对接层的重要部分。公辅系统包括空气压缩机、锅炉、水处理设备等，这些设备在工业生产过程中提供必要的辅助支持。通过数智化管控平台，公辅系统机组可以实现集中监控和智能调度。比如，空气压缩机通过监测气压、流量等参数，平台可以根据实际需求自动调整空气压缩机的运行状态，确保气压稳定，避免能源浪费。锅炉和水处理设备同样可以通过管控平台实现智能管理，提高能源利用效率，减少排放和污染。

设备对接层的智能化和数据化是数智化管控平台的基础。通过将智能电表、空调机组、公辅系统机组等设备接入管控平台，可以构建一个全面、实时、精准的数据采集和监控系统。这不仅可以提高设备的运行效率和可靠性，还可以为企业提供丰富的数据资源，支持更高级的分析和决策。比如，通过对电力、温度、气压等数据的综合分析，我们可以发现生产过程中的潜在问题和瓶颈，提出改进建议，优化生产流程。此外，设备对接层的数据还可以与其他层级的数据结合，形成更加全面的数智化管控体系，提升企业的整体管理水平和竞争力。

数智化管控平台的设备对接层在实现工业智能化和数字化转型中起着不可替代的作用。智能电表、空调机组、公辅系统机组等设备通过与管控平台的对接，不仅实现了数据的实时采集和监控，还为企业提供了丰富的数据资源和智能管理手段。通过设备对接层的建设和优化，企业可以提高设备的运行效率和可靠性，降低能源消耗和维护成本，优化生产流程，提升企业整体管理水平和竞争力，为实现工业 4.0 和智能制造奠定坚实的基础。在未来的发展中，随着技术的不断进步和应用的不断深入，设备对接层将会发挥更加重要的作用，为企业带来更多的价值和机遇。

（二）传输及协议层

数智化管控平台的构建是为了实现对各种计量设备的统一管理和监控，特别是在现代工业和建筑施工环境中，能耗数据的实时采集和监控变得尤为重要。在这个过程中，传输及协议层是整个系统的核心，它负责将各个计量设备所使用的非标准通信协议统一转换为标准协议，从而确保所有设备的数据能够被集中处理和分析。

各种计量设备由于品牌和制造商的不同，往往使用的是各自的非标准通信协议。这些协议之间的差异使得数据的采集和传输变得复杂而困难。为了解决这一问题，传输及协议层需要具备强大的协议转换能力。它能够将所有非标准通信协议转换为标准协议，使得不同设备的数据可以统一接入到上位机，也就是采集服务器。采集服务器作为整个系统的数据中心，负责接收、存储和处理从各个计量设备传输过来的数据。

在数据的传输过程中，现场组网是一个关键环节。根据施工条件和企业的具体要求，通常采用有线方式来采集能耗数据。有线传输方式相较于无线传输方式，具有更高的稳定性和更低的受干扰风险，尤其在施工现场这种复杂的环境中，更能保证数据的准确性和实时性。企业的 IT 部门负责提供网络接入点，确保数据能够顺利传输到企业内网中进行进一步处理和分析。

企业内网的建立和维护是整个数智化管控平台的基础。企业 IT 部门不仅需要提供稳定的网络接入点，还需要确保网络的安全性和可靠性。数据在传输过程中，可能会受到各种外部因素的影响，例如网络攻击、设备故障等。为了应对这些潜在的威胁，企业 IT 部门需要采取多种措施，例如防火墙、加密技术等，来保护数据的安全。

一旦数据成功传输到采集服务器，接下来就是对这些数据进行存储和分析。采集服务器通常配备有强大的数据库系统，能够存储大量的能耗数据。这些数据不仅包括实时采集的数据，还包括历史数据。通过对历史数据的分析，企业可以了解能耗的变化趋势，发现潜在的问题，并采取相应的措施进行调整和优化。

采集服务器还需要具备强大的数据处理和分析能力。随着数据量的不断增加，传统的数据处理方式已经难以满足需求。通过采用先进的数据分析技术，例如大数据分析、人工智能算法等，采集服务器可以对大量数据进行快速处理和分析，从而提供有价值的信息和决策支持。例如，通过对能耗数据的分析，企业可以发现某些设备的能耗异常，从而及时进行检修和维护，避免因设备故障导致生产停滞和损失。

除了数据的采集和分析外，数智化管控平台还可以实现对设备的远程监控和控制。通过采集服务器，企业可以实时监控各个计量设备的运行状态，了解设备的工作状况。一旦发现设备出现故障或异常，系统可以及时发出警报，提醒相关人员进行处理。此外，企业还可以通过平台对设备进行远程控制，例如调整设备的运行参数、开启或关闭设备等，从而实现对设备的高效管理。

（三）消息队列

数智化管控平台是一个综合性、高效能的系统，旨在通过智能化手段实现对各类设备、数据和用户的全方位管理与控制。在这个平台的架构中，消息队列是一个关键组件，是专为应对物联网场景中的高并发消息发布与消费需求而设计的。消息队列处理机制的独特性和高效性，使其在数智化管控平台中扮演着至关重要的角色。

物联网（IoT）环境中的数据量庞大且复杂，涉及众多设备和用户的实时交互。每一秒钟都有成千上万的设备在生成数据，这些数据需要及时传输、处理和反馈。消息队列在这里的作用类似于信息的"中转站"，它能够在高并发环境下，确保信息的有序传递和处理。消息队列通过异步通信机制，使得各个系统组件能够独立运行，提高系统的整体效率。

高并发是物联网系统的一个显著特点，这意味着系统必须能够同时处理大量的并发请求。消息队列在处理高并发时展现出强大的能力。通过将消息分割成独立的小块，消息队列允许系统同时处理多个消息，而不会出现阻塞或延迟。这种机制不仅提高了系统的响应速度，还大大增强了系统的可靠性和稳定性。

在数智化管控平台中，消息队列的高并发处理能力是如何实现的呢？首先，消息队列采用了先进的分布式架构，能够在多个节点之间分担负载。这种架构设计使得消息队列可以轻松应对大规模数据传输和处理需求。其次，消息队列使用了高效的存储和检索机制，确保每条消息都能够快速写入和读取，无论数据量多大，都能保证处理速度。

消息队列的另一个重要特点是其强大的扩展性。随着物联网设备和用户数量的不断增加，系统需要不断扩展以适应新的需求。消息队列通过水平扩展机制，可以在无须中断服务的情况下，增加更多的节点和资源，从而轻松应对不断增长的负载。这种扩展能力使得数智化管控平台能够始终保持高效运行，即使在面对极端高并发的情况下也能游刃有余。

消息队列不仅在数据传输和处理方面表现出色，还在数据的可靠性和一致性上发挥了重要作用。在物联网应用中，数据的准确性和实时性至关重要。消息队列通过保证消息的有序传递和确认机制，确保每条消息都能被正确处理和传递。即使在系统出现故障或网络中断的情况下，消息队列也能通过重试机制和故障转移机制，确保数据不丢失、不重复。

消息队列在提升系统灵活性方面也有显著贡献。数智化管控平台需要集成多种不同的应用和服务，这些应用和服务之间可能存在不同的通信协议和数据格式。消息队列通过提供标准化的接口和协议转换功能，使得不同系统之间能够顺畅通信，实现无缝集成。这不仅简化了系统的开发和维护，还提高了系统的适应能力和灵活性。

在具体应用场景中，消息队列的作用更为显著。例如，在智能制造领域，数智化管控平台需要实时监控和控制生产设备，确保生产线的高效运转。通过消息队列，平台能够快速收集各个设备的数据，并将指令及时传递给相应设备，实现对生产过程的精细化控制。在智慧城市建设中，消息队列帮助平台处理大量的传感器数据，支持交通管理、环境监测和公共安全等多方面的应用，为城市管理提供强有力的支持。

（四）数据采集处理层

数智化管控平台的数据采集处理层是整个系统的关键组成部分，它承担着统一处理数据的重要责任。在这一层中，系统通过对下行采集数据的接收，对返回的各种数据进行解析、存储，以及将数据转发至消息队列或云数据库中，实现了对数据的高效管理和利用。同时，数据采集处理层还负责设备接入的安全认证和权限策略等工作，确保系统的安全性和稳定性。

数据采集处理层通过下行采集数据接收功能，实现了对来自各种数据源的数据的统一接收和处理。无论是来自传感器、监测设备、生产设备还是来自其他系统的数据，都可以通过数据采集处理层进行接收和处理。这样一来，系统可以实时获取到各类数据，并为后续的处理和分析提供充分的数据支持。

数据采集处理层对返回的各种数据进行解析和处理，确保数据的准确性和完整性。在接收到数据后，系统会对数据进行解析，将其转换成标准的数据格式，并进行数据校验和验证，确保数据的有效性和可靠性。同时，系统还会对数据进行清洗和去重，排除无效数据，提高数据的质量和可用性。这样一来，系统可以在后续的数据分析和应用中，基于高质量的数据进行准确的决策和预测。

数据存储是数据采集处理层的另一个重要功能，它负责将处理过的数据存储到相应的数据存储介质中，以供后续的使用和查询。根据数据的特性和用途，系统可以选择合适的数据存储方式，包括关系型数据库、非关系型数据库、文件存储等。同时，系统还会对存储的数据进行分区和索引，提高数据的检索效率和存取速度。通过数据存储功能，系统可以实现对海量数据的高效管理和存储，为后续的数据分析和挖掘提供可靠的数据基础。

将数据转发至消息队列或云数据库是数据采集处理层的另一个重要功能，它实现了数据的实时传输和共享。系统会将处理过的数据转发至消息队列或云数据库中，供其他模块和系统进行订阅和消费。通过消息队列或云数据库，系统可以实现数据的异步传输和解耦，提高系统的可伸缩性和可靠性。同时，系统还可以根据需求，对数据进行分发和路由，确保数据的及时传输和到达。

数据采集处理层还负责设备接入的安全认证和权限策略等工作，保障系统的安全性和稳定性。在设备接入时，系统会对设备进行身份验证和权限控制，确保只有合法的设备才能接入系统，并且只能访问其具有权限的数据和功能。通过安全认证和权限策略，系统可以有效防止未经授权的访问和恶意攻击，保障系统的正常运行和数据的安全。

（五）数据与服务层

数智化管控平台的构架设计在当今数字化转型浪潮中扮演着至关重要的角色，它能够有效地集成和管理企业的各类业务数据和服务，从而提高企业的整体运营效率。数据与服务层是该平台的核心部分，其功能和架构直接决定了平台的性能和可扩展性。在数据与服务层中，系统服务包含多种微服务，每种微服务各司其职，协同工作，形成了一个有机的整体。

设备微服务作为系统服务的基础模块之一，负责管理和监控各种设备的运行状态和性能指标。设备微服务能够实时采集设备的运行数据，进行数据分析和处理，并将结果反馈到平台的其他部分。通过设备微服务，平台可以实现对设备的远程监控和管理，及时发现并解决设备运行中的问题，确保设备的稳定运行和高效生产。

数据接口微服务在系统服务中起到了连接各类数据源和平台的桥梁作用。数据接口微服务能够支持多种数据传输协议和格式，实现与外部系统的数据交互和整合。无论是从传统的关系型数据库中获取数据，还是从现代的大数据平台中提取信息，数据接口微服务都能高效、准确地完成数据的获取和传输任务。这样一来，平台可以充分利用各类数据资源，为业务决策提供可靠的数据支持。

推送微服务是系统服务中的另一个重要模块，它的主要功能是将各种信息和通知推送到相关用户或系统。推送微服务可以根据预设的规则和条件，自动发送警告通知、系统更新信息、设备状态报告等各类消息。通过推送微服务，平台能够实现信息的及时传递，确保相关人员能够迅速响应和处理各种事件，提升平台的响应速度和服务质量。

认证及授权微服务在系统服务中负责平台的安全性管理。它通过对用户身份的验证和权限的管理，确保只有经过授权的用户才能访问平台的特定功能和数据。认证及授权微服务能够有效防止未经授权的访问和操作，保护平台的数据和系统安全。此外，它还可以记录用户的操作日志，便于后续的审计和分析，进一步提升平台的安全性和可追溯性。

告警微服务在系统服务中起到了实时监控和预警的作用。它能够持续监控平台和设备的运行状态，一旦发现异常情况，立即触发告警并通知相关人员进行处理。告警微服务的及时性和准确性对于保障平台的正常运行至关重要，通过告警微服务，平台能够提前发现潜在问题，防患于未然，降低故障发生的风险。

统计微服务在系统服务中负责数据的统计和分析工作。它能够对平台采集到的各类数据进行整理、汇总和分析，生成各类统计报表和图表。统计微服务不仅为管理者提供了直观的业务运营状况和数据分析结果，还可以支持平台的智能决策和优化。通过统计微服务，管理者可以及时掌握业务动态，发现运营中的瓶颈和问题，制定相应的改进措施，提高业务效率和效益。

在数据与服务层中，业务数据库的使用也是至关重要的。业务数据库采用关系型数据库，可以提供高效的数据存储和管理能力。关系型数据库以其成熟的技术和可靠的性能，广泛应用于各行各业中。在数智化管控平台中，关系型数据库用于存储和管理平台的各类业务数据，确保数据的一致性和完整性。通过关系型数据库，平台能够高效地进行数据查询、更新和分析，为各类业务应用提供强有力的支持。

（六）业务层

数智化管控平台的业务层承载着平台的核心功能和业务逻辑，其系统业务模块划分是为了更好地满足企业的各项需求，并提供全面的业务支持和管理功能。在业务层中，各个业务模块相互协作，共同构建了一个完整的数智化管控平台，为企业的运营和管理提供了可靠的支持和保障。

能源数据大屏作为业务层的一个重要模块，扮演着信息展示和可视化分析的角色。能源数据大屏通过图表、报表、实时数据等形式，直观地展示了企业各项能源数据的情况，包括电力、水、气等能源的消耗情况、能源效率指标、能源成本等内容。通过能源数据大屏，管理者可以直观地了解企业的能源使用情况，及时发现问题和优化空间，从而提高能源利用效率，降低能源成本，实现节能减排的目标。

运行监测模块是业务层的另一个重要组成部分，它主要负责对企业运营过程中的各项数据进行监测和分析。运行监测模块能够实时监测企业设备和系统的运行状态，监测各项生产指标和关键性能参数，及时发现异常情况并进行预警和报警。通过运行监测模块，管理者可以全面了解企业的运营情况，及时调整生产计划和生产流程，确保企业的生产运营正常稳定。

设备监测模块是业务层的另一个重要组成部分，它专门负责对企业设备的运行状态和性能进行监测和管理。设备监测模块能够实时采集设备的运行数据，分析设备的运行情况，发现设备的故障和异常，并及时进行处理和维修。通过设备监测模块，管理者可以实现对设备的远程监控和管理，提高设备的可靠性和稳定性，降低设备的故障率，延长设备的使用寿命，减少生产停机时间，提高生产效率和产品质量。

能效分析模块是业务层的另一个重要组成部分，它主要负责对企业的能源利用效率进行分析和评估。能效分析模块能够根据企业的能源消耗数据和生产数据，计算出各项能源的消耗量和能源效率指标，分析能源的利用情况，找出能源的浪费和节约潜力，并提出相应的改进措施。通过能效分析模块，管理者可以优化企业的能源结构，提高能源利用效率，降低能源成本，实现可持续发展。

报表管理模块是业务层的另一个重要组成部分，它主要负责对企业的各项数据进行统计和汇总，生成各类报表和分析图表，为管理者提供直观的数据支持和决策参考。报表管理模块能够根据管理者的需求和要求，定制各类报表和分析图表，包括日报、周报、月报、年报等不同时间段的报表，以及各类趋势分析图表、环比分析图表、同比分析图表等。通过报表管理模块，管理者可以及时了解企业的运营情况，发现存在的问题和瓶颈，制定相应的改进措施，提高企业的管理水平和竞争力。

基础信息维护模块是业务层的最后一个重要组成部分，它主要负责对企业的基础信息进行维护和管理。基础信息维护模块包括企业组织架构、人员信息、设备信息、系统配置信息等内容，管理者可以通过基础信息维护模块对这些信息进行录入、修改、查询和删除等操作，保持信息的准确性和完整性，为其他业务模块提供可靠的数据支持和管理基础。

（七）应用层

数智化管控平台的应用层是直接面向终端用户的界面和工具，为用户提供便捷的系统应用和服务体验，同时也是系统维护和技术支持的重要平台。应用层主要包括客户使用的 PC WEB 端和系统维护及技术支持使用的自动化打包、发布、更新、备份管理及日志管理等功能。

客户使用的 PC WEB 端是应用层的核心组成部分之一，它为终端用户提供了直观、易用的界面，让用户可以方便地访问和使用数智化管控平台的各项功能和服务。PC WEB 端通过浏览器访问，无须安装任何额外的软件，用户只需输入平台的网址，即可随时随地进行操作和管理。PC WEB 端的界面设计简洁清晰，功能分布合理，用户可以通过菜单导航或搜索功能快速找到需要的功能模块，实现数据查询、监测分析、报表生成等操作，为用户提供高效便捷的工作体验。

系统维护及技术支持使用的自动化打包、发布、更新、备份管理是应用层的另一个重要组成部分，它为系统管理员和技术支持人员提供了一系列自动化的管理工具，帮助他们更好地管理和维护数智化管控平台的运行。自动化打包功能能够将平台的各个组件和模块打包成可执行的安装包或镜像文件，便于部署和更新；自动化发布功能能够将打包好的安装包或镜像文件发布到目标服务器上，并自动完成安装和配置；自动化更新功能能够检测平台的更新版本，并自动进行更新和升级；自动化备份管理功能能够定期对平台的数据和配置进行备份和恢复，保障数据的安全性和可靠性。同时，日志管理功能能够实时记录平台的运行日志和操作日志，便于系统管理员和技术支持人员进行故障诊断和问题排查，及时发现并解决各类运行异常和故障问题，保障平台的稳定运行和高效运营。

二、功能模块

数智化管控功能模块包括数据采集模块、监测模块、数据分析模块、预测与优化模块、报警与提醒模块、可视化展示模块、管理与控制模块。数据采集模块负责收集信息，监测模块进行实时监控，数据分析模块提供深入分析，预测与优化模块提升系统效率，报警与提醒模块负责及时预警，可视化展示模块便于结果呈现，管理与控制模块实现系统的整体管理和控制。

（一）数据采集模块

企业园区能源数智化管控平台的数据采集模块是整个系统的基础和关键部分，旨在从多个数据源头获取能源数据，并将其传输至后续处理和分析环节，以支持企业能源管理和决策。

数据采集模块扮演着数据源接入的角色。企业园区涉及多种能源设备和监测装置，如传感器、计量仪表、智能电表等，而这些设备通常使用不同的接口和协议产生数据。数据采集模块需要能够与各种数据源进行连接，并兼容不同的通信协议，如 MODBUS、OPC UA、BACnet 等，以确保能够顺利地接入各类设备，实现数据的采集和传输。

数据采集模块负责实现数据的准确采集。企业园区能源数智化管控平台需要实时监测能源消耗情况，因此数据采集模块需要具备高度的稳定性和实时性，确保模块能够按照预定的时间间隔或触发条件，从各个数据源获取数据，并将其准确地存储到系统的数据库中。

数据采集模块还包含着数据清洗和预处理的功能。由于数据源的多样性和复杂性，采集到的数据可能存在着格式不一致、质量参差不齐等问题，因此需要通过数据清洗功能进行处理，去除其中的噪声数据、异常数据和缺失数据，确保采集到的数据准确、完整，为后续的数据处理和分析提供可靠的数据基础。

数据采集模块还需要实现数据的安全传输。采集到的数据需要通过网络传输到数据处理和分析的平台，因此数据采集模块需要确保数据传输的安全性和稳定性，采用合适的传输通道和传输协议，如 HTTPS、MQTT 等，确保数据能够稳定、高效地传输到目标平台，为后续的数据处理和分析提供可靠的数据支持。

企业园区能源数智化管控平台的数据采集模块包含着数据源接入、数据采集、数据清洗和预处理以及数据安全传输等多个关键功能。这些功能的协同作用能够实现对能源数据的准确、及时地采集和传输，为后续的数据处理、分析和决策提供可靠的数据支持。只有在数据采集模块做好了充分的规划和设计，才能确保整个系统能够有效地运行，实现对企业能源消耗情况的精准监控和管控。

（二）监测模块

企业园区能源数智化管控平台的监测模块是保障能源系统稳定运行和实现能

源管理的重要组成部分。该模块涵盖了多个功能，旨在实时监测企业园区内各项能源设备的运行状态、能源消耗情况和环境参数等重要信息，为企业提供全面、准确的能源监测服务。

监测模块负责实时监测能源设备的运行状态。企业园区涉及各种能源设备，如发电机组、制冷设备、供暖设备等，而这些设备的正常运行对于保障能源供应和企业生产至关重要。监测模块通过与这些设备连接，实时获取其运行状态和性能参数，如温度、压力、电流等，以及设备的开关状态、故障报警等信息，帮助企业及时发现设备运行异常，并采取相应的措施进行调整和维护，以保障能源系统的稳定运行。

监测模块负责实时监测能源消耗情况。能源消耗是企业运营中的重要成本之一，实时监测能源消耗情况可以帮助企业了解能源使用情况、发现能源消耗的高峰时段和异常波动，以及识别潜在的节能优化空间。监测模块通过连接智能电表、计量仪表等能源监测设备，实时获取能源消耗数据，并进行分析和统计，生成能源消耗报告和趋势分析，帮助企业管理者制定合理的节能方案，降低能源消耗成本，提高能源利用效率。

监测模块还负责实时监测环境参数。企业园区的环境参数如空气质量、温湿度等对员工的工作环境和生产设备的运行状况都有重要影响。监测模块通过连接环境监测设备，实时获取环境参数数据，并进行分析和预警，帮助企业管理者及时发现环境异常，采取措施保障员工健康和生产安全。

监测模块还需要支持数据可视化和报警功能。通过可视化展示，将监测到的数据以直观、清晰的图表、报表等形式展现给用户，帮助他们更直观地了解能源消耗和环境情况；同时，监测模块还需要支持报警功能，及时向用户发送警报信息，提醒其注意设备异常、能源浪费等问题，以便及时采取相应的应对措施，降低企业损失。

企业园区能源数智化管控平台的监测模块通过实时监测能源设备运行状态、能源消耗情况和环境参数，为企业提供全面、准确的能源监测服务，帮助企业实现能源管理的精细化和智能化，提高能源利用效率，降低能源成本，推动企业可持续发展。

（三）数据分析模块

企业园区能源数智化管控平台的数据分析模块是系统中至关重要的组成部分，旨在通过对采集到的大量能源数据进行深入分析和挖掘，从中发现潜在的优化空间，提高能源利用效率，为企业的能源管理和决策提供科学依据。该模块包含着多项功能，涵盖了数据清洗、数据挖掘、模型建立和结果呈现等关键环节。

数据分析模块负责数据清洗和预处理。由于企业园区能源数智化管控平台采集到的数据可能存在着格式不一致、质量参差不齐等问题，因此需要通过数据清洗功能进行处理，去除其中的噪声数据、异常数据和缺失数据，确保采集到的数据准确、完整，为后续的数据分析和挖掘提供可靠的数据基础。

数据分析模块负责实现数据的挖掘和分析。通过利用数据挖掘技术，我们可以从海量的能源数据中提取出有用的信息和知识，如能源消耗规律、设备运行趋势等。数据分析模块涵盖了多种数据挖掘方法，包括聚类分析、分类分析、关联分析、时序分析等，可以根据不同的分析目标和需求选择合适的方法，从而实现对能源数据的深度挖掘和分析。

数据分析模块还需要建立相应的数学模型和统计模型。我们通过建立模型，可以对能源消耗进行建模和预测，为企业的能源管理和决策提供科学依据。数据分析模块涵盖了多种建模方法，包括回归分析、时间序列分析、神经网络模型、机器学习模型等，需要根据具体的情况选择合适的模型，并进行参数估计和模型验证，确保模型的准确性和可靠性。

数据分析模块负责实现结果的可视化呈现。可视化技术可以将分析结果以图表、报表等形式直观地展现出来，可以帮助企业管理者更直观地了解能源消耗情况和趋势变化，从而及时调整和优化能源管理策略。数据分析模块需要支持多种可视化形式和定制化展示，以满足不同用户的需求和偏好。

（四）预测与优化模块

企业园区能源数智化管控平台的预测与优化模块是系统中的核心功能之一，旨在基于历史数据和实时信息，利用先进的算法和模型对未来的能源消耗趋势进行预测，并提供优化方案和决策支持，以最大程度地提高能源利用效率、降低能源成本、减少环境影响，推动企业的可持续发展。该模块涵盖了多个关键功能，包括能源消耗预测、能源消耗优化、节能策略制定和实施效果评估等。

预测与优化模块负责实现能源消耗的预测。通过分析历史能源数据和相关影响因素，结合时间序列分析、回归分析、机器学习等方法，可以建立能源消耗的预测模型，对未来的能源消耗趋势进行预测。预测模型可以根据不同的时间尺度（小时、日、周、月、年）和预测范围（短期、中期、长期）进行调整，以满足企业的不同需求和决策层次。

预测与优化模块负责实现能源消耗的优化。基于对未来能源消耗的预测结果，结合能源价格、生产计划、设备运行状态等因素，可以制定出最优的能源消耗策略和调整方案，以最大程度地提高能源利用效率和降低能源成本。优化算法可以采用线性规划、动态规划、遗传算法、粒子群优化等方法，根据不同的优化目标和约束条件，寻找出最优的能源消耗方案。

预测与优化模块还负责制定节能策略和实施效果评估。在能源消耗的优化过程中，预测与优化模块可以提供节能方案的制定和实施支持，包括设备升级、工艺改进、能源管理措施等。同时，该模块还需要对节能策略的实施效果进行评估和监测，及时发现问题并进行调整，确保节能策略的有效实施和持续改进。

预测与优化模块需要与其他功能模块紧密结合，实现数据的实时更新和交互式优化。通过与数据采集模块、数据分析模块的连接，企业可以实现对实时数据的获取和分析，及时调整优化方案；同时，通过支持交互式优化，用户可以根据自己的需求和偏好进行方案的调整和优化，提高优化的灵活性和效果。

企业园区能源数智化管控平台的预测与优化模块通过能源消耗的预测和优化，为企业提供科学的节能策略和能源管理方案，帮助企业实现能源利用效率的最大化和能源成本的最小化，推动企业的可持续发展。只有在预测与优化模块做好了充分的规划和设计，企业才能实现对能源消耗的情况进行精准预测和优化调控，为企业的发展注入新的动力。

（五）报警与提醒模块

企业园区能源数智化管控平台的报警与提醒模块是确保能源系统安全稳定运行和及时发现问题的重要组成部分。该模块旨在监测能源系统的运行状态和环境参数，并在发现异常或潜在问题时及时向相关人员发送警报和提醒，以促使他们采取必要的措施进行处理和调整，保障能源系统的稳定性和可靠性。该模块包含了多项关键功能，如实时监测、异常检测、报警通知和历史记录等方面。

报警与提醒模块负责实时监测能源系统的运行状态。通过与各种能源设备连接，监测设备的运行参数、设备状态和环境参数等关键信息，企业可以实时了解能源系统的运行情况。监测模块需要确保对各项参数的持续监测，并及时发现异常情况，以便及时采取措施进行处理，防止问题进一步恶化。

报警与提醒模块负责实现异常检测和报警通知。通过设定预警阈值和异常检测算法，模块可以及时发现设备运行异常、能源消耗异常和环境参数异常等问题，并通过多种方式向相关人员发送警报通知，如短信、邮件、电话等，以确保相关人员及时获知异常情况，采取相应的措施进行处理和调整。

报警与提醒模块还负责实现历史记录和分析。除了实时监测和报警通知外，该模块还需要记录和存储历史的报警事件和处理情况，以便后续的分析和总结。通过对历史数据的分析，企业可以发现问题的根源和规律，为未来的预防和处理提供经验和借鉴。

报警与提醒模块需要支持多种定制化灵活性和设置。用户可以根据自己的需求和偏好，设置不同的报警阈值、接收方式和通知对象，以适应不同的应用场景和管理要求。同时，该模块还需要支持多种报警级别和紧急程度的设置，以便根据不同的情况采取相应的处理和应对措施。

企业园区能源数智化管控平台的报警与提醒模块通过实时监测、异常检测、报警通知和历史记录等多个环节的协同作用，确保能源系统的安全稳定运行，及时发现和解决问题，为企业提供全面、可靠的能源管理服务。只有在报警与提醒模块做好了充分的规划和设计，企业才能有效地预防和处理各类能源问题，保障企业的生产运营和可持续发展。

（六）可视化展示模块

企业园区能源数智化管控平台的可视化展示模块是为了将大量的能源数据以直观、清晰的方式呈现给用户，帮助他们快速了解能源消耗情况、设备运行状态和环境参数等重要信息，从而支持企业的决策制定和管理优化。该模块通过图表、报表、地图等多种可视化方式，将数据转化为可视化的图形并呈现，为用户提供直观的数据分析工具和决策支持。

可视化展示模块负责实现能源数据的图表展示。通过折线图、柱状图、饼状图等多种图表形式，将历史能源数据、实时能源数据以及预测数据等内容直观地展示给用户，帮助他们了解能源消耗的变化趋势、峰谷分布、节能潜力等重要信息，为企业的能源管理和优化提供直观的参考依据。

可视化展示模块还负责实现能源系统运行状态的实时监控。通过仪表盘、状态图等形式，将各项设备的运行状态、能源消耗情况、环境参数等关键信息以直观的方式展示给用户，帮助他们随时了解能源系统的运行情况，及时发现异常并采取相应的措施进行处理，保障能源系统的安全稳定运行。

可视化展示模块还负责实现能源消耗和节能效果的地图展示。通过地图形式，模块可以将能源消耗的地理分布情况、设备位置、能源利用效率等信息直观地展示给用户，帮助他们了解不同区域和设备之间的能源消耗差异，发现潜在的节能优化空间，并制定相应的管理策略和改进方案。

可视化展示模块支持用户自定义和定制化展示。用户可以根据自己的需求和偏好，选择不同的数据展示方式，调整图表的参数和样式，以满足不同用户群体和不同应用场景的需求，提高可视化展示的灵活性和适用性。

企业园区能源数智化管控平台的可视化展示模块通过图表展示、实时监控、地图展示等多种方式，将能源数据以直观、清晰的形式呈现给用户，为他们提供直观的数据分析工具和决策支持，帮助他们更好地了解能源消耗情况、设备运行状态和环境参数，从而优化能源管理，提高能源利用效率，推动企业的可持续发展。只有在可视化展示模块做好了充分的规划和设计，企业才能实现对能源数据的有效展示和利用，为企业提供全面的能源管理服务。

（七）管理与控制模块

企业园区能源数智化管控平台的管理与控制模块是整个系统的中枢，承担着对能源系统进行全面管理和精细控制的重要任务。该模块旨在提供一套完整的管理工具和控制手段，帮助企业实现对能源系统的全面监管、精细调控，从而提高能源利用效率，降低能源成本，实现企业的可持续发展。该模块包含了多项关键功能，如设备管理、能源调度、策略制定和执行监控等方面。

管理与控制模块负责实现对能源设备的全面管理。通过设备管理功能，企业可以对园区内的各类能源设备进行统一管理，包括设备台账、设备状态监控、设备运行记录等。管理与控制模块可以实时监测设备的运行状态和性能参数，及时发现设备的异常和故障，并提供相应的维护和保养建议，确保设备的安全稳定运行。

管理与控制模块负责实现能源调度和优化控制。通过能源调度功能，企业可以对能源系统进行灵活调度和优化控制，根据能源需求、价格波动、生产计划等因素，合理分配能源资源，优化能源消耗结构，降低能源成本。管理与控制模块需要结合实时数据和预测结果，制定出最优的能源调度方案，并实时监控和调整执行情况，确保能源系统的稳定运行和效率最大化。

管理与控制模块还负责实现策略制定和执行监控。通过策略制定功能，企业可以制定出适合企业园区的能源管理策略和节能优化方案，包括能源消耗目标、节能措施、实施计划等。管理与控制模块需要对策略的执行情况进行实时监控和跟踪，及时发现执行偏差和问题，并采取相应的措施进行调整和改进，确保策略的有效实施和目标达成。

管理与控制模块需要支持用户权限管理和系统安全保障。通过权限管理功能，企业可以对系统中的用户进行权限控制和管理，确保不同用户具有不同的操作权限和访问权限，防止数据泄露和系统被恶意操作。同时，管理与控制模块还需要实现系统的安全防护和数据加密，确保能源数据的安全性和机密性。

企业园区能源数智化管控平台的管理与控制模块通过设备管理、能源调度、策略制定和执行监控等多个环节的协同作用，实现对能源系统的全面管理和精细控制，为企业提供全面、可靠的能源管理服务。只有在管理与控制模块做好了充分的规划和设计，企业才能实现对能源系统的有效管理和优化调控，为企业的可持续发展提供有力支撑。

三、部署方法

（一）本地部署

企业园区能源数智化管控平台的本地部署方法是指将该平台的全部或部分组件部署在企业自己的服务器或数据中心上，以实现对能源系统的本地管理和控制。本地部署通常需要企业自行购买服务器硬件、安装操作系统和数据库等软件环境，并进行平台的部署和配置，以适应企业自身的业务需求和安全要求。

企业需要购买适用于能源数智化管控平台的服务器硬件，并建立稳定可靠的网络环境，以保障平台的正常运行和数据传输。硬件设备的选择应考虑到平台的性能需求、存储容量需求、网络带宽需求等因素，并根据实际情况进行配置和扩展。

在选定的服务器硬件上安装操作系统（如 Linux、Windows 等），并配置相应的网络设置和安全设置。接着，安装数据库管理系统（如 MySQL、PostgreSQL 等）和应用服务器（如 Tomcat、Nginx 等），以支持平台的数据库存储和应用服务。

将平台的各个组件部署在企业的服务器上，并进行相关的配置和参数设置，以适应企业园区的具体需求和业务流程。部署的组件包括数据采集模块、数据存储模块、数据处理模块、数据分析模块、预测与优化模块、报警与提醒模块、可视化展示模块、管理与控制模块等。

在完成平台的部署和配置后，企业需要进行系统的功能测试、性能测试和安全测试，以确保系统的稳定性、可靠性和安全性。测试内容包括数据采集是否正常、数据存储是否可靠、数据处理和分析是否准确、预测与优化效果是否符合预期、报警与提醒是否及时有效、可视化展示是否清晰直观、管理与控制是否灵活可靠等。

进行系统的上线和运维。在系统测试通过后，我们可以将平台投入正式运营，并进行系统的日常运维和维护工作。运维工作包括系统监控、故障排查、性能优化、安全更新等方面，以确保平台的稳定运行和持续改进。同时，企业还需要建立相关的备份和灾备机制，以应对意外情况和数据丢失风险。

企业园区能源数智化管控平台的本地部署方法涉及硬件环境准备、软件环境安装配置、平台部署和配置、系统测试调试以及系统上线运维等多个环节。只有每个环节都做好充分的准备和规划，企业才能实现平台的顺利部署和稳定运行，为企业的能源管理提供可靠的支持。

（二）云端部署

企业园区能源数智化管控平台的云端部署方法是将该平台的各个组件部署在云服务提供商的服务器上，通过互联网实现对能源系统的远程管理和控制。云端部署能够为企业提供更灵活、更便捷、更可扩展的部署方案，同时减少了企业的IT投入和维护成本，提高了系统的可用性和可靠性。

企业可以根据自身的需求和预算选择合适的云服务提供商，如 Amazon Web Services（AWS）、Microsoft Azure、Google Cloud Platform（GCP）等。在选择云服务提供商时，企业需要考虑到其服务的稳定性、安全性、性能、可用性以及所提供的服务和功能是否符合企业的需求。

在选择好云服务提供商后，企业需要进行云端环境的准备工作，包括注册账号、选择区域、创建虚拟机实例、配置网络、存储和安全设置等。企业还需要根据平台的规模和性能需求选择合适的云服务套餐和配置，确保能够满足平台的运行要求。

企业园区可以将能源数智化管控平台的各个组件部署在云服务提供商的服务器上，并进行相关的配置和参数设置。平台的组件包括数据采集模块、数据存储模块、数据处理模块、数据分析模块、预测与优化模块、报警与提醒模块、可视化展示模块、管理与控制模块等。通过云服务提供商的管理控制台或命令行工具，企业可以方便地进行组件的部署和配置。

进行系统的测试和调试。在完成平台组件的部署和配置后，企业需要进行系统的功能测试、性能测试和安全测试，以确保系统在云端环境中的稳定性、可靠性和安全性。测试内容包括数据采集是否正常、数据存储是否可靠、数据处理和分析是否准确、预测与优化效果是否符合预期、报警与提醒是否及时有效、可视化展示是否清晰直观、管理与控制是否灵活可靠等。

进行系统的上线和运维。在系统测试通过后，可以将平台投入正式运营，并进行系统的日常运维和维护工作。运维工作包括系统监控、故障排查、性能优化、安全更新等方面，以确保平台在云端环境中的稳定运行和持续改进。同时，企业需要定期备份和灾备，以应对意外情况和数据丢失风险。

企业园区能源数智化管控平台的云端部署方法涉及选择云服务提供商、云端环境准备、平台组件部署和配置、系统测试调试以及系统上线运维等多个环节。只有每个环节都做好充分的准备和规划，才能实现平台在云端环境中的稳定运行和持续改进，为企业的能源管理提供可靠的支持。

（三）混合部署

企业园区能源数智化管控平台的混合部署方法是将该平台的部分组件部署在本地服务器或数据中心，部分组件部署在云服务提供商的服务器上，以实现对能源系统的灵活管理和控制。混合部署结合了本地部署和云端部署的优势，既可以满足企业对安全性和数据控制的需求，又能够充分利用云计算的灵活性和可扩展性。

在选择合适的云服务提供商后，企业需要进行本地服务器和云服务的环境准备工作。本地环境的准备包括购买服务器硬件、安装操作系统、配置网络和安全设置等；而云端环境的准备包括注册账号、选择区域、创建虚拟机实例、配置网络、存储和安全设置等。

通常来说，对于需要对数据进行实时处理和控制的组件，如数据采集模块、管理与控制模块等，我们可以部署在本地；而对于需要弹性扩展和高可用性的组件，如数据存储模块、数据处理模块、可视化展示模块等，我们可以部署在云端。

进行平台组件的部署和配置。根据选择的部署方案，企业将平台的各个组件部署在相应的环境中，并进行相关的配置和参数设置。对于部署在本地的组件，企业需要将其部署在企业的服务器上，并进行相应的网络和安全设置；对于部署在云端的组件，企业需要使用云服务提供商的管理控制台或命令行工具进行部署和配置。

在完成平台组件的部署和配置后，我们需要进行系统的功能测试、性能测试和安全测试，以确保系统在本地和云端环境中的稳定性、可靠性和安全性。测试内容包括数据采集是否正常、数据存储是否可靠、数据处理和分析是否准确、预测与优化效果是否符合预期、报警与提醒是否及时有效、可视化展示是否清晰直观、管理与控制是否灵活可靠等。

在系统测试通过后，我们可以将平台投入正式运营，并进行系统的日常运维和维护工作。运维工作包括系统监控、故障排查、性能优化、安全更新等方面，以确保平台在本地和云端环境中的稳定运行和持续改进。同时，我们需要定期备份和灾备，以应对意外情况和数据丢失风险。

企业园区能源数智化管控平台的混合部署方法涉及本地环境和云端环境的准备、平台组件的部署和配置、系统测试调试以及系统上线运维等多个环节。混合部署既能够充分利用本地资源和云计算的优势，又能够满足企业对安全性和灵活性的需求，为企业的能源管理提供更加灵活、可靠的支持。

第三节　数智化基础设备

一、感知设备

（一）电力感知设备

企业园区电力感知设备（图 3-1）是现代企业管理中不可或缺的一部分，随着科技的进步，这些设备在园区电力管理中的作用愈发重要。首先，电力感知设备的应用能够实时监测园区内各个电力设备的运行状态，包括电压、电流、功率、频率等关键参数。这些设备通过高精度传感器和先进的数据采集技术，确保监测数据的准确性和及时性，为后续的分析和决策提供可靠的基础。通过对电力设备运行参数的持续监测，这些设备能够识别出潜在的故障风险，并提前发出警报，防止突发性故障带来的经济损失和安全隐患。例如，当电流异常增大或电压波动超出正常范围时，感知设备能够立即通知维护人员进行检查和处理，确保电力系统的稳定运行。

图 3-1　电力感知设备

通过对用电数据的分析，这些设备能够帮助企业识别能耗高峰和低谷，制定合理的用电计划，优化能源分配。例如，通过负荷预测和需求响应机制，企业可以在用电高峰期采取负荷削减措施，降低电费成本，同时减轻对电网的压力。此外，感知设备还可以监测可再生能源（如太阳能和风能）的发电情况，实现多种能源的协同管理，提高能源利用效率。借助现代信息技术，这些设备能够将复杂的电力数据通过直观的图表和报表展示出来，使管理人员能够快速理解电力系统的运行状况。例如，通过能耗曲线图、设备运行状态图等可视化工具，管理人员可以直观地看到电力消耗的变化趋势，及时调整用电策略，提升管理效率。

现代企业园区通常采用智能电网技术，通过电力感知设备实现对电力系统的智能化监控和控制。例如，智能电表、智能开关等设备能够根据预设的规则自动调整电力分配，确保重要设备优先供电，同时最大限度地利用可再生能源，降低碳排放。通过自动化管理，企业能够显著减少人力成本，提高管理效率和系统可靠性。随着物联网、大数据和人工智能技术的快速发展，电力感知设备已经不再是单纯的监测工具，而是融入了更多智能化、网络化的功能。例如，通过将电力感知设备接入企业的物联网平台，企业可以实现对全园区电力系统的统一管理和协调控制。大数据分析技术的应用，使得这些设备不仅能够监测和记录数据，还能够对数据进行深度挖掘和分析，提供决策支持。例如，通过分析电力设备的历史运行数据，企业可以预测设备的使用寿命，制订科学的维护计划，避免因设备老化导致的突发故障。

园区内的电力系统如果出现故障，不仅会影响生产，还可能引发火灾等安全事故。通过电力感知设备的实时监测和预警功能，企业可以及时发现和处理电力系统中的安全隐患，确保生产安全。例如，当电力设备出现过载、短路等异常情况时，感知设备能够迅速切断电源，防止事故进一步扩大。此外，这些设备还可以与消防系统联动，在发生火灾时自动断电，保障人员和设备的安全。

（二）非电力感知设备

企业园区非电力感知设备（图3-2）在现代企业管理中同样发挥着至关重要的作用。环境监测设备能够实时监测园区内的空气质量、温度、湿度、噪声等环境参数，通过高精度传感器和先进的数据采集技术，确保监测数据的准确性和及时性。这些数据不仅有助于企业维护一个良好的工作环境，还可以满足环保法规的要求，减少企业在环境治理方面的支出。闭路电视（CCTV）系统、防盗报警系统、门禁控制系统等都是非电力感知设备的重要组成部分。这些设备能够实时监控园区内的各个区域，通过高分辨率摄像头、红外传感器等技术手段，确保园区的安全。例如，门禁控制系统可以记录进出人员的信息，防止未经授权的人员进入敏感区域；CCTV系统能够在发生安全事件时提供关键证据，帮助企业迅速查明真相并采取措施。

通过振动传感器、温度传感器等设备，企业可以实时监测机械设备的运行状态，预防设备故障。例如，振动传感器可以检测设备运行中的异常振动，提前预警可能产生的机械故障，防止因设备故障导致生产中断，造成经济损失。温度传感器则可以监测设备的工作温度，防止过热现象的发生，确保设备在最佳状态下运行。智能照明系统、智能水表、智能气表等设备通过物联网技术实现了对能源消耗的精确监控和管理。智能照明系统可以根据环境光线自动调整照明强度，既节约能源又提供舒适的照明环境；智能水表和气表可以实时记录用水、用气量，帮助企业优化资源配置，减少浪费。这些设备通过数据的实时采集和分析，可以帮助企业实现园区管理的智能化和精细化。

图 3-2　非电力感知设备

RFID 标签和读写器、条码扫描器等设备能够实现物品的自动识别和跟踪，提升物流管理的效率和准确性。例如，RFID 技术可以实现对库存物品的实时监控，减少人为错误，提高库存管理的效率；条码扫描器则可以快速识别物品信息，加快货物的出入库速度，提升物流操作的效率和准确性。通过土壤湿度传感器、气象站等设备，企业可以实时监测农业生产中的关键参数，为精准农业提供数据支持。例如，土壤湿度传感器可以帮助农户了解土壤的水分状况，合理安排灌溉，节约水资源；气象站可以提供实时的天气数据，帮助农户及时调整生产计划，避免因天气变化带来的损失。这些设备通过实时采集和分析数据，实现了农业生产的智能化和精细化管理。

通过可穿戴设备、健康监测终端等，企业可以实时监测员工的健康状况，预防职业病的发生。例如，可穿戴设备可以监测员工的心率、血压等健康参数，提供健康预警和建议，帮助员工及时发现和处理健康问题；健康监测终端则可以实现对工作环境中有害物质的监测，保障员工的健康安全。这些设备通过数据的实时采集和分析，为企业的健康管理提供了有力支持。

二、采集设备

企业园区数智化采集设备（图 3-3）在现代企业管理中具有举足轻重的地位，伴随着科技的进步，这些设备在园区的各个方面发挥着重要作用。首先，智能传感器和设备是数智化采集系统的核心。这些传感器能够实时监测各种物理参数，如温度、湿度、压力、流量、震动等，并通过数据采集模块将这些信息传输到中央系统。通过高精度传感器和先进的数据采集技术，企业能够获得准确且及时的环境和设备运行数据，从而实现精细化管理。数据采集设备通过无线网络、蜂窝网络或有线网络，将采集到的数据传输到数据中心或云平台。高效、稳定的通信网络可以确保数据传输的实时性和可靠性，防止数据丢失和传输延迟。例如，LoRa、NB-IoT 等物联网通信技术可以实现广域覆盖和低功耗传输，为企业园区内各种传感设备提供可靠的通信保障。

图 3-3　采集设备

大数据存储与处理平台在数智化采集系统中扮演着至关重要的角色。这些平台不仅需要存储海量数据，还需要具备强大的数据处理能力，以便对数据进行快速分析和处理。通过分布式存储、并行计算和数据挖掘技术，大数据平台能够从海量数据中提取有价值的信息，帮助企业做出科学决策。例如，通过对历史数据的分析，企业可以预测设备的运行趋势，制订预防性维护计划，避免突发故障和停机损失。该系统通过对采集数据的实时监控和分析，及时发现潜在问题并提供预警。例如，在工业生产中，实时监测系统可以监控生产设备的运行状态，当发现异常振动或温度过高时，系统会立即报警并通知维护人员进行处理，防止设备损坏和生产中断。实时分析系统还可以对生产过程中的关键参数进行动态调整，确保产品质量和生产效率。

智能决策与优化系统通过对数据的深入分析和挖掘，帮助企业做出优化决策。该系统利用人工智能和机器学习算法，对采集到的海量数据进行建模和分析，发现隐藏的规律和趋势。例如，在能源管理中，智能决策系统可以根据历史用电数据和天气预报，预测未来的用电需求，优化能源分配和使用策略，降低能源成本，提高能源利用效率。在供应链管理中，智能优化系统可以根据市场需求和库存情况，优化采购和生产计划，减少库存积压和供应链风险。通过直观的图表和报表，企业管理人员可以快速了解各个系统的运行状况和关键指标。例如，通过能耗曲线、设备状态图等可视化工具，管理人员可以直观地看到能耗变化趋势和设备运行情况，及时调整运营策略，提高管理效率。报表输出功能则可以生成定期或按需的报告，帮助企业进行绩效评估和决策分析。

环境监测设备能够实时监测园区内的空气质量、噪声水平等环境参数，确保工作环境符合相关法规和标准；安全监控设备则包括闭路电视系统、防盗报警系统、门禁控制系统等，确保园区内的安全防护。这些非电力感知设备通过与数据采集系统的集成，实现了环境、安全等方面的全面监控和管理。在工业物联网的发展中，数智化采集设备还可以应用于智能制造和工业自动化领域。通过物联网技术，生产设备、传感器和控制系统可以实现互联互通，形成智能生产系统。数智化采集设备能够实时采集生产过程中的各种数据，通过大数据分析和人工智能技术，实现生产过程的智能优化和自动化控制。例如，在生产线的质量控制中，数智化采集设备可以实时检测产品质量参数，当发现不合格品时，系统会自动调整生产工艺，确保产品质量的稳定性和一致性。

三、网关

企业园区数智化网关（图3-4）在现代企业管理和运营中起着至关重要的作用。数智化网关作为数据传输和处理的核心设备，连接了企业园区内的各种传感器、控制器和管理系统。通过数智化网关，传感器采集到的各类数据得以传输到中央处理系统，确保信息流的畅通和数据的实时性。高效的网关设备能够支持多种通信协议，如 Wi-Fi、LoRa、NB-IoT 等，确保不同类型设备之间的数据无缝传输。数智化网关具备强大的数据处理能力，可以在本地进行初步的数据分析和处理，减轻中央系统的负担。例如，网关可以对传感器数据进行过滤、聚合和初步分析，将有价值的信息传输到中央系统，而将无关的数据丢弃。这不仅提高了数据传输的效率，还降低了数据存储和处理的成本。通过边缘计算技术，数智化网关能够实现本地数据的实时处理和响应，提高系统的整体响应速度和可靠性。

图3-4 网关

作为数据传输的中枢，网关设备需要具备高水平的安全防护能力，防止数据泄露和网络攻击。通过内置的防火墙、入侵检测系统和加密技术，数智化网关可以有效保护数据的安全和完整。例如，数据在传输过程中可以进行加密处理，防止被非法窃取和篡改；通过用户身份验证和权限控制，确保只有授权人员才能访问和操作系统。此外，网关设备还可以实时监测网络流量和设备状态，及时发现并应对安全威胁，保障企业网络的安全稳定。在企业园区内，各种设备和系统通常来自不同的制造商，采用不同的通信协议和数据格式。数智化网关通过支持多种协议和标准，实现了不同设备之间的无缝连接和数据互通。例如，网关可以将工业设备的 Modbus 协议转换为互联网协议，将环境传感器的数据格式转换为企业内部系统所需的格式，确保各系统之间的数据可以顺利传输和处理。这种互联互通能力极大地提升了企业园区的管理效率和信息化水平。

通过与企业管理系统的集成，网关可以实现对园区内各种设备和系统的集中监控和管理。例如，网关可以实时监控生产设备的运行状态，自动调整生产参数，优化生产流程；监控环境传感器的数据，自动调节空调、照明等设备，提供舒适的工作环境；监控安防设备的状态，及时发现并处理安全隐患。这种智能化管理不仅提高了园区的运营效率，还大幅降低了管理成本。通过连接智能电表、水表、气表等设备，网关可以实时监控企业园区的能源消耗情况，并将数据传输到能源管理系统。通过对这些数据的分析，企业可以优化能源使用策略，降低能耗和成本。例如，网关可以实时监测电力消耗情况，当用电量接近峰值时，自动启动备用电源或调整用电设备，避免电力过载和高额电费。通过智能化的能源管理，企业可以实现绿色生产和可持续发展。

随着物联网技术的普及，越来越多的企业开始部署各种物联网设备，实现对生产、物流、环境等方面的全面监控和管理。数智化网关通过连接这些物联网设备，实现数据的实时采集、传输和处理，推动企业向智能化、数字化方向发展。例如，在智能制造中，网关可以连接生产线上的各种传感器和控制器，实时监控生产过程中的各项参数，优化生产流程，提高产品质量和生产效率；在智慧物流中，网关可以连接物流车辆和仓储设备，实现对物流全过程的可视化管理，以提高物流效率和准确性。

四、终端

企业园区数智化终端（图 3-5）是现代企业管理的重要工具，随着科技的发展，这些终端设备在园区的各个方面发挥着越来越重要的作用。数智化终端设备包括智能手机、平板电脑、工业平板、智能手环等，能够实时采集和显示各种数据。这些终端设备通过内置的传感器和无线通信技术，实时监测员工的健康状况、生产设备的运行状态以及环境参数等，确保数据的实时性和准确性。通过安装在生产线上的工业平板或智能手环，管理人员可以实时监控生产进度、设备状态和产品质量。当设备出现异常或生产过程中出现问题时，终端设备可以立即报警并通知相关人员进行处理，确保生产的连续性和稳定性。例如，智能手环可以监测操作人员的工作状态和健康状况，防止因疲劳或健康问题导致的生产事故。

通过安装在物流车辆上的 GPS 终端和货物跟踪设备，企业可以实时掌握物流车辆的位置信息和货物的状态，优化运输路线，提高物流效率。例如，物流车

图 3-5　终端

辆上的 GPS 终端可以实时监测车辆的位置、速度和行驶路线，帮助调度人员合理安排运输任务，减少运输时间和成本。货物跟踪设备可以实时监测货物的温度、湿度等参数，确保货物在运输过程中的质量和安全。通过连接智能电表、水表、气表等终端设备，企业可以实时监测园区内的能源消耗情况，并将数据传输到能源管理系统。通过对这些数据的分析，企业可以优化能源使用策略，降低能耗和成本。例如，智能电表可以实时监测电力消耗情况，当用电量接近峰值时，终端设备可以自动启动备用电源或调整用电设备，避免电力过载和高额电费。智能水表和气表可以实时监测用水和用气情况，帮助企业优化资源配置，提高资源利用效率。

通过安装在园区内的环境监测终端设备，企业可以实时监测空气质量、噪声水平、温度、湿度等环境参数，确保工作环境符合相关法规和标准。例如，空气质量监测终端可以实时监测空气中的 PM2.5、PM10 等污染物浓度，当空气质量达到预警值时，终端设备可以自动启动通风设备，改善室内空气质量。噪声监测终端可以实时监测园区内的噪声水平，确保噪声控制在规定范围内，提供给员工安静的工作环境。通过安装在园区内的摄像头、门禁系统、报警系统等终端设备，企业可以实时监控园区的安全状况，及时发现和处理安全隐患。例如，摄像头可以实时监控园区内的各个区域，记录进出人员和车辆的信息，防止未经授权的人员进入敏感区域；门禁系统可以记录员工的出入信息，确保只有授权人员才能进入特定区域；报警系统可以在发生火灾、盗窃等突发事件时，立即通知相关人员进行处理，确保园区的安全。

通过安装在员工工作区域的智能终端设备，企业可以实时监测员工的工作状态和健康状况，提供个性化的管理和服务。例如，智能手环可以监测员工的步数、心率、睡眠等健康参数，帮助员工保持健康的生活方式。智能终端设备可以提供远程医疗咨询、健康建议等服务，提高员工的健康水平和工作效率。通过与企业的管理系统和数据平台的集成，数智化终端设备可以实现数据的实时采集、传输和处理，推动企业向智能化、数字化方向发展。例如，企业可以通过智能终端设备实时监控生产过程中的各项参数，优化生产流程，提高产品质量和生产效率。通过智能终端设备，企业可以实现对物流全过程的可视化管理，提高物流效率和准确性。

五、系统

企业园区数智化系统（图3-6）在现代企业管理中占据了核心地位，随着技术的不断进步，这些系统在各个方面发挥着越来越重要的作用。数智化系统通过集成各种传感器和设备，实现了对园区内所有关键参数的实时监测。这些传感器包括环境监测设备、安全监控设备、能源管理设备等，能够提供温度、湿度、空气质量、设备状态等详细信息。通过实时采集和传输这些数据，数智化系统确保了信息的及时性和准确性，为管理决策提供了坚实的基础。数智化系统通过大数据平台，将采集到的海量数据进行集中存储和管理。这不仅包括实时数据，还包括历史数据的归档和分析。通过高效的数据存储和管理，企业可以轻松访问和分析各类数据，发现潜在问题并制定相应的解决方案。例如，通过对历史用电数据的分析，企业可以预测未来的用电需求，优化能源使用策略，降低能耗和成本。

图3-6　终端

利用人工智能和机器学习算法，数智化系统能够对海量数据进行深度分析，发现隐藏的模式和趋势。这些分析结果不仅可以用于实时监测和预警，还可以为企业的战略决策提供重要依据。例如，在生产管理中，数智化系统可以通过分析生产数据，优化生产流程，提高生产效率和产品质量。在能源管理中，系统可以根据天气预报和用电数据，优化能源调度和分配，提高能源的利用效率。通过环境监测模块，企业可以实时监测园区内的空气质量、噪声水平、温度、湿度等参数，确保工作环境符合相关法规和标准。例如，系统可以自动调节空调和通风设备，保持室内环境的舒适和健康；当空气质量达到预警值时，系统会发出警报并采取相应措施，防止污染扩散。在安全管理方面，数智化系统可以集成摄像头、门禁系统和报警系统，实时监控园区内的安全状况。例如，系统可以自动识别进出人员和车辆，防止未经授权的人员进入敏感区域；当发生火灾、盗窃等突发事件时，系统会立即通知相关人员进行处理，确保园区的安全。

通过集成智能电表、水表、气表等设备，数智化系统可以实时监测园区的能源消耗情况，并将数据传输到能源管理平台。通过对这些数据的分析，企业可以优化能源使用策略，降低能耗和成本。例如，系统可以在用电高峰期自动启动备用电源，避免电力过载和高额电费；在用电低谷期，系统可以调整设备的运行状态，提高能源利用效率。此外，数智化系统还可以监测可再生能源的发电情况，实现多种能源的协同管理，促进绿色生产和可持续发展。通过智能终端设备和员工管理平台，企业可以实时监测员工的工作状态和健康状况，提供个性化的管理和服务。例如，系统可以监测员工的步数、心率、睡眠等健康参数，提供健康预警和建议，帮助员工保持健康的生活方式；系统还可以提供远程医疗咨询、健康建议等服务，提高员工的健康水平和工作效率。

通过物联网技术，数智化系统可以实现对生产、物流、环境等方面的全面监控和管理。例如，在智能制造中，系统可以连接生产线上的各种传感器和控制器，实时监控生产过程中的各项参数，优化生产流程，提高产品质量和生产效率；在智慧物流中，系统可以连接物流车辆和仓储设备，实现对物流全过程的可视化管理，提高物流效率和准确性。

第四章 企业园区能源数智化管控关键技术

第一节 觉察呈现技术

一、感知技术

(一) 电参数感知技术

1. 电参数感知技术的基本情况

电参数感知技术作为一种在电气领域广泛应用的技术，主要用于检测电路中的电流、电压等参数，并通过分析这些电参数来判断设备或系统的工作状态。这项技术的基本原理依赖于对电路中各种电信号的实时监测，通过传感器将这些信号转化为易处理的数据，然后将数据传输至处理中心进行进一步的分析与判断。随着电力电子技术和传感技术的不断进步，电参数感知技术也得到了显著的发展，并在多个领域发挥着至关重要的作用。

在一个复杂的电力系统中，电流和电压的波动可能反映出系统的负荷变化或故障隐患。例如，当电网出现过载或者短路故障时，电流参数会出现明显的异常波动。通过对电流、电压等参数的实时监测，电参数感知技术可以快速捕捉到这些异常信号，并及时反馈给相关的控制系统，从而有效地避免潜在的危险，提升电力系统的稳定性和安全性。此外，电参数感知技术在电力设备的运行维护中也起到了关键作用。通过对设备的电气参数进行长时间的监测和分析，企业可以提前发现设备的老化或故障趋势，进而安排维护或更换计划，减少因设备故障导致的停机时间和经济损失。

在现代工业生产中，许多设备都需要在高度精确的条件下运行，尤其是自动化生产线中的设备，其电气参数直接关系到生产的效率和产品的质量。例如，在一个自动化控制系统中，电机的电流参数可以直接反映出电机的负载情况，通过实时监测电机的电流波动，可以动态调节系统的运行状态，确保设备以最佳效率工作。这不仅可以延长设备的使用寿命，提高生产效率，还能降低能源消耗。电参数感知技术的应用，使工业生产过程中的智能化控制成为可能，推动了制造业的转型升级。

随着物联网技术的发展，电参数感知技术在智能家居领域的应用也日益广泛。智能家居系统通过对家电设备的电气参数进行实时监测和反馈，实现对家电的远程控制与智能化管理。例如，通过监测冰箱、空调等电器的电压和电流变化，企业可以判断设备的运行状态，进而通过手机或其他智能终端进行远程调控。如果发现设备出现异常情况，如功率过大或运行异常，智能系统会发出警报，提醒用户进行维护或检查。这种基于电参数感知的智能家居系统不仅提高了生活的便利性，也提升了家居环境的安全性。

电动汽车在运行过程中需要对电池的电压、电流等参数进行精确监测，以确保电池组的安全性和高效性。例如，电池在充放电过程中，如果电压过高或过低，都会对电池寿命造成损耗，甚至引发安全隐患。通过对电池电参数的实时监测，系统可以动态调节充电过程，确保电池在最佳状态下运行，延长电池的使用寿命。同样，在光伏发电、风力发电等新能源系统中，电参数感知技术用于监测发电装置的运行状态和输出参数，以保证系统的稳定性和效率。

早期的电参数感知主要依赖于传统的电流互感器、电压互感器等设备，这些设备虽然可以实现基本的电参数检测，但在灵敏度、响应速度等方面仍然存在一定的局限。随着微电子技术和数字信号处理技术的发展，现代电参数感知设备变得更加智能化和高效化。例如，基于 MEMS（微机电系统）技术的电参数传感器具有体积小、功耗低、响应快等优点，能够更精确地捕捉电参数的变化。此外，人工智能和大数据技术的引入，也使得电参数感知技术具备了更强的数据分析和处理能力。通过对海量电参数数据的深度学习和建模，企业可以更加准确地预测设备的故障趋势，甚至实现对复杂系统的故障诊断和优化控制。

2. 电参数感知技术的发展现状

电参数感知技术的发展现状可以说是伴随着现代科技的进步和工业需求的增加而逐步推进的。作为电气工程和控制领域的重要组成部分，这项技术在最近几十年内取得了显著的突破。电参数感知技术的核心任务是对电流、电压等电参数进行监测、分析，并根据这些数据提供实时的反馈和控制。因此，这项技术的发展不仅依赖于传感器技术本身的进步，还需要信息处理、数据通信等相关技术的协同发展。

随着自动化生产设备的普及，工厂和生产线对实时监控设备状态的需求日益增加。现代工业自动化要求设备的运行状态需高度精确，尤其是在一些高精度制造和复杂流程中，任何微小的参数波动都可能影响生产质量和效率。通过对电参数的实时监测，企业能够确保设备以最佳状态运行，减少非计划停机时间，并优化资源使用效率。这一技术的应用不仅提高了工业生产的效率，还显著降低了维护成本。此外，电参数感知技术的引入，还使得设备运行的生命周期管理变得可能。通过长期监测数据的积累和分析，企业可以预见设备的故障趋势，合理安排维护计划，延长设备使用寿命。

新能源系统，尤其是光伏发电和风力发电等系统，对电参数的监控要求非常高。由于这些发电系统受自然条件的影响较大，电压和电流的波动也相对频繁，因此需要实时监控电参数以确保系统的稳定运行。例如，光伏发电系统的电压参数可以反映出太阳能板的工作状态，通过对这些参数的分析，光伏发电系统可以优化发电效率，同时降低系统损坏发生的概率。风力发电系统中，风力发电机的电流参数直接关系到电机的负载情况，及时调整发电机的运行状态有助于防止过载和其他设备问题的发生。因此，电参数感知技术在新能源领域的应用不仅推动了绿色能源的利用，还提高了能源系统的运行效率和安全性。

传统的电参数监测方法虽然可以实现基础的电流、电压检测，但在应对复杂的电力系统和多样化的应用场景时，传统手段的局限性逐渐显现。例如，在超大型电网或工业系统中，企业仅依靠基本的电参数监测设备难以准确预测潜在的设备问题和系统故障。因此，现代电参数感知系统逐渐引入了人工智能、大数据分析和云计算等先进技术，通过对海量数据的分析和处理，系统能够实现对复杂系统的全面监控与故障预判。比如，基于大数据分析的电参数感知系统可以通过对历史数据的积累与学习，识别出设备可能出现的早期故障迹象，并在问题恶化之前采取修正措施。这种预测性维护技术极大地减少了设备故障率，提高了系统的运行可靠性。

从传感器的发展来看，现代电参数感知设备也在朝着小型化、集成化和高灵敏度的方向发展。例如，基于 MEMS 技术（微机电系统）的电参数传感器已经在多个领域广泛应用。这类传感器因其体积小、响应快、功耗低的特点，特别适用于需要实时监测的场景。同时，随着微处理器和信号处理芯片性能的提升，电参数感知设备不仅能够实现精确的参数检测，还可以在现场进行数据的初步分析，大大提高了数据处理的效率。

3. 电参数感知技术的发展趋势

从应用领域的扩展到技术本身的革新，电参数感知技术将继续为电力系统、工业自动化、新能源、智能家居等多个行业带来深远的影响。

随着人工智能和大数据技术的快速发展，电参数感知不再局限于简单的电流、电压监测，而是可以通过复杂的数据分析模型，提供更加精准、全面的故障预测和健康管理功能。例如，在传统电力系统中，电参数感知主要用于实时监控设备的运行状态，如检测电压过高或电流异常等问题。然而，现代智能化电参数感知系统不仅可以监测这些基本参数，还能够通过对历史数据的分析，识别潜在的故障趋势，甚至预测未来可能出现的问题。这种预测性维护技术可以大大降低设备故障率，避免停机和事故发生，提高整个系统的运行效率和可靠性。通过引入机器学习和深度学习算法，电参数感知系统还能够根据实际工况进行自我学习和优化，逐步实现设备的智能化管理和控制。

过去，电参数感知系统通常需要依赖多个独立的传感器和监控设备，这不仅增加了系统的复杂性，还提高了成本和维护难度。随着微机电系统（MEMS）技术的发展，越来越多的高性能电参数传感器正在逐渐向小型化和集成化方向迈进。例如，基于 MEMS 技术的电流传感器可以将多种电参数传感功能集成在一个小型芯片上，大大减少了设备的体积和功耗。这种传感器不仅可以实时监测电流和电压的变化，还可以提供更多的电气参数信息，如功率因数、谐波等，帮助企业实现更为全面的系统分析。此外，小型化传感器还具有高灵敏度和快速响应的特点，能够更加精确地捕捉到电气设备中的微小波动，尤其是在对实时性要求较高的工业自动化领域和新能源发电系统中具有极大的优势。

传统的电参数监测系统往往依赖于有线连接，限制了其在广域电力系统或分布式能源系统中的应用。5G技术的引入为电参数感知技术带来了新的可能，通过高速、低延迟的无线通信网络，电参数感知设备能够实现远距离、实时数据传输，特别是在大规模分布式电网和新能源发电系统中，无线通信能够更加灵活地部署传感器网络，从而提升系统的智能化水平。无线电参数感知系统可以实现数据的实时上传和云端处理，使得系统的维护人员可以随时随地监控设备的运行状态。这不仅提高了系统的灵活性，也使得远程诊断和维护成为可能，特别是在一些地理位置偏远或者条件复杂的应用场景中，5G技术为电参数感知系统带来了革命性的变化。

随着全球对可再生能源需求的增加，光伏发电、风力发电等新能源系统的规模和复杂性也在不断扩大。新能源系统的波动性和间歇性使电参数的实时监测显得尤为重要。电参数感知技术的进步为新能源系统提供了强有力的技术支持。例如，在光伏发电系统中，太阳能板的电压和电流参数可以直接反映其发电效率和运行状态。通过实时监测这些电参数，系统可以自动调整发电模式，以应对天气变化或者设备老化带来的影响，从而最大限度地提高发电效率。同样，在风力发电系统中，电参数感知技术可以帮助我们监控风机的负载情况，通过对电流波动的分析，系统能够判断风机是否处于最佳工作状态，并及时进行调整。随着新能源发电系统向大规模化、分布式方向发展，电参数感知技术将进一步发挥其重要作用，帮助这些系统实现更加高效、稳定运行。

未来，电参数感知技术的应用将不仅局限于传统的电力系统和工业领域，还将向更广泛的智能生活领域延伸。智能家居是近年来一个迅速发展的领域，电参数感知技术为智能家居系统的开发和应用提供了有力支撑。例如，智能电表通过实时监测家庭的电力消耗情况，帮助用户了解用电习惯并提供节能建议。电参数感知技术还可以通过对家电设备的运行状态进行实时监控，发现设备运行异常时自动发出警报，提醒用户进行维护或关闭设备，从而提高家庭的用电安全性。在未来，电参数感知系统还将与其他智能设备实现更深层次的互联互通，进一步提升家居生活的智能化和便捷性。

除了在日常生活中的广泛应用，电参数感知技术也在向更加细分的领域进行渗透。例如，在医疗设备中，电参数感知技术可以帮助企业实时监测设备的电气性能，确保设备在运行过程中保持稳定。这在一些关键的医疗场景中显得尤为重要，如生命支持设备或手术器械等，电参数感知技术可以帮助我们及时发现电气问题并进行修复，保障医疗操作的顺利进行。

（二）非电参数感知技术

1. 非电参数感知技术的基本情况

非电参数感知技术是广泛应用于各种领域的一类技术，主要用于测量和监测与电气参数无关的物理、化学、生物等参数。这些技术通过传感器或探测设备获取环境中或设备内部的非电信号，并将其转换为易于分析的电信号，最终通过数据处理得出结论或采取相应的措施。这类感知技术涵盖的范围非常广泛，几乎渗透到现代生活的方方面面，包括温度、压力、湿度、光照、气体浓度、声音、振动、加速度等各种物理量以及化学成分的浓度、物质的含量等。

温度感知技术主要依赖于热电偶、热敏电阻、红外传感器等设备来实现。热电偶通过两种不同金属在温差作用下产生的电动势来检测温度变化，而热敏电阻则依赖于材料电阻随温度变化而改变的特性。红外传感器能够感知物体发射的红外辐射，通过分析辐射的波长和强度来推测物体的温度。这些温度传感器广泛应用于工业生产、医疗设备、气象监测以及日常生活中的空调、冰箱等家电设备中。在工业自动化领域，温度传感器帮助监控设置合适的工作状态，防止因温度过高或过低造成设备故障或损坏。而在医学领域，红外温度传感器被用于无接触式体温测量，特别是在疫情防控期间，这种技术显得尤为重要。

压力传感器用于测量气体或液体施加在物体表面的压力，这种技术广泛应用于航空航天、汽车工业、石油化工、医疗器械等领域。常见的压力传感器包括电容式、应变片式和压电式传感器。电容式压力传感器通过检测电容器的电容值变化来感知压力的变化；应变片式传感器则利用应变片的电阻随着压力的增加而变化的特性来测量压力；压电式传感器则依赖于某些材料在受力时产生的电荷来实现压力感知。在汽车工业中，压力传感器常用于监测发动机和轮胎的压力状态，从而保证车辆的安全运行。而在医疗设备中，压力感知技术可以用来监控血压、肺部压力等关键生命体征，帮助医生了解病人的身体状况并做出相应的医疗诊断。

湿度传感器用于检测空气或其他环境中的水分含量，广泛应用于气象监测、农业、食品加工和储存等领域。常见的湿度传感器有电容式湿度传感器和电阻式湿度传感器。电容式湿度传感器通过测量电容器的电容值变化来感知空气中的湿度，而电阻式湿度传感器则依靠材料的电阻随湿度变化而改变的特性来测量温度。湿度感知在农业领域的应用尤为重要，通过实时监测土壤和空气中的湿度，帮助农民合理安排灌溉，避免因干旱或过度灌溉造成农作物减产。在食品加工和储存中，湿度监测也至关重要，适宜的湿度可以延长食品的保质期，并防止霉菌和细菌的滋生。

光感知技术则主要用于检测环境中的光强度，应用于自动化控制系统、智能照明、植物生长等多个领域。光传感器能够感知光线的强弱并将其转换为电信号，从而对照明设备进行自动控制。例如，在智能家居系统中，光照感知技术可以自动调节室内灯光的亮度，使其与自然光照条件相适应，从而达到节能的目的。此外，光照传感器还被广泛应用于农业温室种植中，通过实时监控光照强度，智能控制植物生长所需的光环境，以优化光合作用，促进植物的生长和发育。

非电参数感知技术还包括气体感知技术，用于检测空气中的有害气体浓度，如二氧化碳、甲烷、一氧化碳等。气体传感器通过化学反应或物理变化来感知气体浓度的变化，并将其转换为电信号。这类技术广泛应用于工业安全监测、环境保护、建筑物通风系统和家庭安全等领域。在工业安全中，气体传感器用于监测生产过程中可能泄漏的有害气体，如在化工厂、矿井等环境中，我们通过实时监测空气中有害气体的浓度，及时发现并预防潜在的安全事故。在环境保护领域，气体传感技术用于检测空气质量，监测大气中的污染物，如 PM2.5、二氧化硫等，能够为环保部门提供参考数据，从而采取有效的治理措施。在家庭安全中，气体感知技术则被应用于烟雾报警器或一氧化碳检测器中，能够在有害气体浓度超标时及时发出警报，保障居住环境的安全。

2. 非电参数感知技术的发展现状

非电参数感知技术的发展现状显示出其在多个领域中的广泛应用和技术进步。随着传感器技术的不断创新，各类非电参数传感器的性能显著提升。现代温度传感器、湿度传感器、压力传感器、振动传感器和气体传感器在精度、响应速度和稳定性方面都有了显著提高。例如，基于 MEMS 技术的微型传感器因其体积小、功耗低、灵敏度高等特点，逐渐在工业和环境监测中得到广泛应用。这些传感器能够提供更精确、更实时的数据，满足各种复杂应用的需求。现代非电参数感知系统通常采用无线传感器网络（WSN）、窄带物联网（NB-IoT）和低功耗广域网（LPWAN）等先进的无线通信技术，实现了数据的实时采集和传输。这些技术不仅提高了系统的灵活性和可扩展性，还降低了部署和维护成本，使得非电参数感知系统能够在更广泛的环境中应用。例如，NB-IoT 技术具有广覆盖、低功耗和大连接的特点，特别适用于远程和难以接近区域的监测应用。

非电参数感知技术在工业领域的应用表现出强劲的增长势头。通过对温度、压力、湿度、振动、声波、气体浓度等非电参数的实时监测和分析，企业能够更有效地管理和控制生产设备的运行状态，减少故障发生的可能性，并优化生产流程。例如，许多工业设备的运转状态与温度和压力密切相关，温度过高可能导致设备损坏，压力变化则可能表明设备运行异常。通过引入非电参数传感器，生产系统可以实时监测这些重要参数，并在检测到异常时自动发出警报，甚至触发紧急停机机制，避免设备损坏或生产事故发生。振动传感器通过检测设备的振动情况，能够及时发现潜在的机械故障。工业设备在长期运行过程中不可避免地会出现磨损，而这些物理变化通常会引发设备的振动状态发生变化。通过对振动数据的实时监测和分析，企业可以在故障发生前提前预判设备的状态，并安排维护和修理工作，从而避免生产中断和大规模故障的发生。这种预测性维护方式依赖于高灵敏度的非电参数感知技术，能够极大提高设备的运行效率和使用寿命，减少不必要的成本投入。

在环境保护方面，非电参数感知技术的应用为污染监测和治理提供了有效的技术手段。环境监测通常需要对空气、水源、土壤中的多种非电参数进行实时监测，如空气中的二氧化碳浓度、PM2.5 水平、水质中的溶解氧含量等。气体传感器、湿度传感器、化学传感器等设备能够对这些参数进行准确测量，并及时反馈给环境管理部门，以便采取相应的措施。例如，气体传感器能够监测空气中有害气体的浓度，帮助识别空气污染源；水质传感器可以实时监控河流、湖泊中的污染物含量，确保水源安全。非电参数感知技术的普及使得环境监测的范围更加广泛，监测数据的精准度和及时性也得到了显著提高，为政府和企业提供了决策依据，推动了绿色环保技术的发展。

3. 非电参数感知技术的发展趋势

非电参数感知技术的发展趋势体现了其在智能化、集成化、微型化以及多功能化等方面的不断演进。随着科技的飞速发展，传感器技术的性能、可靠性和适应性都在显著提高，同时其应用领域也在持续扩展，涵盖工业、农业、医疗、环境监测、智能家居等多个领域。未来，非电参数感知技术将成为更广泛、更深入的智能系统的基础设施之一，为社会的各个方面提供更精确、更高效的支持。

传统的传感器大多依赖于单一的物理或化学原理进行测量，功能相对简单，主要用于采集基本数据。然而，随着人工智能、物联网（IoT）和大数据分析技术的引入，传感器不再仅仅承担数据采集的角色，而是开始具备初步的智能判断和处理能力。通过与人工智能算法的结合，非电参数传感器可以对采集到的多维数据进行实时处理和分析，迅速做出反馈，甚至可以通过学习机制不断优化感知精度。例如，在工业生产中，智能化传感器能够监测设备的运行状态，分析振动、温度、压力等非电参数的细微变化，提前预测可能发生的故障，从而实现预测性维护，极大提高设备的可靠性和使用寿命。

智能化的另一大趋势是传感器将与云计算和边缘计算技术深度结合，形成一种云端协同工作模式。在这种模式下，传感器负责实时采集数据并进行初步处理，而更加复杂的分析和决策则通过云端的强大计算能力完成。这样既能提高传感器的响应速度，又能充分利用云计算的资源，实现远程监控和智能化管理。例如，未来的智能城市中，成千上万个非电参数传感器将部署在交通、能源、环境等关键领域，实时监测空气质量、交通流量、能源消耗等数据，并通过云端系统进行汇总和分析，为城市管理者提供及时有效的决策支持。

传感器技术正在朝着集成化的方向发展，越来越多的传感器能够在一个小型设备中实现多种功能。多传感器融合技术已经成为一种常见的技术路径，通过将不同类型的传感器整合在同一平台上，可以同时采集温度、湿度、光照、气体等多个非电参数。这种融合不仅提高了感知的精度，还能够使系统更加全面、灵活地适应不同的应用环境。例如，在农业领域，集成化的传感器可以同时监测土壤的湿度、空气的温度和光照强度，从而为农作物的种植提供更加全面的环境数据支持，实现精细化管理。而在医疗领域，多参数监测设备能够同时采集病人的体温、心率、血压等多个生命体征数据，帮助医生更加全面了解病人的身体状况，提升诊断的准确性。

随着材料科学和制造技术的进步，传感器的体积和功耗正逐渐减小，这使得传感器可以更加灵活地嵌入各种设备中，甚至可以被应用到以前难以想象的领域。例如，医疗领域中的可穿戴设备和植入式医疗设备需要极小体积的传感器，以实现对人体的无创或低创监测。微型传感器可以实时监测人体的血压、心率、血糖等多个健康指标，并通过无线技术将数据传输到医生的终端，帮助医生对病人的健康状况进行远程监控。未来，随着传感器微型化技术的进一步突破，非电参数感知技术有望在更多复杂的应用场景中发挥作用，如微型机器人、空间探测设备等。

在许多应用场景下，传感器需要长期运行，电池供电的局限性成为技术推广的一大障碍。为了解决这一问题，科学家们正在开发各种自供能传感器技术，如太阳能供电、热电转化、自振动发电等。这些新型传感器能够利用环境中的能量源来维持自身的运行，从而摆脱对外部电源的依赖。尤其是在环境监测和远程探测等领域，低功耗和自供能技术的引入将极大推动传感器网络的规模化部署。

未来，非电参数感知技术将与大数据分析、人工智能、无线通信等技术相结合，形成更加复杂的传感网络。这种传感网络不仅能够对大量的非电参数进行实时采集和分析，还能够通过机器学习和深度学习算法进行自我优化，提高系统的整体智能水平。例如，在智能交通系统中，大规模的非电参数传感器将部署在道路、车辆和交通灯等各个节点，实时监测交通流量、路况、气象条件等数据，并通过智能算法进行分析，动态调整交通信号灯的时间，优化交通流量，从而减少拥堵和交通事故的发生。另外，未来的非电参数传感器将能够在更加恶劣的环境中工作，如极端高温、极端低温、强腐蚀性环境等，这使得非电参数感知技术在极端工业环境、深海探测、外层空间探测等领域的应用成为可能。通过采用耐高温、耐腐蚀等新型材料，传感器的工作寿命和可靠性得到了极大提升，使其能够在更加复杂的应用场景中稳定工作。

（三）非侵入式感知技术

1. 非侵入式感知技术的基本情况

非侵入式感知技术是一类通过不直接接触或穿透被测对象的方式获取信息的技术。它在多个领域中有广泛应用，尤其是在医疗、工业、智能家居以及环境监测等方面。与传统的侵入式技术相比，非侵入式感知技术具有无创、操作简便、实时性强等优点，不会对对象或环境造成物理损伤，因此受到广泛的重视。

传统医疗手段往往需要通过手术、针刺等方式获取人体内部信息，而这些手段可能给患者带来痛苦、不适甚至感染的风险。相比之下，非侵入式感知技术能够通过外部设备检测到人体的各种生理信号，从而为医生提供诊断依据。例如，心电图（ECG）、脑电图（EEG）、血氧饱和度检测等，都是典型的非侵入式感知技术应用。这些技术通过电极或传感器接触皮肤表面，采集微弱的生物电信号，从而反映心脏、大脑等器官的功能状态。此外，红外线技术也被广泛用于测量人体体温和血糖水平等生理参数。通过非侵入式技术，医生可以实时监测患者的生命体征，减少对患者的创伤，并提高医疗服务的舒适度和安全性。

传统的工业检测手段通常需要对设备进行拆解、检查，既费时费力，又容易对设备造成二次损伤。而非侵入式感知技术则能够在不干扰设备正常运行的情况下进行实时检测，帮助企业及时发现和处理潜在的故障问题。一个典型的例子是通过红外热成像技术对设备进行温度监控。工业设备在运行过程中会产生热量，而温度异常通常意味着设备内部存在问题。红外热成像能够检测出设备表面的温度分布，帮助技术人员判断设备的健康状态，从而及时进行维护和修理。此外，超声波检测技术也被广泛应用于工业领域，通过超声波的传播和反射，企业可以检测材料内部的缺陷、管道的腐蚀情况以及建筑结构的稳定性等。

在智能家居和日常生活中，非侵入式感知技术也在逐渐普及。智能家居的快速发展依赖于各种传感技术，而其中许多技术都是非侵入式的。例如，光学传感器、声音传感器和温度传感器能够通过监测房间内的光线强度、声音环境和温度变化来自动调节家电的工作状态。智能温控器、智能照明系统、智能安防设备等都采用了非侵入式感知技术，极大提升了人们的居住体验和生活质量。例如，红外传感器可以检测到房间内的人体活动，通过与灯光系统相连实现自动开关灯的功能；温度传感器可以根据室内外温度变化自动调节空调或暖气的工作状态，为住户创造一个舒适的居住环境。

2. 非侵入式感知技术的发展现状

非侵入式感知技术的发展现状显示出其在多个领域的显著进步和广泛应用。在医疗领域，非侵入式感知技术取得了显著突破。例如，无创血糖监测技术的进步使得糖尿病患者能够方便地监测血糖水平，通过光谱分析和电化学传感器，提供准确的血糖数据。心电监测设备的改进使得心脏病患者可以在日常生活中随时监测心脏健康状况，避免了传统侵入性检测的风险。MRI（磁共振成像）和 CT（计算机断层扫描）等影像技术也不断发展，提供更高分辨率的体内结构图像，有助于早期疾病诊断和治疗规划。超声波检测和红外热成像技术在设备维护和故障检测中发挥了重要作用。通过超声波技术，工程师可以检测到管道内部的腐蚀和裂纹，而无需拆卸设备。红外热成像技术则能够识别电气设备过热问题，预防潜在的安全隐患。光学传感技术在材料检测和质量控制中也取得了显著进展，通过激光诱导击穿光谱技术，实时分析材料的成分和特性，确保产品质量。

空气质量监测技术利用光学和激光传感器，可以实时检测空气中的污染物，如 PM2.5、二氧化碳和挥发性有机化合物（VOCs）。这些技术的进步使得城市和工业区的空气质量管理更加精确和高效。水质监测技术也在不断发展，通过非侵入式光学传感器，我们可以检测水中的重金属离子、有机污染物和其他有害物质，帮助环保部门及时发现和处理水污染问题。智能家居设备通过非侵入式传感技术，可以实时监测室内空气质量、温湿度、光照等参数，提供舒适和健康的生活环境。智能城市项目中，非侵入式感知技术用于交通流量监测、噪声污染监测和公共设施状态监测，提升城市管理的智能化和精细化水平。

研究人员不断探索新的传感材料和技术，如纳米传感器、量子传感器和生物传感器等，这些新兴技术有望进一步提升非侵入式感知技术的性能和应用范围。例如，纳米传感器可以提供更高的灵敏度和精度，适用于检测极低浓度的化学物质和生物标志物；量子传感器利用量子效应，可以实现超高精度的物理量测量。

3. 非侵入式感知技术的发展趋势

随着科技的飞速进步，非侵入式感知技术正朝着更高精度、更广应用、更智能化的方向快速发展。它不仅在传统领域中不断深化，还将在许多新的场景中展现出广阔的前景。

在目前的许多应用场景中，尽管非侵入式技术已经能实现一定的准确性和实时性，但在某些复杂环境下，干扰因素仍会影响测量结果。未来，随着传感器材料和设计的进步，特别是纳米材料和柔性电子技术的发展，传感器的灵敏度将显著提高，能够更加精确地捕捉微弱的信号。这将使非侵入式感知技术在医疗、工业和环境监测等领域的应用更加精确可靠。例如，未来的医疗设备可能能够通过皮肤表层更加清晰地检测到血糖水平或其他关键生理参数，从而帮助患者更好地管理健康状态。

通过结合人工智能和机器学习算法，传感器将不仅限于简单的数据采集功能，而是能够对所收集的数据进行深入分析和处理，实现自动化的决策支持。例如，非侵入式监测设备将能够基于患者的历史数据、实时生理状态以及大规模健康数据库，生成个性化的健康建议，并能预测潜在的健康风险。在工业领域，结合智能算法的传感器可以自动检测设备的异常运行情况，预判故障发生的可能性，从而有效提升设备的维护效率，减少意外停机的风险。物联网（IoT）的快速发展意味着大量的传感器将能够通过网络互联，形成一个数据丰富、响应迅速的感知系统。非侵入式传感器将成为物联网体系的重要组成部分，为智慧城市、智慧交通和智慧农业等提供基础支持。例如，在智慧城市中，大量分布式的非侵入式传感器可以实时监测空气质量、噪声水平、交通流量等关键参数，为城市管理者提供全面的数据支持，提升城市的运行效率与居民的生活质量。

早期的传感器体积较大，功耗较高，限制了其应用场景。如今，微型传感器已经成为研究的热点之一，尤其是在医疗领域，微型化设备能够实现更灵活、更便捷的健康监测。例如，未来的可穿戴设备将更加轻便，能够长时间佩戴而不影响用户的日常活动，同时具备更高的精准度和续航能力。甚至有一些传感器可以直接嵌入衣物、鞋子或其他日常用品中，实现无缝的健康监测。此外，微型传感器还可以嵌入设备内部，实现对设备运行状态的实时监测，且无需频繁拆卸设备进行检测。

非侵入式感知技术在许多场景中需要长期不间断工作，因此传感器的能源供应成为一个重要挑战。未来，基于环境能量获取技术的自供能传感器将逐步普及。它们可以通过捕捉环境中的光能、热能、振动能等为自身供电，从而减少对外部电源的依赖，延长设备的使用寿命。这一技术将极大拓展非侵入式感知设备的应用场景，特别是在一些难以获得电力供应的偏远地区或极端环境中，例如海洋、森林和无人区的环境监测。

随着传感器技术的普及，尤其是在医疗和智能家居等领域，用户的数据量将急剧增加。如何确保这些数据在采集、传输和存储过程中的安全性，避免隐私泄露，将是未来的关键挑战之一。随着区块链和加密技术的发展，未来的非侵入式感知系统可能会采用更为严密的数据保护措施，确保用户数据的安全性和隐私性，进一步增强用户对这些技术的信任。

除了目前已经广泛应用的领域，非侵入式感知技术未来将在农业、建筑、能源等更多领域中发挥重要作用。例如，非侵入式传感器可以实时监测土壤湿度、作物生长状态以及天气状况，帮助农民优化种植策略，提高作物产量。在能源管理方面，非侵入式感知技术将用于电力设施的实时监测，确保电力传输的稳定性和安全性，减少能源浪费。

二、采集技术

（一）采集技术的基本情况

采集技术是指通过各种传感器和设备，获取物理、化学、生物等参数的技术方法。首先，采集技术在现代工业、医疗、环境监测等领域中起到了关键作用。它通过各种先进的传感器实时采集温度、湿度、压力、振动、气体浓度等多种数据。这些传感器包括热电偶、红外传感器、光学传感器、超声波传感器、气体传感器等，每种传感器都有其特定的应用场景和优点。现代传感器技术的不断进步，使得数据采集变得更加精准和高效。例如，温度传感器可以实时监测环境温度变化，湿度传感器可以测量空气中的湿度水平，压力传感器用于检测液体或气体的压力变化，振动传感器能够监控机械设备的运行状态，而气体传感器则用于检测空气中各种气体的浓度。这些传感器通过高精度的测量，提供了可靠的实时数据支持。

无线传感器网络（WSN）、窄带物联网（NB-IoT）、低功耗广域网（LP-WAN）等技术的应用，使得数据采集系统能够覆盖更广的范围和更复杂的环境。这些技术不仅提高了数据传输的效率和可靠性，还增强了系统的灵活性和可扩展性，满足了多样化的应用需求。现代数据采集系统不仅要实时采集数据，还需要对数据进行存储、管理和分析。大数据平台和云计算技术的引入，使得数据处理能力显著提升。通过先进的数据分析算法和人工智能技术，采集系统能够从海量数据中提取有价值的信息，提供实时监测、故障预警和优化建议。例如，通过对温度和振动数据的分析，我们可以预测机械设备的故障风险，提前进行维护，避免生产中断。

数据采集技术被用于监测和控制生产过程中的关键参数，确保产品质量和生产效率。例如，在制药行业，温度和湿度的精确监测对于药品的生产和储存至关重要；在食品加工行业，实时监测生产环境的温湿度，可以保证食品的质量和安全。在环境监测中，数据采集技术能够实时监测空气、水和土壤中的污染物浓度，提供环保数据支持和污染预警。例如，空气质量监测仪器通过采集 PM2.5、二氧化碳等数据，评估空气质量，制定改善措施；水质监测仪器通过检测水中的有害物质，指导水污染治理。

（二）采集技术的发展现状

采集技术在近年来取得了显著的发展，伴随着科技进步和应用需求的提升，采集技术不仅在硬件设备方面有了巨大的突破，在数据处理、传输、存储等相关环节也有了全面的提升。当前，采集技术的应用涵盖了从工业生产、医疗健康到环境监测、交通管理等多个领域，成为现代信息社会中不可或缺的基础设施之一。

在数据采集的初级阶段，传感器和采集装置的精准度和灵敏度有限，且设备体积较大，能耗较高。如今，随着微电子技术和材料科学的发展，采集设备实现了显著的小型化和高精度化。以医疗领域为例，传统的生物数据采集设备往往需要侵入式的操作，如抽血、穿刺等，而现代的非侵入式采集设备，如心电图、血氧仪和可穿戴设备等，已经可以通过皮肤表面精准地获取生物信号，提升了患者的舒适度。此外，红外、超声波和激光等技术的引入，也使得采集技术可以在非接触的条件下获得更多种类的数据。例如，红外技术被广泛应用于温度和热量的监测，而激光技术则用于距离、速度等参数的采集，提升了整体数据采集的效率和精准度。

传统的数据采集通常依赖于定期手动记录或单一的参数监测，这种方式容易受到人为因素的影响，且在数据量较大时容易出现处理瓶颈。如今，随着人工智能、机器学习和大数据技术的兴起，采集技术逐渐实现了从单一参数的采集到多维度、实时化的数据采集与处理。例如，现代采集系统通过部署大量传感器实时监测设备的运行状态，并结合智能算法进行数据分析，从而能够提前发现潜在的设备故障，提升了生产效率和设备维护的精准性。基于数据采集和人工智能算法的结合，医生可以通过患者长时间积累的生理数据进行更为精准的诊断和治疗规划，推动了个性化医疗的发展。

过去，数据采集设备采集的数据需要通过有线方式传输，传输速度受限，且受到物理环境的限制，难以实现大规模的数据互联。如今，无线通信技术，尤其是5G技术的普及，为数据采集设备提供了低延时、高带宽的传输能力。例如，在智慧城市建设中，广泛部署的环境监测传感器可以通过无线网络将采集到的数据实时传输到中央系统，实现对空气质量、水质、噪声等环境因素的全面监控。而在智能交通领域，采集设备可以通过无线网络监控道路和车辆的实时状况，为交通调度提供数据支持，从而大幅提升了交通管理的智能化和效率。此外，物联网（IoT）的发展也为采集技术带来了巨大的变革，通过物联网系统，成千上万的采集设备能够相互连接并实现数据共享，形成了更加广泛、细致的采集网络。

传统的采集设备由于存储容量的限制，通常只能短时间内保存数据，无法实现大规模的数据存储。而如今，数据采集系统可以将采集到的大量数据上传至云端进行存储和处理，不仅解决了存储容量的问题，还提升了数据管理的便捷性。例如，在农业监测中，农场主可以通过安装在田间的采集设备实时获取土壤湿度、气温等环境数据，并将这些数据上传到云端进行分析，帮助他们更好地进行农作物的灌溉管理。而在工业领域，企业可以通过云平台对生产线上的设备进行远程监控和管理，极大地提高了生产效率和安全性。

在传统工业中，设备的运行状态和生产过程往往需要人工进行检测和记录，而现代采集系统则能够通过自动化的方式实时监控生产过程，减少了人工干预的误差，并能够实时反馈设备的状态，提升了生产的稳定性和效率。在农业、交通、医疗等领域，采集技术的应用同样推动了各行业的智能化进程。例如，基于采集技术的智慧农业系统通过传感器对田间的土壤、气候、作物生长情况进行监测，帮助农民优化耕作计划，提高了农作物的产量和质量。采集技术通过实时获取道路交通信息，帮助交通管理部门进行动态调控，减少了交通拥堵状况，提升了出行效率。

尽管采集技术在诸多领域展现出了巨大的潜力和发展空间，但它也面临着一些挑战和问题。数据安全和隐私问题成为采集技术发展中不可忽视的难题。随着采集设备的普及，大量的个人数据和敏感信息被采集、传输和存储，如何在保障数据安全的同时避免隐私泄露成为技术发展的一大考验。其次，设备的能源供给问题也是一个挑战。虽然目前已经有许多低功耗的采集设备，但对于一些需要长期运行的设备，能源消耗仍然是一个不可忽视的问题。未来，随着自供能技术的发展，采集设备将能更加高效地利用环境能量，实现长时间的自主运行，从而提升其应用范围和稳定性。

（三）采集技术的发展趋势

采集技术在当今信息化快速发展的背景下，正经历着前所未有的变革与创新。这一技术的未来发展趋势可以从多个方面进行深入探讨，包括硬件的持续创新、数据处理与分析的智能化、应用领域的不断拓展以及技术融合带来的新机遇等。

随着微电子技术和纳米技术的进步，传感器的体积将越来越小，能够集成更多功能，并在更复杂的环境中高效工作。以可穿戴设备为例，未来的传感器将不仅能够监测用户的心率、血氧和活动水平，还可能结合多种生理指标，实现全天候的健康监测。这些小型设备的广泛应用，预示着个性化健康管理将成为可能。同时，低功耗设计将是未来采集设备的重要趋势，尤其是在需要长时间运行而又难以更换电池的场景中。未来，借助太阳能、热能或其他可再生能源，设备可以实现自供电，延长使用寿命，减小环境影响。

传统的采集技术往往依赖人工干预进行数据的记录和分析，效率低且容易出错。随着人工智能和机器学习算法的发展，数据处理将逐步实现自动化和智能化，能够从大数据中提取有价值的信息。例如，采集系统可以通过实时监测设备的运行状态，结合智能算法进行故障预测，从而避免潜在的停机损失。智能数据分析不仅能够帮助医生更快地做出诊断，还可以为患者提供个性化的康复建议，推动精准医疗的发展。

在应用领域的拓展上，采集技术正逐步渗透到各个行业，并不断催生新的应用场景。例如，在智能农业中，采集技术可以用于实时监测土壤湿度、气温等关键因素，帮助农民科学管理农作物的生长；在智能交通中，采集技术可以监测交通流量、路况等信息，优化交通信号灯控制，减少拥堵。在未来，随着人们对环境保护和可持续发展的重视，采集技术在环保和资源管理中的应用也将逐渐增加，通过实时监测水质、空气质量等环境因素，为政策制定提供科学依据。

随着人工智能、区块链、虚拟现实等技术的快速发展，这些新兴技术与采集技术的结合将催生出更多创新的应用。例如，区块链技术可以为采集数据提供更高的安全性和可靠性，确保数据在采集、传输和存储过程中的完整性，防止数据被篡改。在智能家居中，采集技术与智能设备的融合，将使得用户可以通过手机应用实时监控家庭环境，优化家庭能耗，提升生活质量。然而，随着采集技术的发展，数据安全与隐私保护问题亟待解决，尤其是在涉及个人信息的应用场景中，如何在实现数据采集与处理的同时，确保用户隐私不被侵犯，将是未来技术发展必须认真面对的课题。相应的法律法规和技术标准也需逐步完善，以保障数据采集的合法性和合规性。

三、推演技术

（一）推演技术的基本情况

推演技术是现代科学与工程领域中一种重要的方法论，旨在通过对已知信息和数据的系统性分析与演绎，从而推导出未知信息和结果。该技术结合了逻辑推理、数学模型、计算机模拟以及数据挖掘等多种手段，能够在复杂系统中识别潜在的规律和趋势，为决策提供科学依据。推演技术不仅在科学研究中发挥着关键作用，也在工程、经济、医学、环境等多个领域展现出广泛的应用前景。

推演技术的基本原理可以概括为从已知推导未知，强调基于现有数据和模型进行的系统分析。其核心在于如何利用已有的知识和数据，构建合适的模型，并通过推理与演绎的方式得到新的结论。在这一过程中，数据的质量、模型的准确性和推演算法的效率是影响推演结果的关键因素。因此，推演技术不仅要求研究者具备扎实的理论基础，还需要掌握数据分析、建模和算法设计等相关专业技能。

计算机的普及使得推演过程中的数据处理和分析变得更加高效，能够处理大规模的数据集并进行复杂的计算。在此背景下，推演技术逐渐向着智能化和自动化的方向发展。通过引入机器学习、深度学习等人工智能技术，推演系统能够从海量数据中自我学习和优化，进一步提升推演的准确性和灵活性。例如，在金融领域，推演技术可以分析市场趋势和投资风险，为投资决策提供科学依据；通过对患者历史数据的推演，推演系统可以辅助医生进行疾病预测和制定个性化治疗方案。

在气候变化研究中，科学家利用推演技术构建气候模型，通过对历史气候数据的分析与推导，预测未来气候变化的趋势。这不仅为政策制定提供了科学依据，也促进了全球应对气候变化的合作。推演技术还通过对生产流程的建模和分析，帮助企业优化资源配置和生产效率，降低生产成本并提升产品质量。此外，在交通管理领域，推演技术可以实时分析交通流量数据，预测交通拥堵情况，从而为交通调度和管理提供参考。

（二）推演技术的发展现状

随着计算能力的提升，推演技术在复杂系统模拟和预测方面取得了显著成效。高性能计算（HPC）和云计算的普及，使得处理大规模数据和复杂模型成为可能。科学家和工程师可以通过强大的计算资源，对气象、地震、金融市场等复杂系统进行高精度模拟和预测。机器学习和深度学习算法在推演技术中得到了广泛应用。通过对海量数据的训练，这些算法可以自动提取数据中的规律，进行精确预测。例如，机器学习算法被用于股票市场的走势预测，提供投资决策支持；深度学习算法通过对患者数据的分析，预测疾病的发展趋势，辅助医生制定治疗方案。

在环境科学中，推演技术用于气候变化和生态系统的模拟，通过对历史气候数据和生态数据的分析，预测未来的气候变化趋势和生态环境变化。例如，气候模型能够模拟全球气候变化，预测温室效应对地球环境的影响，帮助制定应对气候变化的政策。在生态环境保护中，推演技术通过对森林、湿地、海洋等生态系统的数据分析，模拟生态系统的变化，指导生态保护和修复工作。通过对社会经济数据的分析，推演技术可以模拟经济活动和社会行为，预测经济发展趋势和社会变化。例如，宏观经济模型通过对经济指标的分析，预测经济增长、通货膨胀、失业率等，并提供政府和企业决策支持。人口模型通过对人口数据的分析，预测人口变化趋势，帮助制定人口政策和社会保障政策。

地震、洪水、台风等自然灾害的预警和应对同样依赖于高效的推演技术。通过对历史灾害数据和实时监测数据的分析，推演技术能够模拟灾害发生和发展的过程，预测灾害的影响范围和严重程度。例如，地震预警系统通过对地震波数据的实时分析，推演地震的震中和强度，从而为公众提供预警信息，减少人员伤亡和财产损失。洪水预警系统通过对水文数据和气象数据的分析，模拟洪水的发展，提供及时的预警和应急措施。通过对敌我双方行动和反应的模拟，推演技术可以优化作战计划，提高战斗力和战场应变能力。例如，军事推演系统通过对地形、气象、兵力部署等数据的分析，模拟战斗过程，帮助指挥官制定最佳战术决策，提高作战效率和成功率。

（三）推演技术的发展趋势

推演技术的发展趋势正在受到多种因素的驱动，包括科技的进步、数据的增加以及对智能决策的需求不断上升。在未来，推演技术将趋向更加智能化、自动化和集成化，将会在多个领域展现出更大的应用潜力和价值。

随着深度学习、强化学习等技术的快速发展，推演系统能够从大量数据中自我学习，识别复杂的模式和规律。这种自适应能力使得推演系统能够在动态环境中保持高效的推演能力，及时应对变化和挑战。例如，基于机器学习的推演模型能够实时分析市场数据，自动调整投资策略，从而提高投资收益。这种智能化的推演方式，不仅提高了决策的准确性，还缩短了决策时间，帮助企业在竞争中占得先机。

随着信息技术的飞速发展，数据的生成与存储能力显著提升，推演技术将在处理海量数据的过程中显示出更大的优势。未来，推演系统将能够实时获取和分析来自不同来源的数据，包括传感器、社交媒体、市场调查等，从而形成更加全面和准确的数据基础。这种数据的丰富性将为推演技术的应用提供更加广泛的场景，使得推演能够在更多领域中发挥作用，如智慧城市建设、精准医疗、环境监测等。此外，结合云计算和边缘计算等新兴技术，推演系统将在数据处理能力和存储能力上得到进一步提升，能够高效地处理分布式环境中的数据。

特别是在需要快速决策和复杂分析的行业，如金融、医疗、制造、交通等，推演技术将成为优化运营和管理的重要工具。推演技术可以帮助医生分析患者的历史数据，预测疾病发展，从而制定个性化的治疗方案。在制造业中，推演技术能够优化生产流程，通过对设备状态的实时监测，提前识别潜在的故障，降低停机时间，提升生产效率。在交通管理方面，通过实时分析交通数据，推演技术能够有效预测交通流量，优化交通信号控制，缓解交通拥堵等情况。

随着推演技术的发展，相关的法律法规和标准也需要与时俱进，以适应新的技术应用。建立完善的数据治理体系和伦理框架，将为推演技术的健康发展提供保障，由此看来，跨学科的合作显得尤为重要，技术、法律和伦理的协同发展将为推演技术的应用创造更加良好的环境。

四、画像技术

（一）画像技术的基本情况

企业园区能源数智化管控是指利用先进的技术手段对企业园区内的能源进行全面监测、分析和管理，以实现能源的高效利用和节约。画像技术是关键的一环，它基于对数据的深度分析和挖掘，能够为企业提供精准的能源消耗画像，帮助企业实现精细化管理和精准控制，从而提高能源利用效率、降低能源成本、减少环境污染。

画像技术是一种基于数据分析和模式识别的技术，通过对企业园区内各种能源数据进行收集、整理和分析，构建出能源消耗的多维度、多角度的画像。首先，画像技术能够实现对企业园区能源消耗的实时监测和跟踪，通过传感器、智能表计等设备采集大量的能源数据，包括电力、水、气等各种能源的消耗情况。其次，通过对数据的深度挖掘和分析，画像技术能够识别出能源消耗的规律和特点，分析出能源消耗的主要影响因素和关键节点，为企业制定合理的能源管理策略提供数据支持。最后，画像技术还能够实现对能源消耗的预测和优化，通过建立能源消耗的模型和算法，预测未来能源消耗的趋势和变化，为企业提前调整能源使用方案提供决策依据，从而实现能源消耗的最优化。

（二）画像技术的发展现状

画像技术是现代科技迅猛发展的产物，近年来在各个领域展现出了广泛的应用前景和深远的影响力。这项技术涉及多种学科的交叉，如计算机视觉、人工智能、数据挖掘和图像处理等。随着这些领域的不断进步，画像技术的能力与应用场景得到了极大扩展，推动了社会的各项发展。

通过深度学习等机器学习方法，尤其是卷积神经网络的广泛应用，这使得计算机在图像识别、分类和处理方面的表现显著提升。这种技术能够从大量图像数据中提取特征，学习到复杂的模式，进而在目标检测、人脸识别和图像分割等任务中达到甚至超越人类的水平。例如，在安全监控领域，利用画像技术进行人脸识别和行为分析，可以有效提升公共安全管理的效率。同时，这项技术也被广泛应用于社交媒体平台，自动标记用户上传的照片，增强了用户体验性和互动性。

在商业领域，画像技术通过对消费者行为和偏好的分析，商家能够实现精准营销，提升客户体验。例如，在一些智能零售店中，利用画像技术分析顾客的购物行为，可以实时调整商品的陈列和促销策略，增加销售额。同时，商家还可以通过顾客的购物记录和画像数据分析，推测出顾客的潜在需求，进一步优化产品组合和库存管理。这种以数据驱动的决策方式，使得商家能够更好地把握市场动态，提高竞争力。

在文化与艺术领域，通过数字化手段，艺术作品得以更好地保存和传播，同时，利用图像处理技术，艺术家能够探索新的创作方式，创造出独具特色的数字艺术作品。这种融合传统与现代的艺术表达形式，不仅丰富了文化艺术的内涵，也为艺术的传播和分享提供了新的平台与渠道。

（三）画像技术的发展趋势

随着人工智能和深度学习技术的不断进步，画像技术将变得更加智能和精确。先进的深度神经网络（DNN）和卷积神经网络（CNN）将继续优化，使图像识别、分类和生成的精度进一步提升。这将推动医疗影像分析、自动驾驶、智能监控等领域的发展。例如，自动驾驶汽车将依赖更强大的图像识别技术，实时分析道路和交通状况，提高行驶安全性。随着物联网（IoT）设备的普及，图像处理将不仅依赖于云计算，还将更多地在设备本身进行。边缘计算使得数据处理更迅速，减少了延迟，提升了实时性和响应速度。例如，智能摄像头可以在本地进行图像分析，实时识别异常情况，提高监控效率。

GAN 技术在图像生成、修复和增强方面表现出色，未来将被应用于更多创意和实用场景。例如，GAN 技术可以用于电影特效制作、虚拟现实（VR）场景构建和图像修复，为娱乐和创意产业带来更多可能性。同时，GAN 技术在医学图像合成和增强中也有重要应用，它可以生成高质量的医学影像，辅助医生诊断。社交媒体、电子商务和智能家居等领域将更加依赖画像技术来提升用户体验。例如，社交媒体平台将利用画像技术为用户提供更加个性化的内容推荐和互动体验；电子商务平台将通过图像识别和增强现实（AR）技术，为用户提供虚拟试穿、试戴等功能，提升购物体验；智能家居设备将利用图像识别技术，实现更多智能化、个性化的家居管理。

无人机和卫星图像分析技术将被广泛用于农业生产和环境监测，通过实时图像数据分析，优化农作物管理、监测森林健康和发现环境污染问题。例如，通过图像分析技术，农民可以及时发现作物病虫害，采取相应措施，提高农业产量和质量；环保部门可以通过遥感技术，监测自然资源的变化，保护生态环境，随着图像数据的广泛应用，如何在保护用户隐私和数据安全的前提下，利用图像数据进行分析和应用将成为技术发展的关键。例如，差分隐私技术和联邦学习将被引入画像技术，确保用户数据在被处理和分析时的安全性和隐私性。

五、孪生技术

（一）孪生技术的基本情况

孪生技术是近年来随着数字化转型和智能化发展的浪潮而兴起的一种先进技术，它通过创建物理实体的数字化映射，实现对物理世界的深度理解和精准控制。孪生技术的核心思想在于通过构建"数字孪生"模型，使得现实世界中的物体、过程和系统在虚拟空间中有一个对应的数字表现，从而实现对物理实体的实时监测、分析和优化。

在孪生技术的框架下，数字孪生模型不仅仅是一个静态的数字表示，而是一个动态的、与物理实体紧密关联的系统。这一系统能够实时接收来自物理实体的传感器数据，并通过分析这些数据，提供对实体状态的实时反馈和预测。通过这种方式，孪生技术可以帮助企业和组织更好地分析其运营过程中的各种动态变化，从而在面对复杂环境时做出更加灵活和高效的决策。

孪生技术的应用领域广泛，涵盖了制造业、医疗健康、智慧城市、航空航天、交通运输等多个行业。在制造业中，数字孪生技术被用于实现智能制造，通过实时监测生产设备的运行状态，优化生产流程，降低成本，提高生产效率。企业通过对设备进行数字化建模，可以在设计和生产的各个环节进行仿真，快速识别和修复潜在的问题等，进而提升产品质量与市场竞争力。

通过构建城市基础设施和公共服务的数字孪生模型，城市管理者可以实时监控和优化城市运营。例如，数字孪生技术可以帮助管理者分析交通流量，预测交通拥堵，优化信号灯控制，从而提高城市的通行效率。孪生技术能够实时分析环境数据，及时发现和处理环境问题，促进可持续发展。

（二）孪生技术的发展现状

孪生技术是一种基于数字化建模和仿真技术的创新方法，近年来在多个领域展现出广泛的应用潜力与前景。随着物联网、人工智能和大数据等技术的迅速发展，孪生技术逐渐成为连接物理世界与虚拟世界的重要桥梁，促进了各行业的智能化与数字化转型。

在制造业，孪生技术的应用尤为显著。通过构建物理实体的数字双胞胎，企业能够实现对生产过程的实时监测与优化。这种数字双胞胎不仅能够模拟物理设备的运行状态，还能够分析其性能表现，为设备的维护和管理提供科学依据。例如，在智能制造环境中，企业通过对机器设备的数字孪生建模，可以实时监控设备的运行状况，预测潜在故障，制定更为高效的维护策略。这种预维护模式不仅降低了停机时间，还减少了维护成本，提升了整体生产效率。同时，孪生技术在产品设计过程中也起到了重要作用。通过对产品在设计阶段进行虚拟测试，企业能够快速识别设计缺陷，优化产品性能，从而缩短产品生产周期，提高市场竞争力。

在医疗健康领域，孪生技术通过构建患者的数字孪生模型，医生能够实时监测患者的健康状况。例如，在复杂疾病（如癌症）的治疗中，医生可以通过患者的影像数据和生物标志物，建立患者的数字孪生，并利用计算模型预测治疗效果。这种方法不仅提高了治疗的准确性，还为患者减少了不必要的痛苦，为个性化医疗提供了新的思路。

通过对飞机、汽车等交通工具的数字孪生建模，企业能够在设计和运营阶段进行全面的仿真与优化。这种技术的应用不仅提升了交通工具的安全性和性能，还能够帮助企业在研发过程中降低成本、缩短周期。例如，在飞机的维护与运营中，航空公司通过数字孪生技术实时监控飞机各个部件的状态，从而提高飞行安全性，减少维修时间。

尽管孪生技术在多个领域取得了显著的进展，但其发展仍面临着一些挑战。数据的获取与处理质量直接影响到数字孪生模型的准确性和可靠性。在实际应用中，数据常常存在噪声、缺失或不一致的情况，这对孪生技术的有效性构成了威胁。为了提升模型的性能，研究者需要探索更为有效的数据清洗和预处理方法，确保数据的高质量。孪生技术的计算需求较高，尤其是在处理大规模数据时，如何优化计算效率和降低计算成本成为亟待解决的问题。随着数字孪生模型复杂度的提高，研究者需要在保证模型准确性的同时，提高模型的计算效率。此外，孪生技术的跨学科性也使得相关人员在技术、管理和业务等方面的沟通与协调变得更加重要。

（三）孪生技术的发展趋势

孪生技术作为一种创新性的数据驱动方法，其发展趋势正受到各行业日益增长的数字化需求和智能化转型的推动。随着物联网、人工智能和大数据等技术的不断进步，孪生技术在多个领域的应用潜力持续扩大，展现出更为广泛的发展前景。

未来，随着传感器技术和物联网的不断成熟，企业将能够实现对生产设备和流程的全方位监控。数字孪生模型将不仅仅局限于单一设备的监测，而是扩展到整个生产线乃至整个工厂的数字化管理。通过建立更为复杂的多层次孪生模型，企业能够实时获取生产过程中的数据，从而实现更高效的资源配置和优化生产流程。尤其是在智能制造的背景下，孪生技术将有助于实现自主决策系统，促进生产过程的自动化和灵活化。

未来的城市将依赖于全面的数字化管理，以提高城市的运行效率和可持续性。通过建立城市基础设施的数字孪生，管理者能够实时监测城市交通、环境、能源等系统的状态。这种全景化的数字化视图将有助于实现对城市资源的优化管理，提升居民的生活质量。例如，交通管理将更加智能化，通过分析实时交通数据，城市管理者可以及时调整交通信号灯的配时，提升城市通行能力。此外，环境监测与管理将借助孪生技术实现实时数据分析，及时发现环境问题并采取有效措施，推动可持续发展。

随着个性化医疗和精准医疗的逐渐普及，数字孪生技术将帮助医生建立更为全面的患者模型。这些模型将整合患者的历史病历、基因数据和实时健康监测数据，为医生提供精准的诊断和治疗方案。未来，医疗机构将利用数字孪生技术实现对疾病的预测，提前识别潜在风险，从而提高医疗服务的效率和效果。同时，随着医疗设备数字化的推进，数字孪生技术在设备维护、管理和性能优化中的应用也将愈发重要。

展望未来，孪生技术的发展将与人工智能、区块链等前沿技术深度融合。人工智能的进步将为孪生技术提供更为强大的数据分析能力，使得数字孪生模型能够实时学习和自我优化。与此同时，区块链技术的引入将有助于确保数据的安全性和可信性，为数字孪生技术的应用提供可靠的数据基础。这样的融合将推动孪生技术的进一步创新，助力各行业在数字化转型中迈向更高的智能化水平。

第二节　通信技术

一、载波

载波技术是现代通信系统中不可或缺的重要组成部分，它为信息的传输提供了基础框架。载波是指在无线通信中，用于承载信息信号的高频电磁波。载波技术的核心在于将信息信号调制到载波上，以便通过空间或介质进行传输。调制的过程不仅可以有效提高信号的传输效率，还能够抵御多种外界干扰，确保信息的可靠传递。

通常情况下，载波分为模拟载波和数字载波。模拟载波是指用于承载模拟信号的载波，这种信号通常是连续的，代表着声音、温度等自然现象的变化。数字载波则用于承载离散的数字信号，它通过比特的组合来表示各种信息，具有更高的抗干扰能力和更强的传输效率。

载波技术的应用范围广泛，涵盖了从广播、电视到手机通信、卫星通信等多个领域。在广播和电视领域，载波技术使得音频和视频信号能够通过无线电波传播至广大的受众。通过调制技术，广播电台能够将音频信号调制到特定频率的载波上，使得信号在传输过程中不易受到干扰，同时提高了信号的传播距离。随着技术的不断进步，数字广播和数字电视逐渐兴起，这些新型技术的应用依赖于数字载波的有效传输。

从最初的1G到如今的5G，载波技术的演变不仅体现在频率范围的扩大和信号传输速率的提升上，更体现在对多种调制技术的融合与创新上。5G技术的引入使得频谱资源的利用更加高效，通过载波聚合等技术手段，移动通信网络能够同时承载更多的用户和更大的数据流量。在5G系统中，载波不仅用于承载用户数据，还能够实现低延迟、高可靠性的通信服务，满足物联网、车联网等新兴应用场景的需求。

调制技术可以分为幅度调制、频率调制和相位调制等多种形式。其中，幅度调制（AM）是通过改变载波信号的幅度来表示信息的变化，这种方法简单易于实现，但在抗干扰能力方面相对较弱。频率调制（FM）则是通过改变载波信号的频率来传递信息，这种方法具有更强的抗干扰能力，因此广泛应用于广播和电视等领域。相位调制（PM）通过改变载波信号的相位来传递信息，在数字通信中得到应用。

随着数字技术的快速发展，调制方式也随之演变，出现了多种先进的调制技术，如正交频分复用（OFDM）、幅度相位调制（APSK）等。这些技术通过在同一载波上实现多个信号的并行传输，极大地提高了频谱的利用效率。例如，在5G通信中，OFDM技术的应用使得在高频段传输大容量数据成为可能。这一技术的成功实现为实现高数据速率和低延迟的通信服务提供了强有力的支撑。

不同的应用场景和需求对载波频率的选择具有不同的要求。低频载波在传播距离和穿透能力方面具有优势，适用于广域覆盖的通信场景；而高频载波则能够提供更大的带宽和更高的数据传输速率，适合于短距离高数据率的通信。因此，网络运营商和通信服务提供商在设计和规划通信网络时，需要综合考虑不同载波频段的特性，以实现最佳的网络性能。

随着无线通信技术的不断进步，频谱资源的日益紧张以及用户需求的日益多样化，载波技术需要在提高传输效率和降低成本方面不断创新。新兴的无线通信标准，如6G，将进一步推动载波技术的发展。这些标准不仅要求更高的传输速率，还强调低延迟、高可靠性的通信体验。因此，研究人员和工程师将需要在载波设计、调制方式和网络架构等方面进行深入探索，以满足未来通信的各种需求。

二、微功率无线通信

微功率无线通信技术是现代无线通信领域的重要组成部分，具有广泛的应用前景和发展潜力。该技术以其低功耗、低成本和高效能的特点，成为众多无线应用场景的首选方案，尤其在物联网、智能家居和工业自动化等领域展现出独特的优势。微功率无线通信技术的基本理念是通过较小的发射功率进行数据传输，以满足对无线通信的需求，同时减少对电源的依赖和对环境的干扰。

微功率无线通信的核心在于其低功耗特性，通常采用的发射功率在毫瓦（mW）级别，甚至更低。这使得微功率无线设备在工作时对电池的消耗极小，极大地延长了设备的使用寿命。这种特性使得微功率无线通信特别适合于需要长期稳定工作的传感器网络和远程监测系统。在许多物联网应用中，传感器和执行器常常需要在电池供电的条件下进行数据传输，微功率无线通信技术可以实现低频率的数据传输，降低能耗，提升整体系统的可持续性。

在微功率无线通信的实现中，最为知名的包括蓝牙低能耗（BLE）、Zig bee、LoRa 等。这些标准各具特色，适应了不同的应用需求。蓝牙低能耗技术广泛应用于短距离设备的无线连接，如耳机、智能手环等消费电子产品。Zig bee 则是一种基于 IEEE 802.15.4 标准的无线通信协议，通常用于低功耗的监控和控制应用，如智能家居、环境监测等。LoRa 技术则专注于长距离、低功耗的数据传输，适用于广泛的物联网应用场景，如智能城市、农业监测和智能物流等。

由于发射功率较低，微功率无线通信可以在非授权频段内进行传输，从而减少了对频谱资源的竞争。比如，许多微功率无线设备可以在免许可的频段内工作，这使得用户可以在不需要获取复杂许可的情况下进行设备的部署和应用。这种灵活性在实际应用中大大简化了系统设计和实施的复杂性，降低了技术的应用门槛。

未来，随着 5G 及其后续技术的推广，微功率无线通信将可能与新一代移动通信技术相结合，实现更高效的连接和更丰富的应用场景。此外，人工智能和大数据技术的应用也将为微功率无线通信的优化和智能化提供新的方向。通过对数据的深度学习和分析，微功率无线设备将能够实现更为智能的决策和控制，进一步提升系统的效率和用户体验。

三、Wi-Fi

Wi-Fi 是指无线保真技术，是一种允许设备通过无线电波连接到互联网或局域网的技术，广泛应用于家庭、办公室、公共场所等。首先，Wi-Fi 技术基于 IEEE 802.11 标准，该标准由 IEEE 制定，定义了无线局域网的通信协议。Wi-Fi 利用 2.4 GHz 和 5 GHz 频段进行数据传输，通过接入点（AP）和无线网卡实现设备间的无线通信。在家庭中，Wi-Fi 使各种智能设备如电脑、智能电视、平板电脑和智能手机可以同时连接到互联网，为用户提供了高效的网络接入方式。在办公室中，Wi-Fi 使员工可以在不同的工作区域自由移动，提高了工作效率和灵活性。公共场所，如咖啡馆、机场和商场，提供的 Wi-Fi 服务为人们提供了便捷的互联网接入，提升了用户体验。

最新的 Wi-Fi 6（IEEE 802.11ax）技术相比前几代有显著提升，其优势包括更高的传输速率、更低的延迟、更大的网络容量和更好的能效管理。Wi-Fi 6 通过引入 OFDMA（正交频分多址）、MU-MIMO（多用户多输入多输出）和 BSS 着色技术，能够更好地应对多设备连接的复杂环境，提供更稳定和快速的网络连接。许多智能家居设备，如智能灯泡、智能插座、智能音箱和家庭安防系统，都通过 Wi-Fi 连接到家庭网络，实现远程控制和智能化管理。这些设备通过 Wi-Fi 网络收集和传输数据，为用户提供便捷的智能生活体验。例如，用户可以通过手机应用程序远程控制家中的智能灯泡，定时开关和调节亮度，提升生活便利性。

通过校园 Wi-Fi 网络，学生和教师可以随时随地访问学习资源和教育平台，促进了数字化教育的发展。电子书、在线课程、虚拟实验室等教育资源通过 Wi-Fi 传输，使得学习更加灵活和高效。例如，学生可以在校园内的任何地方访问在线课程资料，与教师和同学进行实时互动，提高学习效果。在企业环境中，Wi-Fi 技术为企业提供了灵活和高效的网络解决方案。企业可以通过部署企业级 Wi-Fi 网络，提供覆盖整个办公区域的无线连接，支持移动办公和协同工作。企业级 Wi-Fi 解决方案通常包括高级网络管理和安全功能，如 VLAN、访客网络、无线漫游和网络加密，确保网络的安全性和稳定性。例如，员工可以在会议室、休息区和办公桌之间自由移动，随时保持网络连接，提高工作效率和协作能力。通过 Wi-Fi 网络，公共安全部门可以实现视频监控、实时通信和数据共享，提升应急响应能力。例如，在大型活动和灾害救援现场，临时部署的 Wi-Fi 网络可以为救援人员提供可靠的通信手段，支持现场指挥和协调，提高应急响应效率。

四、ROLA

ROLA，全称是"Riveting Of Light Alloys"，是一种专门用于轻合金材料铆接的技术。ROLA 技术的核心在于使用高强度铆钉将轻质合金材料连接在一起，常见的轻合金材料包括铝合金和镁合金等。由于轻合金材料具有质量轻、强度高和耐腐蚀等优点，因此在航空航天、汽车制造和高铁等行业得到了广泛应用。ROLA 技术能够有效地实现轻合金材料之间的牢固连接，确保结构的整体强度和可靠性。传统的焊接方法在轻合金材料中容易引起热变形和热影响区，降低材料的力学性能。而 ROLA 技术通过冷铆接工艺，避免了高温对材料的影响，保持了轻合金材料的原始性能。在铆接过程中，铆钉在两块材料之间形成机械锁紧，提供了高强度的连接，适用于需要承受高负载和振动的结构件。例如，在航空航天领域，ROLA 技术用于飞机蒙皮和机身结构的连接，确保飞机在高强度和高应力环境下的安全性和可靠性。

高精度铆接机和自动化铆接设备使得 ROLA 技术在工业生产中得以广泛应用。这些设备通过精确控制铆接过程中的力和变形，确保铆接质量的一致性和可靠性。此外，自动化铆接设备的引入大大提高了生产效率，降低了人工成本。例如，在汽车制造中，自动化铆接设备可以在生产线上快速高效地完成车身结构件的铆接，提升了汽车的整体制造水平。ROLA 技术的应用不限于传统的工业制造领域，其在新兴领域中展现出广泛的应用前景。随着电动汽车和可再生能源设备的发展，轻量化设计成为提高能源效率和减少碳排放的重要手段。ROLA 技术通过实现轻合金材料的高效连接，助力轻量化结构的设计和制造。例如，电动汽车中大量使用铝合金和镁合金材料，通过 ROLA 技术连接车身和电池模块，提高了车辆的续航能力和安全性能。轻合金材料的可回收性和再利用性使得 ROLA 技术在循环经济中发挥着关键作用。通过 ROLA 技术，废旧的轻合金结构件可以方便地拆解和回收，减少资源浪费和环境污染。例如，在废旧飞机和汽车的回收过程中，ROLA 技术使得轻合金材料的拆解更加方便，为再制造和资源再利用提供了技术保障。

五、本地组网

本地组网技术（LAN）是现代通信网络的重要组成部分，旨在为特定地理区域内的设备提供高效、稳定的网络连接。随着信息技术的迅速发展，尤其是在物联网和智能家居等应用领域的崛起，本地组网的需求日益增加。它不仅提供了设备之间的数据交换和通信能力，还促进了信息的共享与协作，推动了各类智能应用的实施。

本地组网的基本特点在于其覆盖范围相对较小，通常涵盖单个建筑物、办公室或校园等限定区域。相较于广域网（WAN）而言，本地组网具有更高的传输速度和更低的延迟，这使得其在实时数据传输和应用场景中表现优异。基于此，本地组网成为企业内部网络、学校及家庭网络的主要构建方式。

在本地组网的实施过程中，我们通常采用多种网络拓扑结构，以适应不同场景的需求。常见的拓扑结构包括星型、环型和总线型等。星型拓扑是当前最为流行的选择，所有设备通过中心交换机连接，便于管理和维护。在这种结构中，任何一台设备出现故障并不会影响整个网络的运行，从而提高了网络的可靠性。环形拓扑则以其数据传输的高效率和简单的连接方式著称，但其缺点在于一旦某个节点出现故障，整个网络可能会受到影响。总线型拓扑适合于小型网络，虽然成本较低，但在设备增多时可能会出现带宽瓶颈和数据冲突的问题。

常见的网络设备包括路由器、交换机和接入点等。路由器主要负责不同网络之间的连接与数据转发，是实现互联网接入的基础设备。交换机则负责在本地网络内部进行数据转发，能够高效地处理大量数据流，提升网络的整体性能。接入点用于扩展无线网络的覆盖范围，支持无线设备的接入，从而为用户提供更加灵活的网络使用体验。

为了进一步提升本地组网的性能和可靠性，许多企业和机构逐渐采用虚拟局域网（VLAN）技术。VLAN 通过将物理网络划分为多个逻辑子网，使得不同部门或功能的设备可以在同一网络上独立运行。这样不仅能够提升网络安全性，还能够优化网络资源的使用，减少不必要的广播流量。通过 VLAN 技术的应用，企业能够实现更为灵活的网络管理，提高网络的可扩展性和效率。

WLAN 以其安装方便和灵活性高等特点，得到了广泛应用。通过部署无线接入点，用户可以在网络覆盖范围内自由移动，同时保证网络的稳定性。近年来，Wi-Fi 技术的不断升级使得 WLAN 的传输速度和覆盖范围不断提升，为用户提供了更为优质的无线连接体验。尤其是在智能家居和移动办公的场景中，无线局域网的优势愈发明显，成为用户日常生活和工作中不可或缺的部分。另外，随着物联网的迅速发展，越来越多的智能设备连接到本地网络中，带来了巨大的数据流量和连接数量的增长。这对传统的本地组网结构提出了更高的要求。在这种背景下，网络架构的灵活性与可扩展性显得尤为重要。企业需要不断评估和优化网络配置，以适应日益增长的带宽需求和设备数量。通过实施负载均衡和带宽管理等技术手段，企业可以有效提升网络性能，保障各类应用的顺畅运行。

六、远程通信

远程通信技术是现代信息社会中不可或缺的组成部分，涵盖了多种通信方式，包括光纤通信、GPRS（通用分组无线服务）和北斗导航系统等。这些技术的迅速发展，推动了信息的快速传递与处理，提升了社会各领域的效率和效能，为全球化和数字化进程提供了有力支持。

光纤通过光信号进行数据传输，相较于传统的电缆通信，光纤具有更大的带宽和更低的信号衰减能力。光纤的传输速率可达数 Gbps，甚至更高，极大地满足了现代社会对高速数据传输的需求。尤其在互联网、视频监控、云计算等领域，光纤通信凭借其高带宽和稳定性，成为基础设施建设的重要组成部分。光纤不仅可以实现长距离传输，还具有抗电磁干扰的优势，使其在复杂环境中表现出色。

光调制技术使得信息能够以光信号的形式高效传输，通过调制方式的不同，可以实现不同的数据传输速率。光放大器则用于增强信号强度，克服长距离传输中的信号衰减问题。随着技术的发展，光纤通信网络逐渐向着全光网络的方向演进，即整个传输系统都以光信号为主，实现更高效的信息传递。

GPRS 能够为移动设备提供随时随地的互联网接入，支持多种数据业务，如网页浏览、电子邮件和多媒体消息等。这项技术的出现使得移动通信网络不限于语音通话，还扩展到了数据业务的传输，推动了移动互联网的快速发展。

在数据传输过程中，信息被分为多个数据包，通过网络进行发送和接收。这种方式不仅提高了频谱的利用率，也降低了用户的通信成本，使得移动用户可以以更低的费用享受到数据服务。此外，GPRS 支持多用户同时接入，使得在用户数量激增的情况下，网络仍能保持良好的服务质量。

随着物联网的兴起，GPRS 技术被广泛应用于智能设备和传感器中，成为物联网通信的主要方式之一。通过 GPRS，设备能够实时传输数据，实现远程监控和管理。这在智能家居、智慧城市和工业自动化等领域中得到了有效应用，推动了相关行业的数字化转型与升级。

北斗导航系统是中国自主研发的全球卫星导航系统，具有定位、导航和授时等多种功能。作为一项重要的远程通信技术，北斗系统的建设为各行业提供了强大的支持。通过卫星定位技术，用户可以获得精准的位置信息，实现车辆调度、物流管理、农业监测等多种应用。北斗系统在应急救援、交通运输、地理信息等领域的广泛应用，促进了社会管理的智能化和高效化。

与其他卫星导航系统相比，北斗系统能够在全球范围内提供高精度的定位服务，且在中国境内的定位精度更高。其自主性使得国家在战略安全和经济发展上拥有更大的话语权，尤其在军事和安全领域，北斗系统的应用尤为重要。同时，北斗系统的实时性使用户能够快速获得位置信息，提升了应用的响应速度和可靠性。

随着信息化进程的加快，社会对远程通信的需求日益增长，推动了各类通信技术的不断创新和发展。在未来，光纤通信、GPRS 和北斗导航等技术将继续向更高的速度、更大的带宽和更广的覆盖范围发展。同时，随着 5G 和下一代通信技术的到来，远程通信的应用场景将进一步扩大，包括智能城市、无人驾驶、远程医疗和智能制造等新兴领域。

七、信息安全

（一）通信链路

通信链路是信息安全领域中的一个核心概念，涵盖了数据从发送端到接收端所经历的所有传输媒介和过程。随着信息技术的快速发展和互联网的普及，通信链路的安全性愈发成为人们关注的焦点。通信链路不仅包括物理层面的连接，如光纤、无线信号等，还涉及逻辑层面的协议和数据格式等。因此，确保通信链路的安全，对于维护信息的机密性、完整性和可用性至关重要。

外部攻击主要包括各种网络攻击手段，如中间人攻击、拒绝服务攻击（DoS）、网络监听等。在中间人攻击中，攻击者能够在数据传输过程中窃取或篡改信息。这种攻击方式通常利用网络协议中的漏洞，尤其是在不安全的公用网络环境中，数据在未加密的情况下传输，极易被攻击者利用。拒绝服务攻击则通过向目标服务器发送大量请求，导致其无法正常处理合法用户的请求，从而影响服务的可用性。

内部漏洞则主要指的是通信系统中可能存在的安全隐患，如错误配置、不当的访问控制和过时的软件版本等。这些内部问题可能为攻击者提供了利用的机会，因此，定期对通信设备和系统进行安全审计和更新至关重要。除了这些直接的攻击方式，信息在传输过程中也可能因环境因素（如电磁干扰）导致数据损坏，这同样是通信链路安全需要关注的一个方面。

加密是保障数据安全的重要手段之一，通过对信息进行加密，我们可以有效防止未授权访问和数据泄露。常用的加密协议包括 SSL/TLS、IP sec 和 VPN 等，这些协议通过对数据流进行加密，确保即使数据在传输过程中被截获，攻击者也无法读取其中的信息。此外，使用加强密码和定期更换密码也是提升通信链路安全性的重要措施。

通过将网络分割成多个区域，并设定不同的访问权限，我们可以有效降低潜在的安全风险。例如，重要的业务系统可以与外部网络隔离，确保敏感信息不被轻易接触。此外，实施严格的访问控制策略，确保只有经过授权的用户才能访问特定的系统和数据，也有助于减少内部风险。

在通信链路出现故障或遭受攻击时，具备有效的备份和恢复方案，可以确保业务的连续性和数据的完整性。定期备份重要数据，并在不同位置存储备份，能够在数据丢失或损坏的情况下，迅速恢复系统和服务。此外，实施应急响应计划，确保在发生安全事件时，团队能够迅速做出反应，将损失最小化。

网络安全的威胁常常源于用户的不当操作或缺乏安全意识。通过定期的安全培训，提高用户对网络安全的认识和防范意识，可以有效减少安全事件的发生。用户应了解常见的网络攻击方式，如钓鱼邮件、恶意软件等，并在日常使用中保持警惕，及时报告异常情况。

5G、物联网和人工智能等新技术的应用，将推动通信链路的进一步发展，但同时也带来了新的安全风险。新的技术在提升通信速度和效率的同时，也需要相应的安全防护措施。比如，在物联网环境中，数以亿计的设备相互连接，可确保每个设备的安全，防止被攻击成为一个巨大的挑战。

（二）区块链

区块链作为通信技术中的一项关键技术，在企业园区能源数智化管控中扮演着重要角色，特别是在信息安全方面具有独特优势。区块链是一种分布式数据库技术，其核心特点是去中心化、不可篡改和透明可信，通过区块链技术我们可以实现能源数据的安全存储、传输和共享，从而保障企业园区能源系统的安全性和可靠性。

在传统的中心化数据库中，数据往往存储在单一的中心服务器上，这容易成为黑客攻击的目标。一旦服务器遭到攻击或数据泄露，将会对能源系统的安全造成严重威胁。而区块链采用分布式存储的方式，将数据分布存储在多个节点上，并采用密码学技术进行加密保护，确保数据的安全性和不可篡改性，即使部分节点被攻击或数据被篡改，也不会影响整个系统的安全。

在能源系统中，数据在传输过程中往往会受到网络攻击、窃听和篡改等威胁，因此需要采取有效的措施保障数据的传输安全。区块链通过采用点对点的网络结构和加密通信协议，确保了数据在传输过程中的安全性和完整性，同时通过智能合约等机制实现了数据传输的自动化和可编程化，提高了传输效率和安全性。

在企业园区能源系统中，不同部门和利益相关者往往需要共享和协同处理能源数据，但传统的数据共享方式存在数据隐私泄露和数据不一致等问题。而区块链通过建立分布式账本和智能合约等机制，实现了数据共享的可控性和透明性，确保了数据的隐私性和一致性，使得企业园区内的各方可以在安全、可信的环境下进行数据共享和合作。通过保障能源数据的安全存储、传输和共享，区块链技术为企业园区能源系统的安全运行和智能管理提供了可靠保障，这有助于推动企业园区能源管控向着更加安全、高效和可持续的方向发展。

（三）隐私计算

隐私计算旨在保护数据在计算过程中的隐私性，通过加密、数据脱敏、安全多方计算等技术手段，实现在不暴露用户隐私信息的情况下进行数据计算和分析，从而保护用户的隐私权和数据安全。隐私计算通过采用数据加密、数据脱敏等手段，将原始数据转化为加密或匿名化的形式，在数据传输、存储和计算过程中保护了用户的隐私信息，能够有效防止数据泄露和隐私侵犯。

在传统的数据计算过程中，人们往往需要将数据集中到一个计算节点或数据中心进行处理，存在数据泄露和计算结果泄露的风险。隐私计算通过采用安全多方计算、同态加密等技术，实现了在不暴露原始数据的情况下进行数据计算和分析，保护了数据的安全性和隐私性。由于数据隐私和商业机密的保护，数据共享和合作往往受到限制。隐私计算通过建立安全的数据共享和合作机制，实现了在保护数据隐私的前提下进行数据共享和合作，促进了企业园区内部和外部的信息交流和合作。

（四）零信任

零信任（Zero Trust）作为通信技术中的关键理念和技术策略，在企业园区能源数智化管控中具有重要意义，尤其是在信息安全方面。零信任理念认为，在网络安全中，我们不能信任任何设备、用户或网络，即使是内部的设备和用户也不能信任，所有的访问都需要经过严格的验证和授权，从而最大程度地降低安全风险并保护企业关键信息的安全。在零信任模型下，所有的访问都需要经过多层次的身份验证和授权，包括设备、用户、应用程序等各个方面。无论是内部员工还是外部访问者，都需要通过多因素身份验证（MFA）、访问审计、访问控制策略等手段进行验证，确保其身份的合法性和权限的合规性，从而防止未经授权的访问和恶意操作。

所有的数据传输都需要经过端到端加密，确保数据在传输过程中的安全性和保密性。通过采用加密通信协议、虚拟专用网络（VPN）、数据加密技术等手段，我们可以有效防止数据被窃取、篡改或泄露，保护企业园区能源数据的安全和隐私。所有的访问和操作都需要进行实时监控和审计，以便及时发现和应对安全威胁。通过采用网络流量分析、异常行为检测、安全信息与事件管理（SIEM）等技术手段，我们可以实现对园区能源系统的持续监控和威胁检测，及时发现并应对潜在的安全威胁和攻击行为，最大程度地保障能源系统的安全和稳定运行。通过实现全面的访问控制和身份验证、端到端数据加密和保护、持续监控和威胁检测等手段，零信任模型为企业园区能源系统的安全运行和智能管理提供了可靠保障。

八、常用通信协议

通信协议是计算机网络中的基础性组成部分，用于规定数据在网络中的传输格式、传输方式和传输规则，以确保不同设备之间能够有效地进行通信。常用的通信协议有很多种，它们各自具有不同的特点和适用场景。其中，TCP/IP 协议是互联网中最为常见的协议之一，它包括传输控制协议（TCP）和 Internet 协议（IP），TCP 负责数据的可靠传输，而 IP 则负责数据的路由和转发。此外，HTTP 协议也是一种常用的应用层协议，它用于在客户端和服务器之间传输超文本数据，是万维网的基础。另外，FTP 协议用于在网络上进行文件传输，SMTP 协议用于电子邮件的发送，POP3 和 IMAP 协议用于接收电子邮件。除了这些协议外，还有诸如 UDP、SSH、SSL 等协议，它们在不同的场景下发挥着重要作用。总的来说，通信协议的多样性和灵活性为网络通信提供了坚实的基础，为人们的信息交流和互动提供了便利。

在网络通信中，传输控制协议（TCP）和互联网协议（IP）是最基础的通信协议。TCP 负责将数据分割成适当大小的包并在网络中传输，确保数据能够按照正确的顺序到达目标位置，并进行数据的完整性检查。IP 则负责将数据包从源地址发送到目的地址，确保数据能够跨越不同的网络进行传递。这两种协议的结合使得互联网的建立成为可能，为各类应用的开发提供了坚实的基础。在信息安全方面，TCP/IP 协议栈中的一些机制，如 TCP 的流量控制和拥塞控制，有助于减少网络攻击带来的影响，提升系统的稳定性和安全性。

在网络安全领域，安全套接字层（SSL）和传输层安全协议（TLS）是保障数据在互联网上安全传输的重要协议。SSL/TLS 协议通过对数据进行加密，确保信息在传输过程中不被窃取或篡改。当用户通过安全的 HTTPS 连接访问网站时，实际使用的正是 TLS 协议。此协议不仅提供数据的机密性，还确保了数据的完整性和身份验证，从而提升了用户与网站之间的信任。这种安全机制在电子商务、在线银行和敏感信息传输等场景中至关重要。

第三节　能源路由技术

一、能源预测技术

能源预测技术是现代能源管理和优化的重要工具，旨在通过对各种因素的分析和建模，准确预测能源需求和供应变化。这一技术的应用涉及多个领域，包括电力、天然气、可再生能源等，为能源生产、传输和消费提供了科学依据和决策支持。在全球能源转型的背景下，能源预测技术的重要性愈发凸显，它不仅能够提高能源利用效率，降低运营成本，还能为应对气候变化和实现可持续发展目标提供有效手段。

随着传感器技术和信息通信技术的发展，各类能源数据的采集和传输变得更加高效和精准。这些数据包括历史能源消费记录、气象条件、经济活动、政策变化等。通过对这些数据的分析，研究人员可以识别出影响能源需求和供应的关键因素，从而建立相应的预测模型。常用的预测模型有时间序列分析、回归分析、机器学习和深度学习等。这些方法各具特点，能够根据具体的应用场景和需求进行选择和调整。

电力需求预测是电力系统规划和调度的基础，准确的需求预测能够帮助电力公司合理安排发电和输电，提高系统的安全性和经济性。传统的电力需求预测方法主要依赖于历史数据和统计学模型，但随着电力市场的开放和可再生能源的快速发展，需求预测面临着越来越多的不确定性和复杂性。例如，气候变化对用电模式的影响、可再生能源发电的不稳定性等因素，均使得传统预测方法的准确性受到挑战。为此，越来越多的电力公司开始采用先进的机器学习算法，并结合气象数据和经济指标，对未来的电力需求进行动态预测，以更好地应对市场的变化。

由于风能和太阳能的发电受自然条件的影响较大，因此对其发电量的准确预测是实现可再生能源与传统能源协同发展的关键。现代的可再生能源预测技术通常结合气象预测模型和机器学习方法，通过对历史气象数据、风速、温度、湿度等进行分析，建立发电量与气象变量之间的关系。这种方法不仅提高了预测的准确性，还能够为电力系统的调度和资源配置提供科学依据，从而推动可再生能源的广泛应用。

智能电网集成了先进的信息技术和通信技术，能够实时监测和控制电力系统的运行状态。能源预测技术不仅需要处理大量的实时数据，还需要与其他系统进行协同。智能电网的能量管理系统通过集成需求响应、储能系统和可再生能源资源，实现对电力需求和供应的动态优化。通过实时预测和调度，智能电网能够有效降低峰值负荷，提高系统的运行效率。

国家和地区的能源政策、市场机制以及社会经济发展等，都在影响着能源预测的方向和内容。为了适应这些变化，能源预测技术需要不断创新，吸纳新的理论和方法，尤其是结合大数据分析、人工智能等前沿技术，推动能源预测的智能化和精准化。

二、协调控制

（一）优化能源生产调度

优化能源生产调度是能源路由技术协调控制中的核心环节之一，其目的在于通过科学的方法和先进的技术手段，实现能源资源的高效利用，确保能源供应的安全与稳定。随着全球能源结构的转型和可再生能源比例的不断提高，能源生产调度的复杂性和动态性显著增加。因此，优化能源生产调度不仅涉及传统能源的合理配置，还需综合考虑可再生能源的波动性、需求侧管理以及市场机制等多方面的因素。

在传统能源生产调度中，通常采用的是基于历史数据的经验模型，通过对电力需求的预测以及发电机组的运行特性进行分析，制定相应的调度计划。然而，这种方法在面对可再生能源发电的不确定性时，往往难以保证调度的灵活性和有效性。为此，优化能源生产调度需要引入先进的数据分析技术和智能化的决策支持系统，以实现对复杂能源系统的动态管理。

通过对历史用电数据、气象信息、经济指标等进行深度分析，我们可以构建精准的需求预测模型。这些模型可以采用时间序列分析、回归分析或机器学习等多种方法，从而根据不同的应用场景进行调整和优化。精准的需求预测能够为调度提供可靠的依据，确保在电力需求高峰时能够合理配置能源资源，避免因电力短缺而导致供应中断。

通过对太阳能、风能等可再生能源的发电潜力进行动态评估，调度系统可以实时调整能源生产计划，最大限度地利用清洁能源，降低对传统化石燃料的依赖。例如，在风速和光照条件有利时，调度系统可以优先调度风电和光伏电站的发电，而在这些条件不佳时，则可以通过调度燃气发电、火电等传统能源补充不足的电力供应。

能源生产是一个复杂的系统工程，涉及资源采集、转化、储存和输送等多个环节，而这些环节的高效协调需要精密调度和控制。通过优化能源生产调度，我们可以合理安排生产计划，降低能源生产过程中的能耗和成本，提高生产效率和经济效益。例如，通过实时监测和分析能源生产系统的运行状态，及时调整生产参数和工艺流程，降低能源生产的耗能和成本，提高能源生产的效率和利润。

（二）优化能源传输路径

优化能源传输路径是能源路由技术协调控制的核心组成部分之一，其重要性在于能够显著提高能源的传输效率，降低损耗，确保能源供应的稳定性与安全性。随着全球能源结构的转型和可再生能源比例的不断上升，传统的能源传输方式面临着越来越多的挑战，这些挑战包括传输路径的多样性、能源种类的复杂性以及外部环境的不确定性。因此，优化能源传输路径不仅需要对现有网络进行深度分析与评估，还需要借助先进的技术手段实现动态管理与控制。

在优化能源传输路径的过程中，我们首先需要对传输网络的整体架构进行详细分析。能源传输网络通常由多个节点和连接组成，其中节点代表着发电站、变电站、负荷中心等重要设施，而连接则表示能源在不同节点之间的流动通道。通过对网络结构的建模与分析，能够识别出传输路径中的瓶颈和潜在风险，从而为后续的优化提供数据支持。例如，在电力传输网络中，我们可以通过模拟不同负荷情况下的电流流动情况，识别出哪些线路存在过载风险，从而提前采取措施进行调整。

在传统的能源传输中，电力、天然气和热能等多种能源形式往往需要不同的传输网络和方式。在这一背景下，综合能源系统的构建显得尤为重要。建立一个能够同时处理多种能源的综合传输网络，可以实现不同能源之间的相互补充和协调，提高能源的利用效率。例如，在供热与供电的联合系统中，热电联产能够在满足供热需求的同时，实现电能的高效利用，进而优化整体的能源传输路径。

可再生能源的发电特性具有很大的不确定性和波动性，例如风能和太阳能的发电能力会受到气象条件的显著影响。为了有效应对这种不确定性，传输路径的优化需要实时监测和预测可再生能源的发电状况。通过建立完善的监测体系，结合气象预报和历史发电数据，我们能够对未来的发电能力进行合理预测，从而在规划传输路径时考虑到可再生能源的特性，实现动态调整。

储能系统能够在发电过剩时储存多余的能量，并在需求高峰期释放，从而有效平衡供需矛盾，优化能源传输路径。现代储能技术种类繁多，包括电池储能、抽水蓄能、压缩空气储能等。这些储能设备不仅能够提高能源的调度灵活性，还能减少对传统能源的依赖，推动可再生能源的利用。

第四节　温控负荷互动技术

一、温控负荷互动技术定义

温控负荷互动技术是一种基于智能化控制系统的能源管理方法，旨在实现能源供给与负荷需求之间的动态平衡，以提高能源利用效率、降低能源成本并减少对环境的不良影响。该技术基于先进的温控设备、智能控制系统、负荷响应机制等关键组成部分，通过数据分析、优化算法和通信技术等手段，实现对建筑物和设备的能源消耗进行智能化管理与调节。温控负荷互动技术不仅可以提高用户的舒适度和生活品质，还可以有效应对能源供给的波动，促进能源系统的可持续发展。

二、温控负荷互动技术主要组成部分

（一）温控设备

温控负荷互动技术是现代智能能源管理体系中不可或缺的重要组成部分，其主要目的是通过有效的温控设备，实现对能源的精确调配与高效利用，以满足不同环境和用户的需求。在这一技术框架中，温控设备作为核心构件，扮演着至关重要的角色。温控设备的种类繁多，涵盖了从简单的温度传感器到复杂的智能调控系统等多个层面，下面将详细探讨温控设备的主要类型、功能及其在温控负荷互动技术中的应用。

温控设备包括多种传感器、执行器和控制系统，其中温度传感器是基础组件之一。温度传感器负责实时监测环境的温度变化，通过物理或电子方式将温度信息转化为电信号，提供给后续的控制系统。常见的温度传感器类型包括热电偶、热敏电阻和红外温度传感器等。这些传感器的选用依据具体的应用场景和要求而定，精度、响应时间和耐用性等性能指标是选择时的重要参考因素。温度传感器通过采集室内外温度数据，为温控系统提供实时的环境信息，使其能够做出及时响应。

常见的执行器包括电动阀门、风扇、加热器、制冷机和空调等设备。执行器的工作原理是根据控制系统发送的指令，调整相应的设备状态，从而实现对环境温度的精确控制。例如，当温度传感器检测到环境温度超过设定阈值时，执行器可以自动启动空调系统，降低室内温度；反之，当温度低于设定值时，执行器则会启动加热设备，提高室内温度。这种智能化的调控方式使得温控负荷能够在不同时间段和环境条件下保持最佳状态，提高能源的利用效率。

控制系统是温控设备的"大脑"，其主要功能是对传感器获取的数据进行处理与分析，并根据预设的温控策略发出指令给执行器。控制系统通常采用先进的算法和模型，包括模糊逻辑控制、PID控制以及基于人工智能的自适应控制等。通过这些控制策略，系统能够根据实时数据动态调整温控参数，优化能源的使用。例如，在智能建筑中，控制系统不仅可以实现对单个房间的温控，还能够根据整个建筑的用能情况进行全局优化，调整各个房间的温度设定，最大限度地提升能源使用效率，降低能耗。

通过物联网技术，温控设备能够实现互联互通，形成一个高度集成的智能温控系统。在这种系统中，各类温控设备可以实时共享数据，进行协同工作。例如，当某一区域的温度传感器检测到温度异常时，该信息会立即传递给控制系统，控制系统基于整个网络的数据，迅速评估不同区域的温控需求，并对相关执行器下达调控指令。这种实时互动的能力极大地提升了温控的灵活性和应变能力，使得温控负荷能够动态适应环境变化，实现更高效的能源管理。

通过机器学习与数据挖掘技术，系统可以基于历史数据与实时信息，分析用户的温控习惯、环境变化规律等，优化温控策略。例如，通过分析用户在不同时间段的温控需求，系统能够预测用户的使用习惯，并提前调整设备状态，达到节能效果。同时，基于用户反馈的智能优化机制，系统能够不断改进控制策略，提高用户满意度。

在可再生能源发电比例逐渐上升的背景下，如何合理调配各类能源资源，优化能源使用效率成为一项重要任务。温控设备通过实时监测和调节，可以在可再生能源发电充足时，优先使用清洁能源，降低对传统化石能源的依赖。比如，在太阳能发电较为充足的白天，系统可以调整空调的运行策略，利用太阳能供电，降低用电成本，同时减少碳排放。

（二）智能控制系统

智能控制系统是温控负荷互动技术中的关键组成部分，其核心任务是通过精确控制策略和算法，对温控设备进行高效管理与调节，以实现对环境温度的优化控制。智能控制系统不仅负责数据的采集与处理，还通过与各类温控设备的交互，动态调整温度设置，从而有效满足用户的舒适需求，同时降低能源消耗。为了全面理解智能控制系统在温控负荷互动技术中的重要性，我们需从系统架构、功能、技术手段及其应用前景等方面进行深入探讨。

在系统架构方面，智能控制系统通常由多个层次构成，包括数据采集层、数据处理层、决策层和执行层。数据采集层主要负责获取环境信息，包括温度、湿度、空气流量等，通过传感器收集实时数据，形成系统的基本输入。数据处理层则对采集的数据进行预处理，去除噪声与干扰，以确保数据的准确性和可靠性。这一过程通常涉及信号处理技术，如滤波、去噪和数据整合等。决策层基于处理后的数据，运用先进的算法对环境变化进行分析，判断当前的温控需求，并生成相应的控制指令。执行层则是智能控制系统的最后一环，通过执行控制指令，调整温控设备的运行状态，确保环境温度达到设定标准。

现代控制理论提供了多种控制方法，例如经典的 PID 控制、自适应控制、模糊控制以及基于模型的预测控制等。PID 控制是一种常见的反馈控制策略，通过不断计算误差（设定值与实际值之差），实时调整控制输出，以达到快速稳定的温控效果。然而，对于复杂且动态变化的环境，单纯依靠 PID 控制可能无法满足高效能的要求。在这种情况下，自适应控制和模糊控制等先进算法能够根据实时环境条件和历史数据，自动调整控制参数，提高控制精度。

随着人工智能技术的发展，基于机器学习和深度学习的智能控制系统逐渐受到关注。这些系统通过分析大量历史数据，提取规律和特征，从而生成预测模型，实现对未来温度变化的预判和控制。例如，系统可以通过分析用户的使用习惯和环境条件，智能地预测用户在特定时间段内的温控需求，以最大限度地提高能源使用效率。这种基于数据驱动的控制方式，不仅提高了温控响应速度，也大幅度降低了能源浪费。

智能控制系统通常与物联网、云计算等技术紧密结合，通过互联网实现温控设备的互联互通。这一整合不仅提升了系统的可操作性和扩展性，还为远程监控和管理提供了便利。用户可以通过手机应用或计算机平台，实时查看环境状态，调整温控设置，甚至实现设备的远程控制。例如，用户可以根据实时天气变化或个人习惯，灵活调整室内温度，以达到最佳舒适度。

随着太阳能和风能等可再生能源的不断推广，智能控制系统可以实时监测可再生能源的发电状况，动态调整温控设备的运行策略。例如，在阳光充足的时段，系统可以优先使用太阳能进行空调和取暖，减少对传统能源的依赖。同时，智能控制系统还能协调不同能源的使用，优化能源配置，提高系统的整体效率。这种灵活的能源调度能力，对于降低能耗、减轻碳足迹具有重要意义。

为了提高用户的满意度，现代智能控制系统通常采用人性化的设计，提供直观易用的界面和个性化的设置选项。用户可以根据自身需求，设置不同的温控场景，比如"回家模式""外出模式"和"睡眠模式"等，以便于在不同时间段实现不同的温控策略。这种智能化的设计不仅提升了用户的参与感，也增强了系统的灵活性。

（三）负荷响应机制

负荷响应机制其核心在于利用智能化的控制系统和策略，引导和管理温控负荷设备的能耗行为，以适应电力系统的需求和市场条件。负荷响应机制通常包括负荷预测与调度、负荷控制与优化、响应激励与激励机制等方面。

负荷预测与调度是负荷响应机制的基础，它通过对负荷行为的历史数据分析和建模，以及对外部环境因素的监测和预测，实现对未来负荷需求的预测和调度安排。这一过程通常涉及对负荷特性、季节变化、天气条件、市场需求等因素的综合考量，以确保负荷响应的准确性和可靠性。预测结果将为后续的负荷控制和优化提供重要参考。

负荷控制与优化是负荷响应机制的核心环节，它通过智能控制系统的实时监测和调节，对温控负荷设备的能耗行为进行精确控制和优化调度。在负荷控制方面，系统通过控制设备的运行状态、调整能耗模式等手段，实现对负荷的主动调节和控制，以满足电力系统的需求和市场条件。在负荷优化方面，系统通过对负荷行为的分析和优化算法的运用，实现对负荷的经济性和能效性的优化，以降低能耗成本和提高能源利用效率。

响应激励与激励机制是负荷响应机制的关键支撑，它通过激励手段和机制，引导和促使用户和设备参与到负荷响应活动中。这一过程通常涉及各种激励政策、奖励机制、价格信号等手段的运用，以激发用户的参与性和积极性，提高负荷响应的效果和效率。例如，通过差价电价、能源补贴、节能奖励等方式，引导用户在高峰期减少能耗，在低谷期增加能耗，以实现电力系统的负荷平衡和经济运行。

(四) 通信技术

通信技术在温控负荷互动技术中扮演着至关重要的角色，它是各个组成部分之间实现信息交换和数据传输的关键环节。通信技术的应用涵盖了传感器与数据采集模块、智能控制系统、执行与调节单元以及用户界面与交互模块等各个方面，确保了系统的实时性、可靠性和高效性。

传感器通过各种通信技术，如有线通信、无线通信、物联网通信等，将采集到的数据传输至数据采集模块。这些通信技术的选择和应用，直接影响着数据采集的实时性和准确性。例如，无线传感器网络（WSN）可以实现对分布式传感器节点的实时监测和数据传输，适用于需要覆盖广泛区域的场景；而物联网（IoT）技术则可以实现对大规模传感器设备的远程监控和数据传输，适用于需要远程管理的场景。

智能控制系统需要实时接收传感器采集的数据，并将控制指令传输至执行与调节单元，以实现对温控负荷的精确控制和优化调度。因此，通信技术在智能控制系统中的应用涉及数据传输的速度、稳定性和安全性等方面的考量。常用的通信技术包括有线通信（如以太网、Modbus 等）和无线通信（如 Wi-Fi、蓝牙、Zig bee 等），用户可根据不同的场景和需求选择合适的通信方式。

执行与调节单元需要接收来自智能控制系统的控制指令，并实时调节和控制温控负荷设备的运行状态。因此，通信技术的稳定性和实时性对于执行与调节单元的正常运行至关重要。常用的通信技术包括有线通信（如以太网、RS485 等）

和无线通信（如蓝牙、Zig bee、LoRa 等），根据设备之间的距离、环境条件和通信要求选择合适的通信方式。

用户界面通过各种通信技术与智能控制系统进行通信，实现用户对系统的监控、操作和反馈。通信技术的稳定性和安全性直接影响着用户界面的使用体验和可靠性。常用的通信技术包括以太网、Wi-Fi、蓝牙等，根据用户设备的类型和接入方式选择合适的通信方式。

（五）数据分析与优化算法

随着传感器技术、物联网以及大数据分析技术的迅速发展，数据分析与优化算法在提升温控系统效率、降低能源消耗及增强用户体验等方面的作用愈加凸显。这一过程不仅涉及数据的收集与处理，还包括基于分析结果进行智能决策与优化控制，进而实现对环境温度的动态调节。在温控负荷互动技术中，数据分析的第一步是对大量的环境数据进行采集，这些数据包括室内外温度、湿度、空气质量、能源消耗等信息，通过各种传感器实时监测并上传至中央控制系统。传感器的选择和布置至关重要，合适的传感器不仅能提高数据的准确性和实时性，还能确保系统在多种环境条件下的适应性。数据的收集和存储通常依赖于云计算平台，这为后续的数据处理和分析提供了基础。

数据分析的核心在于对收集到的多维度数据进行深入挖掘与分析，在这一过程中，数据预处理是必不可少的环节，包括数据清洗、去噪、归一化等，以提高数据质量。数据清洗能够有效去除重复、错误或不完整的数据，保证分析结果的可靠性。此外，数据归一化有助于消除不同量纲对分析结果的影响，使不同特征的数据可以在同一尺度上进行比较和分析。

在数据处理完成后，我们须采用合适的分析技术对数据进行深入探讨，通常包括统计分析、模式识别和机器学习等方法。统计分析可以揭示数据之间的关系和趋势，为系统提供理论支持；而模式识别则通过分析历史数据，识别出用户的用能行为及环境变化规律，为温控策略的制定提供依据。机器学习则是在大数据时代应运而生的强大工具，通过构建预测模型，可以对未来的温度变化和用户需求进行预判。

未来，结合深度学习、强化学习等先进算法，温控系统将能够实现更加精准预测与控制。例如，系统可以通过深度学习模型，对历史温控数据进行深度挖掘，识别出潜在的用能模式，并根据实时数据调整温控策略，最大限度地降低能耗。这种基于深度学习的智能温控策略，将在提升系统效率、降低碳排放方面发挥重要作用。

三、温控负荷互动技术的作用

（一）降低能源成本

温控负荷互动技术通过智能化的温控策略和高效的能源管理方式，实现了能源使用的优化，从而显著减少用户的能源支出。在当前全球面临能源危机和环境污染的背景下，降低能源成本不仅对企业和家庭具有重要的经济意义，也对可持续发展和环境保护具有深远的影响。

传统的温控系统往往依赖固定的温度设定，无法根据环境变化和用户需求进行动态调整，导致能源的浪费。而温控负荷互动技术则采用先进的传感器和智能控制系统，实时监测环境温度、湿度、空气质量等多个参数，依据这些数据进行实时调节。通过智能算法，系统可以根据用户的实际需求和外界环境变化，灵活调整供暖、制冷和通风的强度，确保在满足舒适度的前提下，尽可能地减少能源的使用。例如，在夏季，智能空调可以根据房间内的人数和活动情况，自动调整冷却力度，从而避免不必要的能耗。

负荷管理是指通过调节和控制用户的能源需求，以实现对能源资源的合理利用。在高峰用电时段，电力供应通常紧张，价格也相对较高。而温控负荷互动技术可以通过与电网的互动，实时监测电力价格的变化，并在电价较低时自动调整能源使用。例如，智能家居系统可以在电价较低的夜间自动开启电热水器，提前加热水并储存，避免在高峰时段使用电力，从而降低用电成本。

随着可再生能源的快速发展，尤其是太阳能和风能的广泛应用，将这些波动性大的能源高效地融入温控系统中，成为降低能源成本的重要途径。温控负荷互动技术通过实时监测可再生能源的发电情况，将其与传统能源的使用进行协调。例如，智能控制系统可以在阳光充足的白天优先使用太阳能进行室内温控，减少对传统电网的依赖，从而有效降低能源成本。同时，这种灵活的能源调度方式还有助于平衡电网负荷，降低电网运行的压力，提高整体能源系统的稳定性。

温控负荷互动技术通过提供用户友好的界面，使得用户能够实时监控自己的能源使用情况，并根据个人需求进行灵活设置。这种透明度不仅提高了用户的节能意识，也鼓励用户积极参与到能源管理中来。例如，用户可以通过智能手机应用随时查看家庭的能耗数据，并根据不同的时间段调整温控设置，以达到最佳的节能效果。此外，系统还可以根据用户的用能习惯，自动生成个性化的节能建议，进一步帮助用户降低能源成本。

（二）提高能源利用效率

通过智能化的控制系统和策略，温控负荷互动技术可以实现对建筑、工业和交通等领域的温控负荷设备进行精确控制和优化调度，从而有效提高能源利用效率。智能控制系统可以根据温控负荷设备的运行特性和环境条件，调整设备的运行参数和能耗模式，以提高设备的运行效率和能源利用效率。例如，在空调系统中，系统可以根据室内外温度、湿度和人员活动等因素，智能调整空调的运行温度和风速，以实现节能降耗。此外，系统还可以根据生产工艺和设备运行状态，优化生产计划和能源消耗，提高生产效率和能源利用效率。

智能控制系统可以根据温控负荷设备的实时需求和能源供应情况，调整设备的运行时间和运行模式，以最大化能源利用效率。系统可以根据生产计划和能源供应情况，智能调整设备的运行时间和运行模式，以提高生产效率和能源利用效率。系统通过对大量采集到的数据进行深度分析和智能化处理，发现数据中的规律和趋势，并基于这些分析结果，设计和优化控制策略，实现对温控负荷的精确控制和优化调度，进而提高能源利用效率。例如，通过对历史数据的分析和建模，系统可以预测负荷需求的变化趋势和高峰时段，从而提前采取控制措施，避免高能耗峰值，优化能源利用效率。温控负荷互动技术通过优化设备运行参数和能耗模式、优化设备的运行时间和运行模式、提供数据分析和优化算法支持以及实现实时监测和反馈功能等方式，实现对能源利用效率的提高，为建筑、工业和交通等领域的能源管理和环境保护提供了重要支持。

（三）增强能源系统的稳定性和可靠性

在电力供应紧张或外部环境发生突发变化时，系统可以通过调整温控负荷设备的运行状态和能耗模式，实现对能源系统的调节和平衡，确保能源系统的稳定运行。温控负荷互动技术通过实时监测温控负荷设备的运行状态和能源消耗情况，并根据实时的能源价格、供需情况和系统运行状态来确保能源系统的可靠运行。例如，在能源供应中断或设备故障发生时，系统可以及时发出警报并采取措施，调整其他设备的运行状态和能源消耗，以保证能源系统的持续供应和可靠性。

第五节　车网互动技术

一、车网互动技术的内涵

（一）基本含义

车网互动技术是指在汽车领域中，利用网络和互联技术实现车辆之间、车辆与基础设施之间、车辆与用户之间的信息交互和数据通信。这项技术可以涵盖多个方面，包括车联网、智能交通系统、车载娱乐、车辆远程控制等。通过车网互动技术，车辆可以实现智能化、自动化的功能，提升行车安全性、舒适性和效率，同时为用户提供更便捷的车辆管理和使用体验。

（二）主要内容

1. 车联网

车联网（Internet of Vehicles，IoV）是指通过互联网技术将车辆、道路基础设施、网络服务及用户终端等进行全面连接与互动的系统。随着信息技术的快速发展，尤其是移动互联网、传感器技术、云计算和大数据的广泛应用，车联网作为智能交通系统的重要组成部分，正逐渐成为现代交通运输发展的重要趋势。车联网的基本理念在于通过实时数据的收集与分析，提高交通系统的运行效率、安全性和用户的出行体验度，从而推动智能交通的全面升级。

车联网的构建依赖于先进的通信技术，包括车与车之间的通信（V2V）、车与基础设施之间的通信（V2I）、车与云端之间的通信（V2C）等多种形式。这种多层次、多维度的连接模式，使得车辆可以实时获取周边环境信息，并进行动态决策，从而提高行车安全和交通效率。例如，在发生交通事故或突发事件时，车联网能够迅速将信息传递给周边车辆，提示驾驶员采取避让措施，减少二次事故的发生。同时，车联网还可以通过与交通信号灯的连接，实时调整车辆的行驶速度，优化通行效率，降低交通拥堵现象。

通过将车辆与各种传感器、摄像头、雷达等设备相结合，车联网能够采集到大量实时数据，并对这些数据进行分析与处理。这些数据包括道路状况、交通流量、天气变化等信息，能够为智能驾驶系统提供决策依据。例如，在城市道路中，智能驾驶系统可以通过分析前方交通信号灯的状态，判断何时加速或减速，以达到最佳的通行效果。此外，车联网还可以通过实时更新地图信息，帮助车辆进行动态导航，避免拥堵区域，从而节省行程时间。

2. 车载通信

车载通信是现代汽车智能化发展的重要组成部分，它将车辆内部与外部的信息进行实时传递与交流，主要通过各种通信技术实现。随着智能交通和自动驾驶技术的快速发展，车载通信不仅提升了车辆的安全性和可靠性，也为驾乘人员提供了更为丰富的驾驶体验。这一技术的核心在于通过车载通信系统，将车内各种设备、外部基础设施以及其他车辆进行有效连接和互动，从而实现信息的高效共享和实时传输。

车载通信系统的关键组成部分包括车载终端、传感器、通信模块和软件平台等。车载终端作为车辆与外部世界的接口，负责接收和发送信息。传感器则用于获取车辆的运行状态、环境信息等数据，确保信息的准确性与实时性。通信模块则是将传感器收集到的数据进行处理，并通过无线网络发送给其他车辆或基础设施。软件平台则负责信息的分析与处理，为驾驶决策提供支持。

二、车网互动模式

（一）车-桩-运营商

车网互动模式是在智能交通系统中，车辆、充电桩和运营商之间形成的一种紧密互动关系。这一模式的核心在于利用信息技术实现车辆与充电桩之间的有效连接，同时由运营商进行整体的协调与管理，以提供更为便捷高效的交通服务。

通过智能技术的应用，车辆能够实时获取充电桩的位置信息、工作状态和服务情况。这意味着在需要充电时，车辆可以迅速找到可用的充电桩并完成充电操作。这种信息交互显著提升了充电效率，减少了因寻找充电桩而浪费的时间和能源，同时也降低了充电桩的闲置率，提升了充电设施的使用效率。

在这一模式中，运营商负责建设和管理充电桩网络，包括充电桩的布局、维护和运营等工作。运营商需要利用信息技术监控和调度充电桩，及时发现并解决故障和异常情况，以确保充电设施的正常运转。同时，他们还需根据车辆的充电需求和充电桩的使用情况，合理调整充电桩的布局和数量，以满足不同地区和时间段的充电需求，从而提供更为高效的充电服务。

车载终端、充电桩终端和运营管理系统等信息化设备和系统，构成了车辆与充电桩之间有效互动的基础。这些技术手段使车辆能够实时获取充电桩的信息，选择最佳充电方案；充电桩能够监测充电情况并及时反馈给运营商和车辆；运营商则可以通过管理系统对充电桩进行监控与调度，提升充电设施的利用效率。因此，信息技术的发展与应用是实现车网互动模式的关键。

（二）交互模式

车网互动模式是一种交通系统中的创新模式，旨在通过车辆、交通基础设施和相关服务提供商之间的紧密互动，实现更高效、更便捷的交通管理和服务。车辆通过内置的智能系统与交通基础设施实现实时通讯，从而获取交通信息、规划路线和获取服务。交通基础设施则通过各种传感器和信息系统实时监控路况、车流等信息，并为车辆提供支持和服务。同时，相关服务提供商如充电服务商、车辆共享平台等也通过与车辆和交通基础设施的互动，提供更加个性化、便捷的服务，从而实现交通系统的智能化和优化。这种交互模式将车辆、交通基础设施和相关服务提供商紧密联系起来，为用户提供了更加便捷、高效的出行体验，同时也为交通管理和服务提供了更多的数据和支持，有助于提升交通系统的整体运行效率和服务质量。

（三）车-桩-运营商-电网交互模式

车网互动模式的进一步发展呈现出了更加综合、互联的形态，其中车辆、充电桩、运营商和电网之间的交互被纳入了更广泛的范畴。这一模式的实现旨在通过整合车辆充电需求、充电桩布局和运营管理以及电网能源调度等方面的信息，实现更加高效、智能的电动车充电服务。在这一交互模式中，车辆通过内置的智能系统与充电桩和运营商进行实时通讯来获取充电桩的位置、状态和服务信息，从而选择最优的充电方案；充电桩则通过与运营商和电网的连接，实时监测充电情况、调整充电策略，以及接收电网调度指令，确保充电设施的稳定运行和电网负荷平衡；而运营商则负责对充电桩进行整体管理和调度，根据车辆需求和电网情况合理安排充电资源，提供优质的充电服务；电网则通过与运营商和充电桩的连接，实时获取充电需求信息，调整能源供应计划，保障电网运行的安全稳定。这种车-桩-运营商-电网交互模式的实现，不仅能够提高电动车充电的效率和便捷性，还能够优化电网资源利用，降低能源消耗和排放，推动能源转型和智能交通的发展。

第六节 生产流程互动技术

一、生产流程互动技术的基本内容

生产流程互动技术是现代制造业和工业生产中一项关键的技术手段，其核心在于通过信息和数据的实时交换与互动，实现生产各环节之间的高效协作。这种技术不仅可以提升生产效率，还能有效降低资源浪费，提高产品质量，从而满足日益复杂的市场需求和客户期望。

在生产流程互动技术中，各个生产环节被视为一个互相连接的网络，这个网络不仅包括传统的机械和设备，还涵盖了信息系统、传感器、执行器和人机交互界面等多个要素。这种多元化的互动体系使得生产流程中的每一个环节都能够实现信息的实时传递与反馈，进而优化整体生产效率。

通过集成先进的信息技术和通信技术，企业能够构建起高度互联的生产环境。在这个环境中，设备、人员和系统可以通过网络实时共享数据，形成一个透明的生产过程。例如，生产设备配备的传感器可以实时监测设备的运行状态、生产进度和产品质量，并将这些信息传输到中央控制系统。与此同时，控制系统能够对接收到的数据进行分析，及时调整生产参数，以实现最佳的生产效率和产品质量。

在现代生产环境中，工人和自动化设备之间的互动是提高生产效率的关键。通过引入人机交互技术，企业可以实现人机之间的信息共享与实时反馈，使得工人在操作设备时能够获得更为精准的指导和支持。通过提供直观的界面和可视化的信息，工人能够更快速地掌握生产流程，减少操作失误，提高工作效率。这种人机协作的模式，不仅能够提升生产效率，还能增强工人的工作满意度和安全性。

二、生产流程互动技术的作用

（一）提高生产效率

生产流程互动技术在现代制造业中具有显著的作用，尤其在提高生产效率方面，表现得尤为突出。通过实时的信息交换、数据分析与设备互联，这种技术为企业在生产过程中提供了全方位的支持和优化。

传统的生产模式往往由于信息滞后导致设备闲置和人力资源的浪费。而通过应用生产流程互动技术，设备和生产环节之间可以进行实时的数据传递，从而迅速识别出生产中的瓶颈环节。比如，当某一台机器出现故障或生产速度降低时，系统可以立刻发送警报，并自动调整其他环节的生产进度，以保持整体生产线的协调运转。这种快速反应机制显著缩短了设备的停机时间，提高了整体生产效率。

通过精准的数据分析，企业能够对原材料、能源和人力资源进行更科学的配置和调度。这种技术能够实时监控原材料的库存情况和使用状态，及时调整生产计划，避免因原材料短缺而造成的停产。比如，在生产过程中，系统可以根据实时的生产数据预测未来几小时内所需的原材料量，从而提前安排采购和配送。这种预见性不仅提升了生产的连续性，也降低了库存成本。

市场需求的快速变化要求企业具备快速调整生产能力的能力，而生产流程互动技术正是实现这一目标的关键工具。通过信息系统的集成，企业能够迅速响应市场变化，调整生产计划和生产线布局。例如，当某种产品的市场需求激增时，生产系统可以自动优化生产资源的分配，将更多的设备和人力资源调配到该产品的生产线上。这种灵活的应对能力，使得企业能够更好地适应市场变化，在竞争中占据有利地位。

（二）优化资源利用

生产流程互动技术通过信息化和智能化的手段，使企业能够以更高效和经济的方式配置和使用生产资源，确保资源在整个生产过程中的合理流动与最佳利用。

传统的生产管理往往依赖于静态数据和历史记录，导致用户对资源的实时状态无法及时把握，进而影响到生产的效率和资源的使用。生产流程互动技术则通过传感器、物联网设备和数据分析系统，实时收集并反馈生产设备、原材料和人力资源的状态信息。这种实时的反馈机制，使得企业能够及时发现资源的短缺或过剩，从而进行动态调整。例如，企业可以通过数据分析判断某一生产环节的资源消耗情况，若发现某一环节资源使用过多或过少，可以立即进行调整，以确保整体生产的平衡。

在传统的生产模式中，资源配置常常是根据经验和固定的计划进行，容易导致资源浪费或短缺。而通过运用先进的算法和智能调度系统，生产流程互动技术能够根据实时数据进行科学决策，从而实现资源的最优化配置。这种智能化的资源配置能够根据生产任务的变化，动态调整设备的工作负载，优化生产线的布局。例如，当某个产品的市场需求增加时，系统可以自动调整生产线的资源分配，将更多的机器和人员调配到该产品的生产上，以满足市场需求，从而避免资源的浪费。

能源是一个关键的资源，其高效利用直接影响到生产成本和企业的环保责任。通过实时监测和分析能源的消耗情况，企业能够识别出能源使用的高峰时段和低效环节，从而采取相应的措施进行优化。比如，企业可以根据实时的能源使用数据，调整设备的运行时间，避免在高峰时段进行大规模的生产，进而降低能源成本。此外，企业还可以通过数据分析，识别出高能耗的设备和生产环节，进行设备升级或工艺改进，以实现更高的能效。

通过信息技术的应用，企业能够更好地与供应商、分销商以及其他相关方进行信息共享与互动。例如，企业可以通过与供应商的信息对接，实时了解原材料的库存和供应情况，确保资源的持续供应。同时，企业还可以利用外部资源，如共享生产设施和物流服务，以减少自有资源的压力，实现资源的共享与互补。这种内外部资源的协同利用，不仅提高了资源的整体效率，还增强了企业的市场竞争力。

（三）促进供应链协同

生产流程互动技术在现代制造业中为企业在复杂多变的市场环境中提供了高效、灵活的运营机制。通过实时信息共享与智能化管理，这一技术不仅优化了企业内部的生产流程，也有效提升了与供应链上下游各方的协同作业效率，实现整体供应链的协调发展。

传统的供应链管理常常面临信息滞后、沟通不畅的问题，导致上下游企业在资源调配、生产计划等方面存在信息孤岛。通过应用生产流程互动技术，各个环节的信息能够在网络中实现实时传递。这种透明的信息流动，使得供应链各方能够及时获取关于生产进度、库存状态和市场需求的最新数据，从而做出更为准确的决策。例如，供应商可以实时了解到生产企业的原材料需求变化，确保供应的及时性与有效性。这样一来，信息透明化不仅提高了供应链各环节的响应速度，也促进了资源的合理配置。

通过大数据分析与智能算法，企业能够从复杂的数据中提取有价值的信息，为决策提供依据。在供应链中，决策的及时性和准确性至关重要，尤其在面对快速变化的市场需求时，生产企业需要根据实时数据快速调整生产计划。通过整合供应链中的各类数据，生产流程互动技术能够生成实时的需求预测与资源调度方案，帮助企业做出科学的决策，降低因市场波动带来的风险。这种基于数据驱动的决策过程，显著提升了供应链的灵活性与反应速度。

供应链的各个环节相互依赖，任何一环的延误都可能导致整体效率的下降。通过生产流程互动技术，企业能够实现与供应链各方的紧密协作。以制造企业为例，通过与物流公司和供应商的数据共享，企业可以更好地管理库存，及时补充原材料，降低库存成本。同时，物流公司能够根据实时的生产进度调整配送计划，确保产品及时送达。这种全链条的协同，不仅提高了供应链的整体效率，也降低了各环节的成本，为企业创造了更大的价值。

通过建立基于云平台的信息管理系统，企业能够对整个供应链进行实时监控与管理。供应链的可视化使得管理者能够直观地看到生产、库存、运输等各个环节的运行状态，快速发现问题并进行调整。例如，当某一环节出现瓶颈或延误时，管理者可以立刻采取措施进行干预，确保整个供应链的顺畅运作。这种可视化管理不仅提高了反应速度，还增强了供应链各方对整体运作的理解与参与度，促进了协同作业的有效性。

　　在当今的商业环境中，供应链面临着多种潜在风险，包括市场需求波动、原材料价格上涨、自然灾害等。生产流程互动技术通过实时数据监测与分析，能够帮助企业识别潜在风险，提前采取预防措施。例如，当市场需求出现异常波动时，系统可以自动分析历史数据，预测对供应链的影响，并为管理者提供相应的应对建议。这样，企业不仅能有效降低风险带来的损失，还能在竞争中保持优势。

第五章 企业园区能源数智化实施

第一节 企业园区能源数智化规划

一、能源数据调研与采集

企业园区能源数智化规划的实施是为了提高能源利用效率、降低能源成本、减少对环境的影响，从而推动企业可持续发展。其中，能源数据采集是实施该规划的基础和重要环节。通过科学、系统地采集能源数据，能源数智化规划可以为企业园区提供全面、准确的能源消耗信息，为后续的能源管理决策提供有力支撑。

企业园区作为一个能源密集型的集聚地，其能源使用情况复杂多样，包括电力、天然气、水等多种能源形式。能源数据采集的目的在于全面了解园区内各类能源的使用情况，从而为后续的能源管理、优化和决策提供可靠的数据支持。为了实现能源数据的全面采集，我们需要考虑以下几个方面：

能源数据采集的范围涵盖了园区内各个能源消耗节点，包括但不限于电力、水、气等多种能源形式。在企业园区内部署各类传感器和监测设备，用于实时监测和采集园区内各种能源的使用数据。这些传感器和监测设备可以包括智能电表、水表、气表、温湿度传感器、能耗监测仪等，覆盖园区内各个关键点位和能源设备。针对不同类型的能源消耗设备，我们需要选择合适的数据采集方式和传感器设备，以确保采集的数据准确可靠。例如，对于电力消耗，可以使用智能电表、电能监测系统等设备进行数据采集；对于水资源的消耗，我们可以通过流量计、水表等设备实现数据的采集；对于气体消耗，我们则可以使用气体流量计等设备进行监测。通过这些设备的联网和数据采集，企业便可以实现对园区能源消耗的实时监测和数据记录。

能源数据采集需要结合现代信息技术手段，实现数据的自动化采集、传输和处理。企业可以利用物联网技术、云计算平台等先进技术手段，实现对能源数据的实时监测和远程管理。通过物联网技术，企业将各个能源消耗设备连接到统一的数据平台上，实现数据的自动采集和传输；通过云计算平台，企业对采集到的数据进行实时处理和分析，提取出有价值的能源管理信息，为企业的能源管理决策提供科学依据。同时，结合人工智能和大数据分析技术，企业可以实现对能源数据的深度挖掘和分析，发现能源消耗的规律和潜在的节能优化空间，为企业提供更精细化、个性化的能源管理方案。

能源数据采集还需要考虑数据的安全性和隐私保护。企业园区的能源数据涉及企业的核心利益和敏感信息，必须采取有效的安全措施确保数据的保密性和完整性。企业可以通过加密传输技术、权限控制机制等手段，保障能源数据的安全传输和存储，防止数据泄露和篡改。同时，企业需要建立健全的数据管理制度和规范，明确数据的使用权限和范围，保护数据主体的隐私权益，促进数据的合法、规范使用。

能源数据采集是企业园区能源数智化规划的重要组成部分，对于实现园区能源管理的科学化、智能化具有重要意义。通过科学、系统地采集能源数据，我们可以为企业提供准确、及时的能源消耗信息，为企业的能源管理决策提供有力支撑，推动企业实现可持续发展。同时，我们需要充分考虑数据安全和隐私保护等问题，确保能源数据的安全传输和合法使用。

二、能源数据分析与建模

在企业园区能源数智化规划中，能源数据分析与建模是至关重要的环节，它旨在通过对采集到的大量能源数据进行深度分析和建模，揭示能源消耗的规律性，发现潜在的节能优化空间，为企业的能源管理决策提供科学依据和精准指导。通过合理的分析方法和建模技术，我们可以实现对企业园区能源消耗行为的深入理解，发现潜在的节能潜力，提高能源利用效率，降低能源成本，推动企业的可持续发展。

能源数据分析与建模需要建立合适的数据分析模型和算法。针对不同类型的能源数据，我们可以采用多元统计分析、时间序列分析、机器学习等方法进行建模分析。例如，对于能源消耗数据的时序特征，我们可以利用时间序列分析方法对其进行趋势分析、周期性分析等，揭示能源消耗的变化规律；对于不同能源之间的关联关系，我们可以采用多元统计分析方法进行相关性分析、因素分析等，探索各个能源之间的影响因素和作用机制；对于能源消耗行为的预测和优化，我们可以应用机器学习算法建立预测模型和优化模型，实现对能源消耗的预测和优化。

能源数据分析与建模需要结合企业园区的实际情况和需求，针对性地进行分析和建模。在进行能源数据分析与建模之前，我们需要对企业园区的能源系统进行深入调研和分析，了解园区的能源消耗结构、能源消耗行为以及存在的问题和挑战。同时，我们还需要考虑企业园区的生产运营特点、能源政策法规等因素，充分考虑企业园区的实际情况和需求，确定合适的分析方法和建模技术，确保分析结果和建模效果符合实际情况和管理需求。

能源数据分析与建模还需要考虑数据的质量和可靠性。企业园区的能源数据可能受到多种因素的影响，如数据采集设备的故障、数据传输的干扰、数据处理的误差等，产生数据的质量和可靠性等问题。因此，在进行能源数据分析与建模之前，我们需要对采集到的能源数据进行质量检验和清洗，排除异常数据和噪声数据，确保数据的准确性和可靠性。同时，我们还需要建立健全的数据管理制度和规范，加强数据的监测和验证，提高数据的质量和可信度，为能源数据分析与建模提供可靠的数据支撑。

三、能源优化方案设计

企业园区能源数智化规划的能源优化方案设计是为了通过科学、智能的手段，最大限度地提高能源利用效率，降低能源消耗成本，减少对环境的影响，从而推动企业的可持续发展。该方案设计将综合考虑园区内的能源结构、能源消耗特点以及企业的生产运营需求，采用多种技术手段和管理措施，实现对能源的优化配置、精细管理和智能控制。

能源优化方案设计将重点关注园区内各个能源消耗节点的能源利用效率和能源消耗成本。通过对园区能源系统进行全面、深入的分析，确定能源消耗的主要来源和影响因素，发现能源消耗的不合理现象和潜在的节能优化空间。针对不同类型的能源消耗设备，企业将采用合适的节能技术和管理措施，优化能源配置，提高能源利用效率，降低能源消耗成本。例如，企业可以对能源设备进行技术改造，提高设备的能效水平；优化生产流程和能源管理制度，减少能源的浪费和损耗；采用智能控制系统，实现对能源设备的智能监测和优化调度。

能源优化方案设计将充分利用信息技术手段，实现能源消耗的实时监测和精细管理。通过建立能源监测平台和数据分析系统，企业可以实现对园区能源消耗数据的实时采集、存储和分析，监测能源消耗的动态变化，发现能源消耗的异常情况和问题，及时采取措施加以调整和优化。同时，通过建立能源管理信息系统，企业可以实现对能源消耗数据的管理和分析，为管理人员提供准确、全面的能源管理信息，帮助其制定科学的能源管理策略。

能源优化方案设计还将注重能源管理人员的培训和技术支持。通过开展能源管理培训和技术交流活动，提高能源管理人员的专业水平和技术能力，增强其对能源优化工作的认识和理解，促进能源管理工作的顺利开展。同时，企业还将加强对能源优化技术和管理方法的研究和推广，不断引入新技术、新方法，提高园区能源管理水平和能源利用效率。

能源优化方案设计将综合考虑园区的发展需求和环境保护要求，实现经济效益、社会效益和环境效益的统一。在推动能源优化的同时，企业还将注重环境保护和可持续发展，采取有效措施减少能源消耗对环境的影响，提高园区的生态环境质量，促进企业的可持续发展。例如，企业可以采用清洁能源替代传统能源，减少碳排放和污染物排放；加强能源管理和监督，减少能源浪费和损耗，推动园区能源消耗的可持续发展。

通过综合利用技术手段和管理措施，企业可以实现能源消耗的优化配置、精细管理和智能控制，最大限度地提高能源利用效率，降低能源成本，促进企业的可持续发展。同时，企业还需要充分考虑环境保护和社会责任，实现经济效益、社会效益和环境效益的统一，推动企业走向可持续发展的道路。

四、智能控制系统建设

(一) 智能控制系统建设概述

在企业园区能源数智化规划中，智能控制系统的建设是实现能源管理智能化、精细化的重要举措。该系统的建设旨在通过先进的传感器技术、智能控制算法和信息通信技术，实现对园区能源设备的智能监测、控制和优化，提高能源利用效率，降低能源成本，推动企业的可持续发展。

智能控制系统的建设需要基于先进的传感器技术，实现对园区能源设备的实时监测和数据采集。通过安装各种类型的传感器设备，如温度传感器、湿度传感器、压力传感器等，企业可以实现对园区内各个能源设备的实时监测和数据采集。这些传感器设备将采集到的数据传输至智能控制系统，为后续的能源控制和优化提供数据支撑。智能控制系统的建设需要借助先进的信息通信技术，实现对园区能源设备的远程监控和控制。通过建立稳定可靠的网络通信系统，企业可以实现对园区能源设备的远程监控和控制，实现对能源设备的远程开关、调节和优化。这样，即使管理人员不在现场，也能实现对园区能源设备的实时监控，提高管理效率和响应速度。智能控制系统的建设需要应用先进的智能控制算法，实现对园区能源设备的智能优化和调度。我们通过利用人工智能、大数据分析等技术手段，对采集到的能源数据进行深度分析和建模，揭示能源消耗的规律性和潜在的优化空间，从而实现对能源设备的智能控制和优化调度。例如，我们可以根据实时能源数据和需求预测，自动调节设备运行参数，实现对能源消耗的动态优化，最大程度地提高能源利用效率，降低能源成本。为了保证系统的稳定运行和数据的安全传输，企业需要采用可靠的硬件设备和安全的通信协议，加强系统的安全防护和监控措施，防止系统受到恶意攻击和破坏。同时，企业还需要考虑系统的可扩展性，随着园区规模的扩大和能源管理需求的增加，系统能够方便地进行扩展和升级，满足企业的发展需求。

通过先进的传感器技术、信息通信技术和智能控制算法，企业可以实现对园区能源设备的智能监测、控制和优化，提高能源利用效率，降低能源成本，推动企业的可持续发展。同时，企业需要充分考虑系统的可靠性、安全性和可扩展性，确保系统能够稳定运行和满足企业的管理需求。

(二) 建设原则

以无锡隆盛新能源科技有限公司为例，该公司 E-Smart 系统将各主要能源消耗数据适度集中到数据采集与存储服务器，结合企业管理要求，建立统一的综合能源管理平台系统，同步接入新能源微网设施，实现企业能源信息的集中管理与分析等信息共享，打造隆盛集团企业能源管理的标准示范标杆。

该系统具有良好的开放性与可扩充性的能力。系统设计原则如下：

(1) 整体性、扩展性：正确规划企业所需要的应用系统，确定各应用系统之间的界限，重点关注在不同阶段实施的应用系统之间的衔接关系。信息系统关系到企业生产经营的方方面面，它们共同构成一个有机的整体，因此在制定总体规划时，我们应考虑各个部门对信息系统的需求。随着信息技术的发展、企业内外部环境的变化，总体规划需要相应调整。这要求总体规划具备较好的扩展性，我们可以根据需要增加或减少子系统而对整体不会产生负面影响；

（2）先进性、成熟性：系统能够完全满足企业生产的能源管理平台要求，系统在技术上都能保持国内外领先水平，所选系统采用技术先进、在国内外具有代表性的主流品牌，并在实际运行过程中被证明是有效的，在国内外有较多的成功案例。并具有良好的扩充性与互通性；

（3）前瞻性、开放性：系统在总体结构、设备选型上，都遵循开放性的原则，便于今后的扩展和新技术的应用。系统具有良好的与其他第三方软件与硬件系统与控制设备的衔接能力，能够方便地实现网络之间数据的通信交换。

（4）稳定性：符合信息安全建设规范，充分利用公司整体产销网络信息安全设施的基础条件，设计中要考虑适当的冗余措施，我们对系统的开发具有详细严格的测试流程。同时在硬件设备上我们将采用质量有保障的产品。软件采用工业级的组态软件与专业的数据采集软件，硬件采用有线带屏蔽的通信方式，数据更新时间达到秒级，保证数据传送的实时性。

（5）可操作性：先进且易于使用的图形人机界面功能，可以提供良好的信息共享与交流图形界面、信息资源查询、检索和分析等有效工具。

（6）完整性：包括功能的完整性、接口的完整性、信息的完整性。能效管理中心信息系统作为独立运作的系统，应确保系统在运行管理、系统维护等方面具有完备的综合能力。

（7）可查询性：应用系统将提供完善的数据归档和记录能力，确保运行及管理人员在授权下应用数据和信息的便利，并提供使用者对相关信息的操作和管理的功能。

（8）安全性：采用多层结构的访问机制，数据库层只接受业务逻辑层的访问，任何用户都不可能直接访问数据库，系统的任何用户都必须经过密码验证才能访问系统，从而保证了数据的安全性。

五、建立能源监测平台

建立能源监测平台是企业园区能源数智化规划中至关重要的一步，它是将采集到的各类能源数据进行整合、分析和可视化展示的平台，为园区能源管理、优化和决策提供全面的数据支持和参考。

建立能源监测平台需要考虑平台的整体架构和功能设计。平台的架构应该是一个分层次、模块化的系统，包括数据采集模块、数据存储模块、数据处理和分析模块、可视化展示模块等。同时，平台需要具备多样化的功能，包括实时监测能源数据、历史数据查询分析、异常预警和报警、能源消耗统计和分析等，以满足不同用户的需求。

建立能源监测平台需要整合和统一各类能源数据。园区内可能存在多个数据源和数据格式，包括电力数据、水汽数据、温湿度数据等，这些数据需要统一格式和标准，通过数据接口或协议进行集成和整合，以实现对园区能源数据的统一监测和管理。

建立能源监测平台需要整合各类监测设备和传感器，覆盖企业园区内各个能源消耗节点。通过安装电力监测仪、水表、气表等传感器设备，实现对电、水、气等能源消耗数据的实时监测和采集，将这些数据集中存储于能源监测平台中。同时，企业还可以整合其他环境监测设备，如温度传感器、湿度传感器等，实现对环境参数的监测和数据采集，为能源管理决策提供更全面的信息支持。

建立能源监测平台还需要设计灵活、用户友好的界面和功能，满足不同用户的需求。监测平台应该具备可定制化的功能，能够根据用户的角色和权限，提供不同级别的数据展示和分析功能。对于高层管理人员，企业可以提供能源消耗的整体情况和趋势分析；对于运营管理人员，企业可以提供具体能源设备的实时状态和运行参数；对于技术人员，企业可以提供更深入的数据分析和故障诊断功能。同时，监测平台还应该具备跨平台、跨设备的兼容性，支持在不同终端设备上的访问和使用，如PC、平板、手机等，方便用户随时随地获取能源数据和进行管理决策。

建立能源监测平台需要注重数据的安全性和隐私保护。能源数据涉及企业的核心利益和敏感信息，企业必须采取严格的安全措施确保数据的保密性和完整性。企业可以采用加密传输技术、权限控制机制等手段，保障能源数据的安全传输和存储，防止数据泄露和篡改。同时，企业还需要建立健全的数据管理制度和规范，明确数据的使用权限和范围，保护数据主体的隐私权益，促进数据的合法、规范使用。

通过整合监测设备、借助先进的信息技术手段，企业可以实现对能源数据的实时监测、存储和分析，为能源管理决策提供准确、及时的信息支持。同时，需要设计灵活、用户友好的界面和功能，注重数据的安全性和隐私保护，确保能源监测平台能够满足企业的管理需求，并为企业的可持续发展提供有力支撑。

六、建立完善的能源管理体系

建立完善的能源管理体系是企业园区能源数智化规划的核心内容之一，旨在通过科学的管理机制和规范的操作流程，实现对能源的全面管理、监督和优化，推动园区能源消耗的合理化、精细化和智能化。该管理体系将涵盖能源管理的各个环节，包括能源规划、能源采购、能源消耗监测与分析、能源节约与优化等，通过建立科学的管理制度和规范的操作流程，实现能源管理的系统化、规范化和持续改进。

建立完善的能源管理体系需要进行能源规划，制定长期、中期和短期的能源发展规划和管理目标。通过对园区能源需求和资源进行充分调研和分析，我们可以确定能源消耗的趋势和发展方向，制定相应的能源管理策略和措施，明确能源管理的发展目标和路径。同时，我们还需要结合企业的生产运营情况和市场需求，合理规划能源供应结构和消耗结构，确保能源管理的科学性和可行性。

建立完善的能源管理体系需要建立规范的能源采购制度和流程，企业可以确保能源供应的安全和稳定。通过建立供应商评价和选择机制，确定合适的能源供应商和采购渠道，保障能源供应的质量和价格合理性。同时，企业还需要建立能源采购合同管理和履约监督机制，加强对能源采购过程的监督和管理，确保能源采购的合规性和合法性。

建立完善的能源管理体系需要建立健全的能源消耗监测与分析机制，实现对园区能源消耗的实时监测、数据分析和预警管理。通过建立能源监测平台和数据分析系统，实现对能源消耗数据的实时采集、存储和分析，监测能源消耗的动态变化，发现能源消耗的异常情况和问题，及时采取措施加以调整和优化。同时，企业还需要建立能源消耗数据的统计分析和评估体系，对能源消耗情况进行定期评估和分析，发现潜在的节能优化空间，提出改进措施和建议，推动能源消耗的合理化和优化。

建立完善的能源管理体系还需要加强对能源节约与优化工作的组织和领导，确保能源管理工作的顺利开展和持续改进。通过建立能源管理组织和工作机制，明确各级管理部门和责任人员的职责和权限，加强对能源管理工作的组织和领导，推动能源管理工作的深入开展。同时，企业还需要加强对能源管理人员的培训和技术支持，提高其对能源管理工作的认识和理解，提升其技术水平和管理能力，推动能源管理工作的不断创新和进步。

通过建立规范的管理制度和流程，实现对能源的全面管理、监督和优化，推动园区能源消耗的合理化、精细化和智能化发展，促进企业的可持续发展。同时，还需要加强对能源管理工作的组织和领导，加强对能源管理人员的培训和技术支持，推动能源管理工作的不断创新和进步。

第二节 企业园区能源数智化设计

一、能源需求分析

在企业园区能源数智化设计中，能源需求分析是一个重要的环节。在进行能源需求分析时，我们需要从多个角度出发，综合考虑各种因素，以确保设计方案的科学性和可行性。

数据的收集和整合是能源需求分析的基础。通过利用现代化的技术手段，如智能传感器、监控系统等，企业可以实时获取园区内各种能源的使用数据，包括电力、燃气、水等。同时，企业也可以借助历史记录和现有系统，整合以往的能源使用数据，从而形成一个全面而准确的数据基础。这些数据的准确性和完整性对于后续的分析和决策至关重要。

能源消耗模式分析是能源需求分析的重要内容之一。通过对历史能源消耗数据的分析，企业可以了解园区内不同区域、不同时间段的能源消耗模式。这有助于我们发现能源使用的高峰时段、高耗能设备或区域，为后续的优化提供依据。例如，可能会发现某些生产设备在特定时间段消耗能源较多，或者某些办公区域的能源使用效率较低，这些都可以成为优化的对象。

基于历史数据和园区未来发展规划，企业可以利用数学模型和统计方法预测未来能源需求。这需要考虑到园区规模扩张、产业结构调整等因素以及可能的节能政策、技术创新等外部影响。通过科学的预测，我们可以为园区的能源规划和管理提供科学的依据，使其更加符合实际需求。

评估园区内能源利用的效率，包括设备的能效、系统的运行效率等。通过分析能源利用的现状，企业可以确定改善空间和重点优化对象。例如，我们可能会发现某些设备的能效较低，或者某些系统存在能源浪费的问题，通过改进这些方面，可以实现能源利用效率的提升。

除了从供给端进行能源优化外，需求侧管理也是重要的一环。调整园区内各类设备的使用模式、优化生产流程等方式，可以降低能源消耗，提高能源利用效率。例如，可以通过调整生产计划，合理安排设备运行时间，企业可以避免能源浪费，提高生产效率。

在进行能源需求分析时，我们需要考虑环境因素对能源需求的影响。比如，气候变化可能导致季节性能源需求变化，环境保护政策可能对园区能源结构产生影响等。因此，在进行能源需求分析时，我们需要充分考虑这些因素，以确保设计方案的科学性和可行性。

二、设计合适的数据采集系统

设计合适的数据采集系统对于企业园区能源数智化设计至关重要。在设计数据采集系统时，我们需要重点考虑系统的可扩展性、稳定性、可靠性、安全性、智能化和自动化等因素，以确保系统能够有效地采集、处理和利用园区的能源数据，为能源管理和优化提供有效的支持和保障。

系统的可扩展性和灵活性是设计数据采集系统时需要重点考虑的因素之一。园区的能源使用情况可能随着时间的推移和业务的发展而发生变化，因此，数据采集系统需要具有一定的可扩展性，能够随时添加新的数据采集点和传感器，以满足不断变化的需求。同时，系统还应具备一定的灵活性，能够适应不同类型的数据源和数据格式，确保能够有效地收集和整合各种数据。

园区的能源数据对于能源管理和优化至关重要，因此，数据采集系统必须具备高度的稳定性和可靠性，确保系统能够持续稳定地运行并及时准确地采集数据。为了保证系统的稳定性和可靠性，我们可以采用冗余设计和备份机制，确保在发生故障或意外情况时能够及时恢复数据采集功能。

园区的能源数据可能涉及企业的核心竞争力和商业机密，因此，数据采集系统必须具备高度的安全性，确保系统能够有效地防止未经授权的访问和恶意攻击。为了保证数据的安全性，可以采用加密传输和访问控制等技术手段，限制对数据的访问和修改权限，并定期对系统进行安全审计和漏洞修复。

随着人工智能和大数据技术的发展，数据采集系统可以利用这些先进技术实现数据的智能化分析和处理，从而提高数据的利用价值和效率。例如，我们可以采用机器学习算法对采集的数据进行分析和预测，发现隐藏在数据背后的规律和趋势，为能源管理和优化提供更深入的洞察和建议。同时，我们还可以借助自动化技术实现数据采集和处理的自动化，减少人力成本和错误率，提高数据采集系统的效率和可靠性。

三、建立数据存储和管理系统

建立数据存储和管理系统是企业园区能源数智化设计中至关重要的一环。从建立数据存储和管理系统的角度来看，我们需要考虑以下几个方面：

数据存储和管理系统的设计应当注重数据的安全性和可靠性。园区的能源数据可能包含大量的敏感信息，如能源使用情况、能源费用等，因此，数据存储和管理系统必须具备高度的安全性，确保能够有效地阻止未经授权的访问和恶意攻击。为了保证数据的安全性，我们可以采用加密存储和访问控制等技术手段，限制对数据的访问权限，并定期对系统进行安全审计和漏洞修复，以防止数据泄露和损坏。

数据存储和管理系统的设计应当注重数据的可扩展性和灵活性。园区的能源数据可能会随着时间的推移和业务的发展而不断增加，因此，数据存储和管理系统必须具备一定的可扩展性，能够随时扩展存储容量，以满足不断增长的数据需求。同时，系统还应具备一定的灵活性，能够适应不同类型和格式的数据，确保企业能够有效地存储和管理各种数据。

数据存储和管理系统的设计应当注重数据的完整性和一致性。园区的能源数据可能来自不同的数据源和系统，如监控系统、计量系统等，因此，数据存储和管理系统必须能够确保数据的完整性和一致性，避免出现数据丢失、重复或不一致等问题。为了保证数据的完整性和一致性，我们可以采用数据校验和清洗等技术手段，确保数据的准确性和可靠性。

数据存储和管理系统的设计应当注重数据的可用性和易用性。园区的能源数据可能需要被多个部门和人员共享和利用，因此，数据存储和管理系统必须具备高度的可用性和易用性，确保企业能够方便快捷地访问和获取数据。为了提高数据的可用性和易用性，我们可以采用数据索引和检索等技术手段，使用户能够轻松地找到并获取所需的数据，提高数据的利用价值和效率。

建立数据存储和管理系统是企业园区能源数智化设计中的关键一步。在设计数据存储和管理系统时，我们需要注重数据的安全性、可扩展性、灵活性、完整性、一致性、可用性和易用性等，以确保系统能够有效地存储和管理园区的能源数据，并为能源管理和优化提供有效的支持和保障。

四、数据分析与挖掘

在企业园区能源数智化设计中，数据分析与挖掘是关键的一环，它们可以帮助园区深入了解能源使用情况、发现潜在的节能优化机会，并提供决策支持。从如何进行数据分析与挖掘的角度来看，以下几个方面是需要考虑的重点：

有效的数据清洗和预处理是数据分析与挖掘的基础。园区能源数据来源多样，格式各异，其中可能包含噪声数据、缺失数据等问题，因此需要进行数据清洗和预处理，以确保数据质量。清洗和预处理的过程包括去除重复数据、填补缺失值、处理异常值等，以准备好的数据作为后续分析的基础。

数据可视化是数据分析与挖掘的重要手段之一。通过数据可视化，系统可以直观地展现园区能源数据的变化趋势、相关关系等信息，帮助人们更好地理解数据背后的规律和趋势。常用的数据可视化技术包括折线图、柱状图、散点图等，企业可以根据具体情况选择合适的可视化方式，以呈现出数据的特点和规律。

数据分析和挖掘技术的应用是数据分析与挖掘的核心。通过利用数据分析和挖掘技术，企业可以从园区能源数据中发现隐藏的规律和趋势，为能源管理和优化提供建议。常用的数据分析和挖掘技术包括统计分析、机器学习、数据挖掘等，企业可以根据具体问题选择合适的技术方法，以实现对园区能源数据的深度分析和挖掘。

多源数据整合与关联分析也是数据分析与挖掘的重要内容之一。园区能源数据可能来自多个不同的数据源，包括监控系统、计量系统等，这些数据之间可能存在一定的关联性，因此需要进行多源数据整合和关联分析，以发现数据之间的关系。通过整合和关联分析，企业可以更全面地了解园区能源使用情况，并发现潜在的优化机会。

数据分析与挖掘的结果需要与实际情况相结合，提供有效的决策支持。通过数据分析与挖掘，园区可以发现潜在的节能优化机会，并提供相应的建议和方案。这些建议和方案需要与园区的实际情况相结合，考虑到园区的具体需求、资源限制等因素，以指导园区的能源管理和优化工作。

从数据分析与挖掘的角度来看，我们需要通过数据清洗和预处理、数据可视化、数据分析和挖掘技术的应用、多源数据整合与关联分析等步骤，以提供有效的决策支持，指导园区的能源管理和优化工作。

五、设计智能控制系统

在如何设计企业园区能源数智化的智能控制系统方面，我们需要考虑多个关键因素以实现系统的高效、可靠和可持续运行。智能控制系统在企业园区能源管理中扮演着至关重要的角色，通过实时监测、数据分析和智能控制，可以最大程度地提高能源利用效率、降低成本，并减少对环境的影响。设计一个有效的智能控制系统需要从多个方面进行综合考虑和规划，包括系统架构、传感器选择、数据采集与处理、智能算法应用以及系统集成等方面。

系统架构的设计至关重要。在企业园区能源数智化设计中，智能控制系统的架构应该具有高度的灵活性和可扩展性，能够适应不同规模和复杂度的企业园区需求。通过合理的架构设计，我们可以实现各个子系统之间的有效集成与协同工作，确保整个系统的稳定性和高效性。

传感器的选择和布局是智能控制系统设计的关键环节之一。传感器的准确性和可靠性直接影响到系统对能源数据的采集和监测效果。在选择传感器时，企业需要考虑到其适应性、精度、稳定性以及与系统其他部件的兼容性。合理布局传感器可以实现对企业园区各个关键点的全面监测，为系统提供准确的数据支持。

数据采集与处理是智能控制系统设计中的重要环节。通过有效的数据采集与处理技术，我们可以实现对大量能源数据的实时监测、分析和处理。采用先进的数据处理算法和技术，我们可以从海量数据中提取出有价值的信息和规律，为企业园区能源管理决策提供科学依据。

智能算法的应用是实现智能控制系统的关键。通过引入机器学习、人工智能等先进技术，我们可以实现对能源系统的智能优化调控。智能算法可以根据实时数据和预设的目标，自动调整能源系统的运行参数，最大程度地提高能源利用效率，降低成本，同时确保系统的安全稳定运行。

系统集成是实现智能控制系统的必要条件。在设计过程中，我们需要考虑到系统各个组成部分的协同工作与集成，确保整个系统能够以高效、可靠的方式运行。同时，对系统进行充分的测试和调试，确保系统能够满足设计要求，并具有良好的可扩展性和可维护性。

设计企业园区能源数智化的智能控制系统是一个复杂而又关键的任务，需要综合考虑多个方面的因素。通过合理的系统架构设计、传感器选择与布局、数据采集与处理、智能算法应用以及系统集成，企业可以实现园区能源管理的智能化与高效化，为企业的可持续发展提供强有力的支持。

六、设计用户友好的用户体验界面和应用平台

在设计企业园区能源数智化的用户界面和应用平台时，企业需要以用户体验为核心，通过直观、易用的界面设计和功能丰富的应用平台，为用户提供便捷、高效的能源管理工具。

用户界面的设计应注重直观性和简洁性，通过清晰的布局、明确的导航和直观的图形化展示，使用户能够快速理解和操作系统。界面元素的排版应符合用户习惯，避免信息过载和复杂操作，提高用户的使用效率和满意度。

应用平台的功能设计应充分考虑用户需求和使用场景，为用户提供多样化的功能模块和定制化的服务。通过分析用户需求和行为特征，设计个性化的能源管理功能，如实时监测、数据分析、报表生成、节能优化等，满足不同用户群体的需求。同时，应用平台还应具备良好的扩展性和灵活性，支持定制化开发和第三方应用接入，为用户提供更加多元化的选择和服务。

用户界面和应用平台的交互设计也至关重要。通过合理的交互设计，提高用

户操作的便捷性和流畅度，降低用户的学习成本和操作难度。采用直观的交互方式和友好的反馈机制，引导用户完成操作并及时反馈结果，提升用户的满意度和黏性。同时，我们还应考虑到不同终端设备的适配性和响应速度，确保用户在任何时间、任何地点都能够便捷地访问和使用应用平台。

用户界面和应用平台的设计还应注重安全性和隐私保护。采用安全可靠的数据加密和权限控制技术，保障用户数据的安全性和隐私性，防止数据泄露和恶意攻击。同时，建立健全的用户反馈机制和问题处理机制，及时解决用户的问题和反馈，提升用户的信任度和满意度。

设计用户友好的用户体验界面和应用平台是企业园区能源数智化的重要环节，关系到系统的使用效率和用户体验。通过注重界面设计、功能设计、交互设计和安全设计等多个方面的综合考虑，我们可以实现对用户友好的界面和应用平台，为企业的能源管理提供便捷、高效的工具和服务。

七、设计安全可靠的系统架构和数据传输机制

在设计企业园区能源数智化的系统架构和数据传输机制时，安全性和可靠性是首要的考虑因素。系统架构的设计应该具备多层次的安全防护机制，包括网络安全、数据安全和系统安全等方面。采用分层架构可以将系统划分为多个独立的安全域，通过严格的访问控制和权限管理，防止未经授权的用户或恶意攻击者对系统进行非法访问和操作。同时，建立完善的日志记录和审计机制，实时监控系统的运行状态和数据流动，及时发现和应对安全威胁。

数据传输机制的设计应注重数据的保密性、完整性和可用性。企业可以采用加密传输技术，对数据进行端到端的加密保护，防止数据在传输过程中被窃取或篡改。同时，采用数据压缩和优化技术，减少数据传输的带宽消耗和传输延迟，提高数据传输的效率和速度。此外，企业还应建立可靠的数据备份和恢复机制，确保数据的安全备份和及时恢复，防止因意外事件导致数据丢失或损坏。

系统架构和数据传输机制的设计还应考虑到系统的高可用性和容错性。采用分布式架构和容错机制，实现系统的水平扩展和故障自动恢复，提高系统的可用性和稳定性。同时，建立多重备份和异地容灾机制，防止单点故障和区域性灾害对系统的影响，确保系统能够持续稳定运行。

系统架构和数据传输机制的设计还应符合相关的安全标准和法律法规要求。我们应严格遵循数据保护法规和隐私政策，保护用户的个人隐私和数据安全。同时，积极响应安全漏洞和威胁，及时更新系统补丁和加强安全监控，保障系统的安全运行和用户数据的安全性。

设计安全可靠的系统架构和数据传输机制是企业园区能源数智化的重要保障，关系到系统的安全性、稳定性和可用性。通过采用多层次的安全防护机制、加密传输技术、高可用性和容错性设计，以及遵循相关的安全标准和法律法规要求，企业可以实现安全可靠的系统架构和数据传输机制，为企业的能源管理提供可靠的技术支持和保障。

第三节 企业园区能源数智化施工

一、制订施工实施方案

企业园区能源数智化施工的实施方案制订是整个项目的核心环节，关系到项目能否顺利进行以及最终能否达到预期目标。在这一阶段，我们首先需要进行详细的设计工作。这包括制订详细的施工方案，明确各项技术细节和步骤。在设计方案时，我们需要综合考虑园区的具体情况、能源管理的需求、现有的技术条件以及未来的发展方向。

详细设计的第一步是设备选型。能源数智化项目涉及的设备种类繁多，包括传感器、控制器、通信设备等。这些设备的选择需要考虑多个因素，如精度、可靠性、兼容性和成本等。例如，传感器需要能够准确地采集能源使用数据；控制器需要具备强大的处理能力和稳定的运行性能；通信设备则需要确保数据传输的速度和稳定性。此外，我们还需要考虑设备之间的兼容性，确保它们能够无缝集成到能源管理系统中。

接下来是布线方式的设计。布线是能源数智化施工中的重要环节，直接影响到系统的稳定性和数据传输的效率。在布线时，企业需要充分考虑园区的地理环境和建筑结构，合理规划线路的走向，避免线路过长或弯曲过多导致的信号衰减和数据传输延迟。同时，企业还需要考虑线路的安全性，避免电磁干扰和物理损坏。

在详细设计完成后，需要制订施工计划。施工计划是指导施工过程的重要文件，明确了各阶段的任务和时间节点。在制订施工计划时，我们需要综合考虑施工环境、人员安排、设备采购和运输等因素，合理安排施工进度，确保各项任务有序进行。施工计划还需要包括详细的时间安排，明确每个阶段的起止时间和预期完成时间，确保整个项目能够按时完成。

风险评估是实施方案制订中不可或缺的一环。在施工过程中，企业可能会遇到各种各样的风险，如设备故障、施工环境变化、人员安全等。为了有效应对这些风险，企业需要在施工前进行全面的风险评估，识别可能的风险源，并制订相应的应对措施。例如，可以通过增加设备备份、加强人员培训、制订应急预案等方式，降低风险的发生概率和影响程度。

在详细设计和施工计划制订完成后，我们还需要进行多方面的协调工作。能源数智化施工通常涉及多个部门和专业，如能源管理部门、信息技术部门、施工单位等。为了确保各项工作协调有序，我们需要建立有效的沟通机制，定期召开协调会议，及时解决施工过程中遇到的问题。此外，我们还需要与外部供应商、服务商保持紧密联系，确保设备和服务的及时供应和支持。

在实施方案制订过程中，我们还需要充分考虑项目的经济效益和环境效益。能源数智化施工的最终目标是提升能效、降低成本、实现绿色环保。因此，在制订方案时，我们需要综合考虑项目的投入和产出，进行成本效益分析，确保项目具有较高的经济价值。同时，我们还需要评估项目的环境影响，确保项目实施过程中不会对环境造成负面影响，符合绿色发展的要求。

为了确保实施方案的科学性和可操作性，我们可以借鉴国内外先进经验和最佳实践。通过对比分析不同项目的成功经验和失败教训，企业可以结合园区的实际情况，制订切实可行的实施方案。例如，企业可以学习其他园区在设备选型、施工管理、风险控制等方面的经验，避免走弯路，提高方案的科学性和可操作性。

在实施方案制订的最后阶段，我们还需要进行方案的评审和优化。通过组织专家评审会，邀请相关领域的专家对方案进行评审，提出修改意见和建议。根据评审意见，对方案进行优化和调整，确保方案的科学性、合理性和可操作性。同时，我们还可以通过模拟仿真等手段，对方案的可行性进行验证，确保方案能够顺利实施并达到预期效果。

二、主要施工方法

（一）仪表设备安装要求

1. 质量要求

仪表安装稳固、整齐一致，确保监测仪表等装置安装位置正确，接线无误，满足安装要求。设备应安装在便于检修和读数，不受暴晒、冻结、污染和机械损伤的地方，无震动的地方。

2. 注意事项

设备安装时，工作人员应做好安全防护措施。

人员安排应按部件重量确定，但不得少于二人，以确保安全。

认真核对分装的部件编号及管径，防止装错以致影响设备性能。

3. 电源线、通信线的敷设要求

质量要求方面：

（1）本项目的水表及气表的电源线采用 RVS 2×1.5 规格的线缆，通信线均采用 RVSP 2×1.0 规格的屏蔽双绞线。电源线通信线一般应分开敷设，不宜绑在同一线束内。采用电源线及通信线分开穿 RC20 镀锌钢管敷设。

（2）沿地槽敷设胶皮电缆和铅包电缆时，应在地槽内排放木条，不得将电缆直接和水泥地面接触；塑料外皮电缆不得直接和油漆接触。

（3）敷设电源线/通讯线应平直并拢、整齐，不得有急剧转弯和起伏不平的现象。

（4）电源线/通讯线转弯时，铅包电缆的曲率半径不得小于其外径的 10 倍；纸绝缘多芯电缆不得小于其外径的 15 倍；铅包线和胶皮电缆不得小于其外径的 6 倍。

（5）绑扎电源线/通讯线的线扣应整齐、松紧适度；结扣在两条电缆的中心线上，麻线在横铁下不交叉，麻线的剪头应藏在不易看见之处。

（6）沿墙敷设电源线/通讯线时，应穿 RC20 镀锌钢管并用固定卡子进行固定。

（7）电源线穿 RC20 镀锌钢管时应符合下列要求：

a. 钢管管口光滑，管内圆滑、干净，并应干燥无积水；接头紧密，不得使用螺丝接头。

b. 钢管管径及钢管位置应符合设计规定。

c. 穿入管内的电源线不得有接头，穿线管在穿线后应按设计规定将管口密封。

d. 非同一级的电力电缆不允许穿在同一管孔内。

（8）在相对湿度不大于75%时，用500伏兆欧表测试线间及线对地的绝缘电阻应大于1兆欧。

需要注意以下事项：

（a）在电缆穿管时，严禁将手靠近管口或对着管口喊话，以免发生人身事故。

（b）在同一管孔内穿送两根电缆时，应将两根电缆的端头绑在一起穿送。

（c）地槽内的电缆应排列整齐，尽量不交叉。

（d）高凳作业必须注意安全，严禁跨越或用脚移动高凳。

4. 操作方法

（1）在电缆走道上布放电源线

根据施工图纸用皮尺模拟电源线布放路由及电源线在设备内的走向，测量电源线的实际长度，并做以记录。

电缆转弯时，由于层数不同所产生的长度差异，可用一个常数 K 来表示，即需要加减弯。第一条电缆比第二条电缆长出 K，第二条电缆又比第三条电缆长出 K；K＝1.75×电缆外皮直径。

核对电源线的规格、程式，用500伏兆欧表测试电源线线间及线对地的绝缘电阻，并作记录。

一人看尺寸，一人念电源线长度数据，看准尺寸无误后方可截断，然后在电源线/通讯线两端用白胶布贴上注明电压种类与极性以及所进机架的名称等字样的标签。

布放电源线/通讯线的人员站在电缆走道旁边的梯凳上，一人负责一段，按设计布线剖面图的顺序依次将电源线/通讯线放在走道上，严禁在走道横铁上拖拉及站在走道上踩踏电源线/通讯线。

在走道横铁上垫以小木块用橡皮榔头锤打，矫正走道横铁的距离使其符合设计规定并用同样的方法把弯曲变形的电源线/通讯线矫正平直。

捆绑电源线/通信线前，一般先从数据采集箱一端开始整理，将电源线/通讯线位置对准，然后临时捆绑在支铁上。

电源线/通信线作弯时，按规定的位置先弯下层外的一条，弯至比规定的曲率半径稍小时，将电源线两端的直线部分反弯一下，将以此电源线/通讯线为准，依次弯制其他电源线/通讯线。

做弯时，应经常从各个侧面观察做弯质量，并尽可能一次将弯做好。做弯后用粗麻线做临时捆绑。

电源线/通信线在走道上捆绑至距做弯处的 1~2 根横铁时，应将弯做好后再进行捆绑。

（2）电源线/通讯线与设备的连接质量要求

（a）所有电源线/通讯线的剖头部分应缠塑料带，缠扎厚度与电源线/通讯线外皮取齐，端头用塑料胶或热粘黏合牢固，各电源线/通讯线的缠扎长度应一致。

（b）电源线/通讯线与设备连接时应符合下列要求：

电源线/通讯线打圈连接时，圈的大小应视螺丝的直径而定，线头的弯曲方向应与螺丝拧紧的方向一致，并在导线与螺母间加装垫圈；每个接线端最多允许接两根芯线，且在两芯线间加装垫圈，接线螺丝应拧紧。

电源线/通讯线与设备端子连接时，不应使端子受到机械应力。

（c）电源线/通讯线布放完毕，在相对湿度不大于 75% 时，用 500 伏兆欧表测量线间及线对地的绝缘电阻应大于 1 兆欧。

（d）通电后测量电源线的电压降应符合设计要求。

（e）通电 1 小时后，测量电源线的铜鼻子与电源线连接处以及电源线与设备连接处的温度应不超过 65℃。

（3）注意事项

（a）穿线与做弯时，应注意不要碰损设备与机内布线。

（b）电源线/通讯线的走向不应妨碍今后的正常维护。

（c）严禁在设备与高凳上放置工具与其他物品，以免发生事故。

（4）操作方法

（a）电源线/通讯线进入设备后，应根据其走向与允许的最小曲率半径，按先里后外、先下后上的原则做弯，并尽量一次弯成。

（b）根据设备的接线端子与铜鼻的尺寸截锯电源线/通讯线。

（c）压接铜鼻子。

（d）绑扎电源线/通讯线。

（e）用 500 伏兆欧表测试线间及线对地的绝缘电阻并进行记录。

（f）将铜鼻子穿入设备接线端子，加上平垫圈、弹簧垫圈及螺母，并用力均匀拧紧；待全部拧紧后再复拧一遍。

（g）电源线做通电检查。

（二）施工设备情况描述及进场计划

1. 施工设备情况

根据本安装工程对机械设备、测试仪器仪表的需求，项目部初步制定主要测试仪表仪器配置表，用于本项目的施工机械类型清单：

序号	主要工具名称规格
1	冲击钻（附钻头）、手电钻（附钻头）、手枪钻等
2	穿线器一台
3	电动切割机（附锯片）
4	电工用普通组合工具（拨线钳、压线钳、拉钉钳、尖嘴钳、斜口钳、虎钳、各式扳手、螺丝刀、十字丝锥、一字丝锥等）
5	活动爬梯
6	电工刀、电烙铁、万用表、卷尺、其他测试仪器
7	手持照明等
8	安全帽、带劳保用品
9	全套组合测试工具
10	手提电脑
11	水平仪
12	旋转式断管器

2. 安装、调试

（1）安装

乙方应派有资格的技术人员代表乙方进行合同设备的安装、试验和调试；

为了保证设备安装、调试按期进行、乙方应在接到甲方的通知后，在规定的时间内组织施工队伍到达施工现场进行系统的安装、调试；

乙方应编制施工作业计划，科学组织施工，确保工期按时竣工。乙方编制的施工组织设计方案，只作为指导施工和保证设备制造、安装、调试及正常施工的依据，并报甲方和监理部门审核。但方案中所列各种措施及物资消耗不作为支付费用的依据；

乙方必须做到安全文明施工，如发生重大人身、设备事故，影响整个施工进度和质量时，甲方有权对事故责任方处以经济处罚；

设备安装调试完毕，乙方应提供单机、系统试车和试运行方案，并征得甲方的同意后实行。在试运行及问题整改完毕、系统达到设计和乙方承诺性能后方可进行交工验收；

不管甲方是否参与试运行试验，并签了试运行及交工报告与否，均不能视为乙方按合同规定的应承担的责任和义务的解除；

无负荷调试合格后视为安装合格，各方代表签署合同设备安装合格证书；

在安装调试期间及质量保证期内，乙方应无偿更换不合格零部件，在质保期内无条件地进行技术服务；

因设备制造问题、乙方技术人员监督、指导错误等乙方责任导致设备不能安装或者造成返工、延误安装工期和验收工期，由乙方负责，甲方将采取经济惩罚措施。

（2）调试

设备安装结束后，经甲乙双方确认进入调试阶段。乙方须在阶段工作开始前一个月提出详细调试程序（如验收试车大纲与调试工具等）。调试程序经双方确认后，可以按照调试程序进行各阶段的调试工作。调试程序包括详细调试方法、调试项目、调试内容及所要达到的要求。

3. 人员派遣和技术培训

（1）甲方技术人员派遣

甲方根据工程进度要求向乙方派遣下列技术人员：

a. 设计联络和审查人员；

b. 设备出厂前验收人员；

c. 接受培训的设备操作及维护人员。

乙方将指定技术熟练和合格的技术人员在合同范围内对甲方技术人员进行指导并解释合同范围内的所有技术问题。

乙方将为甲方技术人员免费提供使用检测仪表、工具、技术资料、图纸、参考数据和其它必需品以及合适的办公场所。

乙方应向甲方派遣人员提供必要的交通、工作和生活上的便利。

（2）乙方技术人员派遣

乙方应向甲方派遣技术熟练、身体健康和胜任工作的技术人员前往甲方现场进行安装、调试和验收工作。

乙方技术人员的任务和责任：

a. 乙方将指定一名乙方的技术人员作为在甲方现场的总代表，负责完成合同范围内的技术服务工作，并将合同和现场出现的技术问题和施工问题予以积极配合、商讨并解决。

b. 乙方派遣的技术人员将代表乙方提供技术服务以及履行乙方在本合同范围内与安装、机械试验、投料试车（设备各项性能考核）、生产工艺和维护等有关的业务和责任。

c. 乙方技术人员将详细解释合同范围的技术资料、图纸、工艺流程图、操作手册、设备性能、分析方法以及相应的注意事项等，回答并解释甲方提出的合同范围内的技术问题。

d. 为了保证上述工作的正确执行，在合同范围内，乙方人员应向甲方提供充分和正确的技术服务以及必要的示范。

e. 乙方技术人员协助甲方对甲方的生产、设备操作、设备维护和分析检验人员进行培训，提高他们的技术和操作水平。

f. 乙方技术人员提供的技术指导必须是正确的，如果由于不正确的技术指导导致合同设备的损坏，乙方将负责修理、更换和补供，并承担直接费用。

g. 乙方派遣到现场从事指导和服务的技术人员，由于健康、技术水平等个人原因无法完成双方约定的属于乙方的工作任务，甲方有权提出更换人员，乙方不应拒绝，由此发生的费用由乙方承担。

三、培训与交付

在企业园区能源数智化施工的培训与交付阶段，关键任务是确保园区管理人员和相关工作人员能够充分理解和熟练操作新的能源数智化系统，以实现系统的最大化效益。同时，企业还需要确保项目交付顺利完成，所有相关文件和资料齐全，以便园区能够有效地管理和维护新系统。

培训与交付阶段需要制定详细的培训计划和交付方案。这包括确定培训内容、培训对象、培训形式、培训时间等，确保培训计划科学合理、操作可行。同时，企业还需要与园区管理人员和相关工作人员进行充分沟通，了解其培训需求和水平，以便针对性地进行培训。

培训与交付阶段需要进行系统操作培训和技术支持。这包括向园区管理人员和相关工作人员提供系统操作培训，使其能够熟练掌握系统的使用方法和操作技巧。同时，我们还需要提供系统的技术支持和售后服务，解答用户在使用过程中遇到的各种问题和困难，确保系统能够长期稳定运行。

培训与交付阶段需要进行系统的性能评估和验收测试。这包括对系统进行功能测试、性能评估、数据监测等，确保系统能够达到预期的效果和目标。同时，我们还需要进行系统的安全性和可靠性测试，确保系统在各种条件下都能够正常运行。

培训与交付阶段需要加强与园区管理人员和相关工作人员的沟通和协作。这包括与园区管理者、能源专家、工程师等进行密切合作，共同解决在培训和交付过程中可能出现的问题和困难，确保培训顺利进行，系统交付成功。同时，企业还需要与政府部门和环保组织等相关方进行沟通和协调，确保项目交付符合法律法规和环保要求。

第四节　企业园区能源数智化运行

一、企业园区能源数智化运行过程

（一）实时数据采集

企业园区能源数智化运行是一项综合利用先进技术与管理手段的过程，旨在提高能源利用效率、降低能源消耗成本、优化能源系统运行，并最终实现可持续发展的目标。该过程包括多个环节，从能源数据采集到分析、决策再到执行，涵盖了信息技术、自动化控制、智能优化等多个方面。下面将详细论述企业园区能源数智化运行的过程。

在企业园区能源数智化运行的初期阶段，企业需要建立起完善的能源数据采集系统。这一系统可以通过传感器、智能计量设备等手段，实时采集园区内各种能源的使用数据，包括电力、燃气、水等。同时，企业还需要结合物联网技术，将采集到的数据传输至中央数据库进行存储和管理，以便后续的分析和应用。

基于采集到的大量能源数据，企业园区需要建立起高效的数据分析平台。这一平台可以利用数据挖掘、机器学习等技术，对能源数据进行深度分析，挖掘出潜在的能源利用规律和特征。通过对历史数据的分析，我们可以发现能源消耗的高峰时段、能源利用的低效环节等问题，并为后续的优化决策提供依据。

基于数据分析的结果，企业园区需要制定出相应的能源优化策略和措施。这些策略和措施可以涵盖设备更新升级、能源利用流程优化、能源管理制度改进等方面。例如，针对能耗较大的设备，可以考虑进行节能改造或更新换代；针对能源利用流程中的瓶颈环节，可以通过优化工艺流程或技术手段，提高能源利用效率。

在实施能源优化策略和措施的过程中，企业园区需要借助先进的自动化控制技术和智能化系统。这些系统可以实现对能源设备和系统的实时监控与控制，实现对能源消耗的精细化管理。同时，企业还可以通过智能化系统实现对能源利用过程的优化调度，确保在满足生产运行需求的前提下，尽可能地降低能源消耗成本。

企业园区还需要建立起健全的能源数智化运行管理体系。这一管理体系包括能源管理部门的设置、能源管理制度的建立、人员培训等内容，以确保能源数智化运行工作的持续推进和有效实施。同时，企业还需要建立起监督评估机制，定期对能源数智化运行的效果进行评估和反馈，及时发现问题并采取改进措施，提升企业园区能源管理水平和效益。

企业园区能源数智化运行是一个系统工程，需要通过数据采集、分析、决策和执行等多个环节的有机结合，才能实现能源利用效率的提升和能源消耗成本的降低。只有不断推进能源数智化运行工作，我们才能为企业园区的可持续发展提供坚实的能源保障和支撑。

（二）数据传输与处理

企业园区能源数智化运行的成功实施离不开高效的数据传输与处理系统。这一系统承载着能源数据从采集到分析再到应用的全过程，是实现能源管理的关键一环。在企业园区能源数智化运行中，数据传输与处理涉及多个方面，包括数据采集、传输通道的建立、数据存储、安全性保障以及数据处理与分析等。

企业园区通常会安装各种传感器、智能计量设备等用于采集电力、燃气、水等能源的使用数据。这些设备会不断地产生大量的实时数据，包括能源的消耗量、使用时段、设备运行状态等信息。数据采集的精准性和实时性对后续的数据处理和分析至关重要，因此在选择和布置采集设备时我们需要考虑到各种因素，确保数据的准确性和可靠性。

企业园区内的能源数据通常需要通过网络传输至中央数据库进行存储和管理，因此需要建立起稳定的网络通信基础设施。这可能涉及有线网络、Wi-Fi、蜂窝网络等多种传输方式的选择和部署，以确保能源数据能够及时、安全地传输至指定的数据中心或服务器。

企业园区的能源数据通常是大数据量、高频率地产生的，因此需要建立起强大的数据存储系统，以满足数据的长期存储和管理需求。这可能涉及传统的关系型数据库、分布式存储系统、云存储等多种存储技术的应用，以确保数据的安全性、可靠性和高效性。

为了确保数据传输与处理的安全性，企业园区还需要采取一系列的安全措施。这包括对数据传输通道的加密与认证、对数据存储系统的访问控制与权限管理以及数据备份与恢复等措施。只有确保数据的安全性，才能保障企业园区能源数据的完整性和保密性，防止数据被恶意篡改或泄露。

数据传输与处理的最终目的是实现对能源数据的分析和应用。通过对采集到的能源数据进行深度分析，企业园区可以挖掘出潜在的能源利用规律和特征，发现能源消耗的高峰时段、能源利用的低效环节等问题，并制定出相应的优化策略和措施。同时，企业还可以借助数据可视化技术，将分析结果直观地展现出来，为企业园区的管理决策提供依据。

（三）数据分析与模型建立

企业园区能源数智化运行的核心环节之一是数据分析与模型建立。这一环节通过对采集到的大量能源数据进行深度分析，并借助数据建模技术，挖掘出能源利用的规律和特征，为企业园区能源管理提供科学依据和决策支持。下面将详细论述数据分析与模型建立的过程及其重要性。

数据分析是数据分析与模型建立的基础。企业园区采集到的能源数据往往是大数据量、高维度的。通过数据分析，企业可以对这些数据进行多维度的统计分析、趋势分析、关联分析等，挖掘出其中的潜在规律和特征。例如，可以分析出不同时段、不同区域的能源消耗情况，发现能源消耗的高峰时段、能源利用的低效环节等问题，为后续的优化决策提供依据。

数据分析还可以借助机器学习、数据挖掘等技术，构建出能源数据的预测模型和优化模型。通过对历史数据的分析，我们可以建立起基于统计学、模式识别等原理的预测模型，用于预测未来一段时间内的能源消耗趋势和规律。同时，我们还可以借助优化算法，构建出能源利用的优化模型，通过对各种影响因素的分析和优化，实现对能源利用效率的最大化。

数据分析与模型建立需要充分考虑到企业园区的实际情况和需求。不同的企业园区可能具有不同的能源消耗特点和管理目标，因此需要针对性地开展数据分析与模型建立工作。这可能涉及对企业园区内部各种能源设备、生产流程、能源利用规律等方面的深入了解，以及与企业管理人员、能源专家等进行密切合作，共同制定出适合企业园区实际情况的数据分析和模型建立方案。

在数据分析与模型建立过程中，我们还需要充分考虑到数据的质量和可靠性。能源数据的质量直接影响到后续分析和建模的结果，因此需要对数据进行质量检验和清洗，排除掉异常值和错误数据，确保数据的准确性和可靠性。同时，我们还需要考虑到数据的时效性和更新频率，及时更新数据模型，以适应企业园区能源管理的实时性和动态性需求。

数据分析与模型建立的最终目的是为企业园区的能源管理提供科学依据和决策支持。通过建立起准确可靠的能源数据分析模型，企业园区可以更加深入地了解自身的能源消耗情况和规律，发现能源利用的优化空间和改进方向，从而制定出针对性的能源管理策略和措施，实现能源利用效率的提升和能源消耗成本的降低。

（四）实时监控与报警

企业园区能源数智化运行中的实时监控与报警系统是确保能源系统运行安全、高效的重要组成部分。这一系统通过实时监测企业园区内各种能源设备和系统的运行状态，及时发现异常情况并发出报警信号，以便采取及时的措施进行调整和处理。下面将详细论述实时监控与报警系统在企业园区能源数智化运行中的作用、功能和实施方式。

实时监控系统通过安装在企业园区各个关键位置的传感器、监测设备等，实时采集能源设备和系统的运行数据，包括设备的运行状态、能源消耗量、温度、压力等关键参数。这些数据会被传输至中央监控中心或指定的数据服务器进行实时监测和分析，以便对能源系统的运行情况进行全面掌握。

实时监控系统通过设定预设的监控指标和阈值，对采集到的数据进行实时监测和分析。一旦发现能源设备或系统出现异常情况，比如温度过高、压力异常、能源消耗量异常等，监控系统会立即发出警报信号，提示相关人员注意并及时采取措施进行处理，以避免可能的安全事故或能源浪费。

实时监控系统还具有数据可视化的功能，通过图表、曲线等直观展示方式，系统将采集到的数据实时展现出来，使管理人员能够清晰地了解能源系统的运行情况和趋势变化。这有助于管理人员及时发现问题、分析原因，并采取针对性的措施进行调整和处理，以保障能源系统的稳定运行。

实时监控系统还可以与智能化控制系统、自动化设备等进行联动，实现对能源系统的实时调控和优化。比如，当监测到某个设备的能耗异常高时，系统可以自动调整设备运行参数，优化能源利用效率；当监测到某个区域的能源消耗过大时，系统可以自动发出警报信号，提醒相关人员采取节能措施，降低能源消耗。

实时监控系统还具有数据存储和分析功能，可以将历史数据进行存储和管理，并通过数据分析技术对历史数据进行深度挖掘，发现能源系统的潜在问题和优化空间，为未来的能源管理决策提供科学依据。

（五）系统维护与更新

在企业园区能源数智化运行中，系统的维护与更新是确保系统长期稳定运行和持续优化的关键环节。这一过程涉及系统硬件设备的维护保养、软件系统的更新升级、数据的清洗和优化以及人员培训等多个方面。下面将详细论述系统维护与更新在企业园区能源数智化运行中的重要性、内容和实施方式。

系统维护与更新的重要性在于确保能源数智化系统的长期稳定运行。企业园区能源数智化系统通常包括了大量的硬件设备和软件系统，这些设备和系统在长时间运行过程中，可能会出现设备老化、软件漏洞等问题，导致系统运行不稳定或出现故障。通过定期的维护保养和更新升级，我们可以及时发现并解决这些问题，确保系统的持续稳定运行，为企业园区的能源管理提供可靠的支撑。

系统维护与更新还可以通过更新升级软件系统和算法模型，提升系统的性能和功能。随着科技的发展和业务需求的变化，能源数智化系统需要不断地更新升级，引入新的技术和算法，提升系统的智能化水平和应用范围。比如，我们可以引入人工智能、大数据分析等先进技术，优化能源数据的分析和预测能力，提高系统的决策支持能力。

系统维护与更新还包括对数据的清洗和优化。能源数智化系统通常会产生大量的数据，而这些数据可能存在噪声、异常值等问题，影响数据分析和模型建立的准确性和可靠性。因此，我们需要定期对数据进行清洗和优化，排除掉异常值和错误数据，提高数据的准确性，以确保后续数据分析和决策的有效性。

系统维护与更新还需要充分考虑到人员培训和技术支持。企业园区的能源数智化系统通常需要专业的技术人员进行维护和管理，因此需要企业对相关人员进行定期的培训和技术支持，提高其技术水平和应对能力。只有保持人员的技术更新和能力提升，才能保证系统的高效运行和管理。

系统维护与更新还需要建立起健全的管理体系和流程。这包括制定系统维护计划和更新升级计划、建立起系统维护记录和故障处理流程，确保系统维护工作的及时性和有效性等。通过建立起健全的管理体系和流程，我们可以提高系统维护和更新的组织化程度和规范化水平，确保系统维护与更新工作的顺利进行。

二、企业园区能源数智化运行易出现的问题

（一）数据质量问题

在企业园区能源数智化运行中，数据质量问题是一个极为重要且常见的挑战。这些问题可能涉及数据的完整性、准确性、一致性和时效性等方面，直接影响着能源管理系统的有效性和可靠性。

数据的完整性是一个关键问题。在能源数智化运行过程中，可能会存在数据缺失或不完整的情况，导致系统无法全面地了解能源的使用情况和趋势变化。这可能是由于设备故障、数据传输错误、人为操作失误等原因造成的。为了解决这

一问题，企业园区可以采取多种措施，如加强设备的维护保养，改进数据传输通道的稳定性，设立数据监控与报警机制等，确保数据的完整性和可靠性。

数据的准确性也是一个需要重视的问题。能源数智化系统所依赖的数据必须准确无误，否则将导致系统的分析和预测结果失真，进而影响到管理决策的科学性和准确性。数据的准确性可能受到多种因素的影响，如传感器的精度、数据传输的稳定性、数据采集过程中的干扰等。为了保证数据的准确性，企业园区可以采取一系列措施，如定期校准传感器、优化数据采集过程、建立数据质量评估机制等。

数据的一致性是确保数据分析和决策的基础。在企业园区中，可能存在多个数据源和数据系统，数据之间可能存在不一致的情况，比如同一台设备在不同系统中的数据显示不一致、数据单位不统一等。这将给数据分析和决策带来困难和风险。为了解决这一问题，企业园区可以采取一些技术手段，如数据集成和清洗技术，确保数据在不同系统之间的一致性和统一性。

数据的时效性也是一个需要关注的问题。在能源数智化运行过程中，及时获取和处理数据对于实时监控和决策支持至关重要。如果数据的时效性不高，将影响系统对能源使用情况的准确把握和及时响应。因此，企业园区需要加强数据采集和传输的效率，确保数据能够及时地传输至数据中心，并进行及时的处理和分析。

数据质量问题是企业园区能源数智化运行中需要重点关注和解决的一个问题。为了确保数据的完整性、准确性、一致性和时效性，企业园区可以采取一系列措施，如加强设备维护保养、优化数据采集和传输通道、建立数据质量评估机制等，从而提高能源数智化系统的有效性和可靠性，为企业园区的能源管理提供更加可靠的支撑。

（二）设备故障和损坏

在企业园区能源数智化运行中，设备故障和损坏是一个常见而且严重的问题，可能导致能源系统的运行受阻、能源利用效率下降甚至造成生产中断和安全事故。这一问题可能涉及各种能源设备，包括发电设备、输电设备、能源转换设备、能源消耗设备等。

设备故障和损坏可能导致能源系统的运行受阻和能源供应中断。在企业园区的能源数智化运行中，各种能源设备承担着不同的功能，如发电、输电、能源转换等，一旦其中某个关键设备发生故障或损坏，可能会导致相应能源的供应中断，进而影响到企业的生产和运营。比如，发电设备的故障将导致电力供应中断，燃气设备的损坏将导致燃气供应中断，从而影响到企业的正常生产和运行。

设备故障和损坏可能导致能源利用效率下降和能源消耗增加。在能源数智化运行过程中，各种能源设备的正常运行状态对于实现能源利用效率的最大化至关重要，一旦其中某个关键设备出现故障或损坏，将导致能源利用效率下降，能源消耗增加。比如，设备故障可能导致能源转换效率降低，能源损耗增加，从而增加了企业的能源成本和经营压力。

设备故障和损坏可能导致安全事故和环境污染。在企业园区的能源数智化运行中，一些能源设备可能涉及高温、高压、易燃易爆等危险因素，一旦这些设备发生故障或损坏，将会导致安全事故的发生，造成人员伤亡和财产损失。同时，设备故障和损坏可能导致能源的泄漏和污染，对环境造成不良影响，破坏生态平衡，加重企业的环境治理负担。

设备故障和损坏可能带来维修和更换成本的增加。在企业园区的能源数智化运行中，设备故障和损坏需要及时进行维修和更换，以恢复设备的正常运行状态。然而，这些维修和更换过程可能需要耗费大量的人力、物力和时间，带来较大的维修和更换成本，影响企业的经营效益和盈利能力。

（三）网络通信问题

在企业园区能源数智化运行中，网络通信问题是一个极为关键且常见的挑战。这些问题可能涉及网络的稳定性、带宽容量、数据安全等方面，直接影响着能源管理系统的实时监控、数据传输和决策支持等功能的正常运行。

能源数智化系统通常需要通过网络实现各种设备之间的数据传输和通信，包括数据采集、实时监控、远程控制等功能。一旦网络出现不稳定或断线等问题，将直接影响到系统的正常运行，导致数据传输延迟、监控失效等情况。为了解决这一问题，企业园区可以采取多种措施，如提升网络设备的质量和性能、优化网络拓扑结构、加强网络监控和管理等，确保网络的稳定性和可靠性。

随着企业园区能源数智化系统的不断发展和扩展，对网络带宽的需求也在不断增加，如果网络带宽无法满足系统的实时数据传输和通信需求，这将导致数据传输延迟、丢包等问题，影响到系统的实时监控和决策支持功能。为了解决这一问题，企业园区可以采取一些技术手段，如增加网络带宽、优化数据传输方式、采用数据压缩和加速技术等，提升网络带宽的利用效率和性能。

能源数智化系统涉及大量的敏感数据，包括能源消耗数据、生产工艺数据、设备状态数据等，如果这些数据泄露或被篡改，将给企业的生产安全和商业利益带来严重影响。因此，企业园区需要加强对网络通信的安全保护，采取一系列措施，如加密数据传输、建立访问控制和身份认证机制、定期进行安全漏洞扫描和修补等，确保数据在传输过程中的安全性和完整性。

随着信息技术的不断进步，新一代的网络通信技术如 5G、物联网、边缘计算等正在不断涌现，为企业园区的能源数智化运行提供了更加丰富和先进的技术手段。企业园区可以积极采用这些新技术，提升网络通信的效率和性能，实现能源数据的高效传输和实时监控，为企业的能源管理提供更加可靠和智能的支持。

（四）安全漏洞和数据泄露

在企业园区能源数智化运行中，安全漏洞和数据泄露是一个极为严重且常见的问题。这些问题可能导致企业的能源数据被窃取、篡改或泄露，进而影响到企业的生产运营、商业机密和法律合规性。

安全漏洞可能存在于能源数智化系统的各个环节和组成部分。这些漏洞可能是由于系统设计不当、软件开发缺陷、设备配置错误等引起的。黑客可能利用这些漏洞对系统进行攻击，获取系统的敏感信息，如能源数据、生产工艺数据、企业机密等，造成严重的安全威胁和经济损失。为了解决这一问题，企业园区可以采取一系列措施，如加强系统的安全设计和开发、及时修补安全漏洞、建立安全漏洞报告和应对机制等，提升系统的安全性和可靠性。

数据泄露可能由于系统的数据传输和存储过程中存在安全隐患。在企业园区的能源数智化运行中，大量的敏感数据如能源消耗数据、生产工艺数据等需要在各个设备之间进行传输和存储，如果这些数据在传输和存储过程中受到黑客攻击或泄露，将导致数据的安全性受到威胁，可能造成企业的商业机密和个人隐私泄露。为了应对这一问题，企业园区可以采取一系列数据安全保护措施，如加密数据传输、建立安全数据存储机制、实施访问控制和身份认证等，确保数据在传输和存储过程中的安全性和完整性。

社会工程攻击可能是导致安全漏洞和数据泄露的一个重要原因。在企业园区的能源数智化运行中，工作人员可能会受到钓鱼邮件、网络钓鱼等社会工程攻击的影响，泄露个人账号密码或企业重要信息，从而导致系统的安全性受到威胁。为了应对这一问题，企业园区需要加强员工的安全意识教育和培训，提高员工对社会工程攻击的识别能力和防范意识，降低安全漏洞和数据泄露的风险。

第三方服务提供商可能也存在安全漏洞和数据泄露的风险。企业园区通常会委托第三方服务提供商提供能源数智化系统的建设、运维等服务，然而这些服务提供商可能存在安全漏洞和数据泄露的风险，一旦发生安全漏洞，将直接影响企业的安全和合规性。因此，企业园区需要加强对第三方服务提供商的安全审核和监督，选择信誉良好、安全可靠的服务提供商，确保企业数据的安全和隐私得到有效保护。

三、企业园区能源数智化运行改进措施

（一）能源设备改造与升级

企业园区能源数智化运行的改进措施之一是对能源设备进行改造与升级。能源设备的改造与升级可以提升设备的性能、效率和智能化水平，从而实现能源利用效率的最大化和能源消耗的最小化。下面将详细论述能源设备改造与升级在企业园区能源数智化运行中的重要性、内容和实施方式。

能源设备改造与升级对于提升设备性能和效率具有重要意义。随着科技的不断进步，新一代的能源设备具有更高的能效比、更低的能源消耗和更长的使用寿命，相比传统设备具有更好的性能和效率。通过对能源设备进行改造与升级，企业可以将园区原有的老旧设备替换为新型高效设备，从而提升能源利用效率，降低能源消耗成本，实现企业的可持续发展。

能源设备改造与升级可以提升设备的智能化水平和自动化程度。现代能源设备通常具有智能控制系统、远程监测和诊断功能等先进技术，可以实现设备的远程监控、智能调节和自动化运行，提高设备运行的稳定性和可靠性，减少人工干预和管理成本。通过对能源设备进行改造与升级，企业可以将园区的能源系统转变为智能化、自动化的运行模式，提升能源管理的科学性和有效性。

能源设备改造与升级还可以提升设备的适应性和灵活性。企业园区的能源需求可能随着生产工艺、市场需求和政策法规的变化而发生变化，传统能源设备可能无法满足新的能源需求。通过对能源设备进行改造与升级，可以提高设备的适应性和灵活性，使其能够适应不同能源的供应和需求变化，实现能源系统的智能调节和优化配置，最大程度地满足企业的能源需求。

能源设备改造与升级还可以促进企业的技术创新和产业升级。通过引进先进的能源设备和技术，企业可以提升自身的技术水平和竞争力，推动企业的技术创新和产业升级，实现经济效益和社会效益的双赢。同时，能源设备改造与升级还可以促进新能源、清洁能源等绿色能源的应用和推广，推动企业向绿色低碳发展模式转变，为保护环境和可持续发展做出贡献。

（二）能源管理策略优化

企业园区能源数智化运行的改进措施之一是能源管理策略的优化。能源管理策略的优化是指通过科学的管理方法和技术手段，对能源的采购、使用、监测和控制进行优化和调整，以实现能源利用效率的最大化和能源消耗的最小化。

能源管理策略的优化对于提升能源利用效率具有重要意义。企业园区的能源管理策略直接影响能源的采购、使用和消耗情况，通过科学合理的管理策略，企业可以调整能源的供需关系，提高能源的利用效率，降低能源消耗成本。例如，通过优化能源采购计划、调整生产工艺流程、改进设备运行参数等方式，企业可以降低能源的浪费和损耗，提高能源利用效率，实现企业的经济效益和社会效益的双赢。

能源管理策略的优化可以提升能源管理的科学性和智能化水平。随着信息技术的不断发展，新一代的能源管理系统具有更强的数据分析和智能决策能力，可以实现对能源消耗的精细化监控和智能化调节，从而提高能源管理的科学性和精准度。通过引入先进的能源管理技术和智能化决策模型，企业可以实现对能源消耗的动态监测和实时调控，及时发现和解决能源管理中的问题，提升企业的管理水平和竞争力。

能源管理策略的优化还可以推动企业向绿色低碳发展模式转变。随着全球环境问题的日益突出，绿色低碳发展已成为企业的重要发展方向。通过优化能源管理策略，我们可以推动企业加快向绿色低碳发展模式转变，实现能源的清洁、高效利用，减少对环境的影响。例如，通过引入清洁能源、优化能源结构、改进生产工艺等方式，我们可以降低企业的碳排放量，减缓气候变化对企业的影响，为可持续发展做出积极贡献。

能源管理策略的优化还可以促进能源管理的信息化和智能化。随着信息技术的不断发展，新一代的能源管理系统具有更强的数据采集、处理和分析能力，可以实现对能源消耗的全面监控和精细化管理。通过建立完善的能源管理信息系统，实现能源数据的集中管理和实时监控，可以提高能源管理的智能化水平，为企业的决策提供及时、准确的能源数据支持，提升企业的决策效率和管理水平。

（三）不断引入新技术和创新方案

企业园区能源数智化运行的改进措施之一是不断引入新技术和创新方案。随着科技的不断进步和应用领域的不断拓展，新技术和创新方案的引入对于提升能源管理水平、优化能源利用效率具有重要意义。

不断引入新技术和创新方案对于提升企业园区能源管理水平具有重要意义。随着信息技术、物联网、人工智能等技术的快速发展，新一代的能源管理技术不断涌现，如大数据分析、云计算、边缘计算、区块链等，这些新技术能够帮助企业实现对能源消耗的实时监测、精准控制和智能优化，提升能源管理的科学性和有效性。通过引入这些新技术，企业可以实现对能源的动态管理和优化配置，降低能源消耗成本，提高能源利用效率，实现企业的可持续发展。

不断引入新技术和创新方案可以提升企业园区的智能化水平和竞争力。新一代的能源管理技术具有更强的数据分析和智能决策能力，可以实现对能源消耗的精准预测和实时调控，帮助企业及时发现和解决能源管理中的问题，提高企业的管理水平和竞争力。通过引入先进的能源管理技术和智能化决策模型，企业可以实现对能源消耗的动态监测和实时调控，提升企业的运行效率和市场竞争力。

不断引入新技术和创新方案还可以促进企业的技术创新和产业升级。通过引入先进的能源管理技术和智能化决策模型，企业可以提升自身的技术水平和竞争力，推动企业的技术创新和产业升级，实现经济效益和社会效益的双赢。同时，不断引入新技术和创新方案还可以促进新能源、清洁能源等绿色能源的应用和推广，推动企业向绿色低碳发展模式转变，为保护环境和可持续发展做出贡献。

（四）建立定期评估和改进机制

建立定期评估和改进机制对企业园区能源数智化运行至关重要。这一机制旨在确保园区能源系统的持续优化和效率提升，以适应不断变化的市场环境和技术发展。

建立定期评估和改进机制需要明确定义评估的指标和标准。这些指标和标准应当包括园区能源消耗情况、能源利用效率、运行成本、环境影响等方面的内容。通过明确这些指标和标准，我们可以为评估提供客观的依据，帮助企业了解园区能源系统的运行状况，并识别潜在的改进空间。

建立定期评估和改进机制需要建立完善的数据采集和监测体系。通过部署传感器、监测设备等技术手段，实时监测园区能源系统的运行数据，包括能源消耗、设备运行状态、能源利用效率等信息。这些数据可以为评估提供客观的依据，帮助企业深入了解园区能源系统的运行情况，及时发现问题并采取措施加以解决。

　　建立定期评估和改进机制需要建立有效的评估方法和工具。可以采用能源管理软件、数据分析工具等技术手段，对园区能源系统进行定量和定性分析，评估其运行状况和效率水平。同时，我们可以借助专业机构或第三方服务提供商进行评估，利用其丰富的经验和专业知识，为企业提供客观、独立的评估意见。

　　建立定期评估和改进机制需要建立健全的反馈机制。企业应当及时将评估结果反馈给相关部门和人员，共同分析问题，制定改进措施，并落实到实际操作中。同时，企业还应当建立长效的监督机制，定期跟踪和评估改进措施的实施效果，及时调整和优化措施，确保园区能源系统的持续优化和改进。

　　建立定期评估和改进机制是企业园区能源数智化运行的重要保障。通过明确定义评估指标和标准、建立完善的数据采集和监测体系、采用有效的评估方法和工具、建立健全的反馈机制，企业可以全面了解园区能源系统的运行情况，及时发现问题并采取措施加以解决，实现园区能源系统的持续优化和改进。

第六章　企业园区能源数智化管控应用

第一节　绿色低碳

一、企业园区智能建筑管理

企业园区智能建筑管理是利用先进的信息技术和智能化设备来实现对企业园区内建筑能源的高效管理和优化利用。通过数字化、智能化的手段，实现对建筑能源的监测、分析、控制和优化，从而降低能源消耗、提高能源利用效率，达到节能减排、绿色环保的目的。

企业园区智能建筑管理的核心是能源数据的智能化管控。通过在建筑内部部署各类传感器和监测设备，实时监测建筑的能源消耗情况，包括电力、水资源、气体等多个方面。这些数据通过网络传输至中央控制系统，进行实时监控和分析。借助大数据分析和人工智能技术，我们可以深入挖掘数据背后的规律，识别能源消耗的高峰时段和高消耗设备，为优化能源利用提供科学依据。

企业园区智能建筑管理包括智能节能设备的应用。在建筑内部，企业可以采用各种智能节能设备，如智能照明系统、智能空调系统、智能窗户等。这些设备通过与中央控制系统连接，根据实时监测数据进行智能调节，实现能源消耗的最优化。例如，智能照明系统可以根据室内光线强度和人员活动情况自动调节照明亮度和开关时间，达到节能减排的目的。

企业园区智能建筑管理还可以实现建筑能源的综合利用。例如，利用太阳能光伏板发电、利用建筑内部的余热进行供暖、利用雨水收集系统进行植物浇灌等。通过综合利用多种能源资源，企业不仅可以降低对传统能源的依赖，还可以减少能源成本，实现经济效益和环境效益的双赢。

企业园区智能建筑管理还需要考虑建筑之间、建筑与环境之间的互动关系。通过智能化的建筑管理系统，可以实现建筑之间能源信息的共享和优化调节。同时，还可以实现建筑与环境的互动，比如利用智能窗户调节室内温度和通风，以适应外部气候变化，实现节能环保。

企业园区智能建筑管理需要多方合作才能实现。除了企业自身的投入和努力外，政府、科研机构、技术提供商等多方都需要积极参与和支持。政府可以出台相关政策和标准，引导和推动企业实施智能建筑管理；科研机构可以开展相关技术研究和创新，为企业提供技术支持和解决方案；技术提供商可以提供先进的智能化设备和系统，帮助企业实现数字化转型。

企业园区智能建筑管理是一种利用先进技术手段实现建筑能源高效管理和优化利用的方法，通过数字化、智能化的手段，实现对建筑能源的监测、分析、控制和优化，从而达到节能减排、绿色环保的目的。这需要企业自身的努力和投入，也需要政府、科研机构、技术提供商等多方的支持和合作。

二、企业园区可再生能源集成

在企业园区中，可再生能源集成是一项关键的举措，旨在实现能源的可持续供应，并推动绿色低碳发展。通过充分利用太阳能、风能、水能等可再生能源资源，将其集成到园区能源系统中，可以有效降低对传统化石能源的依赖，减少碳排放，同时也为企业降低能源成本提供了重要途径。

太阳能是一种广泛可利用的可再生能源资源。在园区中，企业可以通过建设太阳能光伏发电系统来实现太阳能资源的利用。这些光伏发电系统可以安装在建筑物的屋顶、停车场的遮阳棚上，甚至是园区周边的空地上。太阳能光伏发电系统利用光能转换为电能，可为园区内部的用电设备提供清洁、稳定的电力供应，降低企业的用电成本，并减少对传统能源的依赖。

风能也是一种潜力巨大的可再生能源资源。在适宜的地理条件下，企业园区可以考虑利用风力发电系统来实现风能资源的利用。风力发电系统通常由风力发电机组和风力发电机组控制系统组成，可根据园区的风速和风向自动调节发电机组的转速，从而将风能转化为电能。这些风力发电系统可以建设在园区的高处、空旷处，如建筑物的屋顶、山坡上等地方，以获取更高的风速和更大的发电量。

水能是一种稳定可靠的可再生能源资源。在企业园区中，可以考虑利用水力发电系统来实现水能资源的利用。水力发电系统通常由水轮发电机组、水力发电机组控制系统和水库等组成，通过水的流动驱动水轮发电机组转动，从而将水能转化为电能。企业园区可以在园区内部的水库、水塘或者附近的水流较大的河流建设水力发电系统，利用水能为园区内部的用电设备提供稳定的清洁能源。

企业园区可再生能源集成需要进行全面的规划和设计，确保能够实现最佳的能源利用效果。除了选择合适的可再生能源资源和技术方案外，企业还需要考虑园区的地理环境、气候条件、能源需求等因素。此外，企业还需要考虑建设成本、技术水平、运维管理等方面的问题。因此，在进行企业园区可再生能源集成时，企业需要进行全面的可行性研究和实施方案设计，充分发挥可再生能源的优势，实现能源的可持续供应，推动企业的绿色低碳发展。

三、企业园区智能交通管理

企业园区智能交通管理是利用先进的信息技术和智能化设备对企业园区内部交通流量进行监测、调控和优化的一种管理方法。通过数字化、智能化的手段，实现对园区内部交通的实时监控、智能调度和管理，从而提高交通运输效率、减少交通拥堵、降低能源消耗，实现绿色低碳的交通管理目标。

企业园区智能交通管理的核心是交通数据的实时监测与分析。通过在园区内部部署各类传感器、摄像头和智能监测设备，对车辆、行人等交通流量进行实时监测和数据采集。这些数据包括车流量、车速、拥堵情况、停车位利用率等多个方面的信息。利用大数据分析和人工智能技术，对这些数据进行深度挖掘和分析，识别交通问题，为交通管理决策提供科学依据。

企业园区智能交通管理还包括智能交通信号控制系统的应用。通过将监测设备与交通管理中心连接，实现对园区内部交通信号灯的智能控制和调度。根据实时监测数据，动态调整交通信号灯的时序和配时，优化交通流量，减少交通拥堵，提高交通运输效率。例如，根据不同时段和路段的交通流量情况，自动调整红绿灯的时长，以确保交通畅通和安全。

企业园区智能交通管理还包括智能停车管理系统的应用。通过在园区内部建设智能停车场，利用车牌识别、车位感知等技术，实现对停车场停车位的实时监测和管理。车主可以通过手机 App 或者导航系统实时查询停车位信息或导航到空闲车位，避免盲目寻找停车位导致的交通拥堵和能源浪费。同时，企业还可以通过智能停车收费系统实现自动缴费和电子支付，提高停车效率和用户体验。

企业园区智能交通管理还可以结合智能车辆和智能交通工具的应用。通过推广电动车、自动驾驶车辆等智能交通工具，减少尾气排放和交通事故，提高交通运输效率和安全性。同时，企业还可以利用物联网技术实现对交通工具的远程监控和管理，提高交通运输的智能化水平和管理效率。

企业园区智能交通管理需要多方合作才能实现。除了企业自身的投入和努力外，政府、交通管理部门、科研机构、技术提供商等多方都需要积极参与和支持。政府可以出台相关政策和标准，引导和推动企业实施智能交通管理；交通管理部门可以提供交通数据和技术支持，协助企业实施交通管理方案；科研机构和技术提供商可以提供先进的监测设备和智能交通系统，帮助企业实现数字化转型。

四、企业园区绿色供能网络

企业园区绿色供能网络是指通过整合多种清洁能源资源，并结合先进的能源技术和智能化管理手段，构建起一个高效、可持续的能源供应系统，以满足企业园区内部的能源需求，实现绿色低碳的能源供应目标。这一系统可以包括太阳能光伏发电、风力发电、地热能、生物质能等多种可再生能源，以及电能储存、能源互联网等先进技术，通过智能化管理和优化调度，实现能源的高效利用和减排降耗。

企业园区绿色供能网络的核心是可再生能源的利用和整合。在园区内部，企业可以利用太阳能光伏发电系统将阳光转化为电能，为园区内部的用电设备提供清洁能源。光伏发电系统可以建设在建筑物的屋顶、停车场的遮阳棚上，或者园区周边的空地上，利用光能进行发电。此外，企业还可以考虑利用风力发电、地热能、生物质能等可再生能源资源，多样化能源供应，提高供能的可靠性和稳定性。

企业园区绿色供能网络还包括能源储存和调度系统的应用。通过建设电池储能系统、水泵储能系统等能源储存设施，将多余的可再生能源储存起来，以备不时之需。这些储能系统可以与智能控制系统相连接，根据园区内部能源需求和外部能源市场情况，实现能源的灵活调度和优化利用。例如，在能源供应充足时，将多余的能源储存起来；在能源供应不足时，释放储存的能源以满足需求。

企业园区绿色供能网络还可以结合能源互联网和能源共享机制，实现能源的共享和交易。通过建设能源互联网平台，企业可以将园区内部的能源供应和需求进行统一管理和调度，实现能源的优化配置和共享利用。同时，企业还可以与外部能源市场进行连接，参与能源交易，以获取更优惠的能源价格和更多的能源选择。这种能源共享机制不仅可以提高能源利用效率，还可以降低企业的能源成本，推动绿色低碳能源的发展。

企业园区绿色供能网络需要综合考虑多种因素才能实现最佳效果。除了选择合适的可再生能源资源和技术方案外，还需要考虑园区的能源需求、地理环境、气候条件等因素。此外，企业还需要考虑能源储存和调度系统的建设成本、运营管理等方面的问题。因此，进行企业园区绿色供能网络建设，需要进行全面的规划和设计，制定科学合理的实施方案，充分发挥各种技术手段的优势，实现能源的可持续供应和绿色低碳发展的双重目标。

五、企业园区智慧照明系统

企业园区智慧照明系统是利用先进的信息技术和智能化设备，对园区内部的照明设施进行智能化管理和优化的一种应用。通过数字化、智能化的手段，企业可以实现对照明系统的实时监测、智能控制和节能调节，从而提高照明效果、降低能源消耗，实现绿色低碳的照明管理目标。以下将详细论述企业园区智慧照明系统的相关内容。

企业园区智慧照明系统的核心是智能照明设备的应用。通过在园区内部部署智能 LED 照明灯具、智能光感应器、智能调光装置等设备，实现对照明设施的智能化管理和控制。这些设备可以根据环境光线、人员活动等情况自动调节照明亮度和开关时间，实现精准的节能调节。例如，当有人经过时，照明系统可以自动调亮；当人员离开或环境光线充足时，照明系统可以自动调暗或关闭，从而实现节能减排的目的。

企业园区智慧照明系统还包括智能照明控制系统的应用。通过与智能传感器、中央控制系统等设备连接，实现对园区内部照明设施的集中控制和管理。中央控制系统可以实时监测园区内部照明设施的工作状态和能耗情况，根据实际需求进行智能调度和优化控制。例如，企业可以根据不同区域和时间段的照明需求，制定合理的照明策略，提高能源利用效率，降低能源消耗。

企业园区智慧照明系统还可以结合人工智能和大数据分析技术，实现更精准的节能调节和管理。通过对照明设施的实时监测数据进行深度挖掘和分析，识别能源消耗的规律和问题，预测未来的能源需求，为节能优化提供科学依据。同时，企业还可以通过人工智能算法实现智能学习和优化控制，不断提升照明系统的智能化水平和能源利用效率。

除了企业自身的投入和努力外，政府、科研机构、技术提供商等多方都需要积极参与和支持。政府可以出台相关政策和标准，推动企业实施智能照明管理；科研机构可以开展相关技术研究和创新，为企业提供技术支持和解决方案；技术提供商可以提供先进的智能化设备和系统，帮助企业实现数字化转型。

六、企业园区碳排放管理与交易

企业园区碳排放管理与交易是一种针对企业园区内碳排放量进行监测、管理和减排的综合性措施，并通过碳交易等方式实现碳排放权的交易和管理。通过数字化、智能化的手段，实现对碳排放数据的实时监测和分析，制定科学合理的碳减排方案，推动企业园区实现绿色低碳发展。

企业园区碳排放管理的核心是碳排放数据的监测和分析。通过在企业园区内部部署碳排放监测设备和传感器，实时监测园区内各个环节的碳排放情况，包括工业生产、能源消耗、交通运输等。同时，企业可以利用大数据分析技术对这些数据进行深度挖掘和分析，识别碳排放的高峰时段和高排放源，为制定碳减排措施提供科学依据。

企业园区碳排放管理还包括碳减排方案的制定和实施。根据碳排放数据的分析结果，制定针对性的碳减排方案，包括技术改造、能源节约、清洁能源替代等措施。例如，通过优化工艺流程、更新设备技术、提升能效标准等方式，企业可以减少工业生产过程中的碳排放；通过推广节能减排技术、提升能源利用效率，企业可以降低能源消耗所带来的碳排放。通过实施这些碳减排措施，企业园区可以降低碳排放量，实现绿色低碳发展。

企业园区碳排放管理还可以通过碳交易等方式实现碳排放权的交易和管理。企业可以将园区内部的碳排放权进行挂牌交易，或者参与碳排放权市场交易，以获取额外的碳排放权或者获取碳排放权的收益。同时，还可以通过碳排放权的交易和管理，激励企业园区加大碳减排力度，提高碳减排效率，推动企业实现绿色低碳转型。通过碳交易等方式，还可以引导企业园区向清洁能源转型，加快推动园区绿色低碳发展。

企业园区碳排放管理与交易需要政府、企业和第三方机构的共同参与和支持。政府可以出台相关政策和法规，推动企业实施碳排放管理和减排措施，规范碳排放权的交易和管理；企业可以积极响应政府政策，加大碳减排力度，参与碳排放权交易等活动；第三方机构可以提供碳排放监测、数据分析、碳减排咨询等服务，支持企业园区碳排放管理与交易的顺利实施。

第二节　电力保供

一、电力负荷预测与调度

企业园区能源数智化管控的电力保供应用之一是电力负荷预测与调度。这一应用旨在利用先进的信息技术和数据分析手段，对企业园区内部的电力负荷进行精准预测，并实现对电力供应的智能调度和优化，以确保电力的稳定供应，提高供电可靠性，同时实现节能减排和资源利用的最大化。

电力负荷预测是电力保供的重要前提。通过历史用电数据、天气情况、生产计划等信息，企业可以结合数据挖掘和机器学习技术，对未来一段时间内的电力负荷进行预测分析。这些数据可以包括园区内各个设备和区域的用电情况、季节性用电变化，以及外部天气、温度等因素对用电量的影响数据。通过建立合理的预测模型和算法，企业可以实现对未来电力负荷的精准预测，为电力供应的调度和管理提供科学依据。

电力负荷调度是确保电力供应的关键环节。通过与电力系统的智能控制系统相连接，实现对电力供应的动态调节和优化。根据电力负荷预测结果，企业可以及时调整电力生产、输送和分配方案，确保电力供应能够满足园区内各个区域和设备的用电需求。这包括对电力发电设备的启停、运行模式的调整，对电力输电线路的负荷分配和调整，以及对电力设备的运行状态进行实时监控和管理，保障电力系统的安全稳定运行。

电力负荷调度还可以结合电力市场机制和能源互联网技术，实现电力供需的动态平衡和资源的优化配置。通过参与电力市场交易，企业根据园区内部电力需求和外部电力市场情况，灵活调整电力供应方案，获取更优惠的电力价格和更稳定的电力供应。同时，企业利用能源互联网技术，实现园区内部不同电力源之间的互联互通，最大程度地利用清洁能源资源，降低碳排放和能源成本，推动绿色低碳能源的发展。

企业园区电力负荷预测与调度需要充分利用先进的信息技术手段和数据分析技术，确保预测结果的准确性和可靠性。同时，企业还需要加强与电力系统运营商和市场监管部门的沟通和合作，充分利用外部电力市场资源，确保电力供应的可靠性和稳定性。此外，企业园区还需要制定合理的电力管理政策和措施，加强对电力设备的维护和管理，提高电力系统的运行效率和安全性。

企业园区电力负荷预测与调度是一种利用先进的信息技术和数据分析手段，实现对电力负荷的精准预测和动态调度的重要应用。通过合理的预测模型和算法，企业可以实现对未来电力负荷的准确预测，为电力供应的调度和管理提供科学依据。通过与电力系统的智能控制系统相连接，企业可以实现对电力供应的动态调节和优化，确保电力供应的稳定和可靠。

二、智能电网监测与管理

企业园区能源数智化管控中的智能电网监测与管理是利用先进的信息技术和智能化设备，对园区内部的电力网络进行实时监测、智能管理和优化调度的一项关键应用。通过数字化、智能化的手段，实现对电力系统的全面监控，提高电网运行的稳定性、可靠性和安全性，从而保障企业园区的电力供应，并实现节能减排和资源的有效利用。以下将详细论述智能电网监测与管理的相关内容。

智能电网监测与管理的核心是对电力网络的实时监测和数据采集。通过在企业园区内部部署智能电力监测设备、传感器和智能电表等装置，实时监测电力系统的电压、电流、频率、功率因数等重要参数，并采集各个设备和节点的运行状态数据。这些监测数据包括电力设备的运行状态、负载情况、故障信息等多个方面的信息，为电力系统的运行管理提供实时数据支持。

智能电网监测与管理还包括对监测数据的实时分析和处理。通过大数据分析技术和人工智能算法，对实时监测数据进行深度挖掘和分析，识别电力系统的运行状态和问题，预测未来可能出现的故障和风险。根据分析结果，企业须及时采取相应的措施，调整电力系统的运行模式和参数，防范和解决潜在的电力安全隐患，确保电力供应的稳定和可靠。

智能电网监测与管理还可以实现对电力设备和线路的远程控制和管理。通过与智能电网控制系统相连接，实现对电力设备的远程监控、调节和控制。运维人员可以通过远程监控平台实时查看电力设备的运行状态和参数，远程调节设备的运行模式和参数，实现对电力系统的智能化管理和优化调度。例如，根据实时负载情况，调整配电设备的开关状态和负载分配，优化电力系统的运行效率和能源利用效率。

智能电网监测与管理需要充分利用先进的信息技术手段和数据分析技术，确保监测数据的准确性和可靠性。同时，企业还需要加强与电力系统运营商和供电部门的沟通和合作，充分利用外部电力市场资源，确保电力供应的可靠性和稳定性。此外，企业园区还需要建立健全的电力安全管理制度和应急预案，提高电力系统的应对突发情况的能力，保障电力系统安全稳定运行。

三、智能供电设备控制

在企业园区能源数智化管控的电力保供应用中，智能供电设备控制是一项关键的技术，旨在通过先进的信息技术和智能化设备，实现对企业园区内部供电设备的智能化管理和远程控制，以确保电力供应的稳定、可靠和高效。

智能供电设备控制的核心是利用先进的传感器、智能控制器和远程监控系统，对企业园区内部的供电设备进行实时监测和远程控制。通过在供电设备上安装智能传感器，企业可以实时监测供电设备的运行状态、电流、电压、温度等重要参数，并将监测数据传输到智能控制器和远程监控系统中进行分析和处理。基于这些数据，智能控制器可以自动调节供电设备的运行模式和参数，实现对电力系统的智能化管理和优化控制。

智能供电设备控制可以实现对供电设备的远程监控和控制。通过与智能控制系统相连接，运维人员可以通过远程监控平台实时查看供电设备的运行状态和参数，随时随地掌握电力系统的运行情况。同时，企业还可以远程调节供电设备的运行模式和参数，如开关状态、负载分配等，以实现对电力系统的智能化管理和优化调度。这种远程监控和控制功能，大大提高了电力系统的运行效率和安全性，降低了运维成本和风险。

智能供电设备控制还可以结合人工智能和大数据分析技术，实现供电设备的智能化运行和优化调度。通过对供电设备运行数据的深度挖掘和分析，企业可以识别设备运行的规律和问题，并预测未来可能出现的故障和风险。基于这些分析结果，智能控制系统可以自动调整供电设备的运行参数和策略，优化电力系统的运行效率和能源利用效率，提高供电设备的运行稳定性和可靠性。

智能供电设备控制需要充分考虑电力系统的安全性和可靠性。在设计和实施过程中，需要严格遵守相关的电力安全标准和规范，确保供电设备的安全运行。同时，企业还需要加强与电力系统运营商和供电部门的沟通和合作，充分利用外部电力市场资源，确保电力供应的可靠性和稳定性。此外，企业还需要加强对供电设备的定期维护和保养，提高设备的运行效率和寿命。

四、电力故障预警与应急响应

企业园区能源数智化管控中的电力保供应用中，电力故障预警与应急响应是至关重要的一环。这一应用旨在利用先进的信息技术和智能化设备，实现对电力系统的故障预警和及时应急响应，以保障企业园区内部电力供应的稳定性、可靠性和安全性。

电力故障预警是电力保供的关键前提。通过在电力系统中部署智能传感器、监测装置和数据采集设备，企业可以实时监测电力设备和线路的运行状态和参数。这些设备可以实时监测电压、电流、频率、温度等关键参数，并将监测数据传输到智能控制系统中进行分析和处理。通过分析这些数据，企业可以及时发现电力系统中潜在的故障隐患，预警可能发生的故障事件，为应急响应提供充分的时间窗口。

电力故障应急响应是保障电力供应的重要措施。一旦发现电力系统中存在故障隐患或者发生故障事件，智能控制系统可以立即发出预警信号，并启动应急响应机制。运维人员可以通过远程监控平台实时了解故障情况，并采取相应的措施，如远程切换备用电源、调节负载分配、排除故障设备等，以尽快恢复电力供应，减少停电时间和缩小影响范围，确保企业园区的正常运行。

通过对历史故障数据和实时监测数据的分析和比对，企业可以识别不同类型的故障特征和规律，预测未来可能发生的故障事件，并制定相应的应急响应策略。同时，智能控制系统还可以利用机器学习算法和模型预测技术，实现对故障事件的智能预测和自动化应急响应，提高应对突发事件的效率和准确性。

电力故障预警与应急响应需要建立健全的应急预案和应急响应机制。企业园区需要制定详细的应急预案，明确各个环节的责任和流程，确保在发生电力故障时能够迅速、有效地进行响应和处置。同时，企业还需要定期组织应急演练和培训，提高应急响应团队的应急处置能力和协同配合能力，确保应急响应工作的顺利实施。

五、电力供应链优化

在企业园区能源数智化管控的电力保供应用中，电力供应链优化是一项关键的措施。这一应用旨在利用先进的信息技术和智能化手段，对企业园区内部的电力供应链进行全面优化和管理，以提高电力供应的效率、可靠性和经济性，保障企业园区的持续运营和发展。

电力供应链优化涉及电力采购、输送、储存、分配等多个环节的管理和优化。通过建立全面的供应链管理系统，企业可以实现对电力供应链各个环节的实时监测和控制。在电力采购方面，企业可以利用智能化的采购平台和电力市场交易机制，选择最优质、最经济的电力供应商和电力购买方案。在电力输送和储存方面，企业可以利用智能电网技术和储能设备，优化电力输送路径和储存方式，提高供电系统的灵活性和响应速度。在电力分配方面，企业可以利用智能配电系统和智能电表，实现对电力分配的精细化管理和优化调度，提高电力利用效率和能源利用效率。

电力供应链优化还涉及供应链的信息化和数字化建设。通过建立供应链管理平台和数据分析系统，实现对供应链各个环节数据的统一管理和实时监控。通过数据分析和挖掘，企业可以发现供应链中存在的瓶颈和问题，并采取相应的措施进行优化和改进。同时，企业还可以利用大数据和人工智能技术，对供应链数据进行深度分析和预测，为供应链优化提供科学依据和决策支持。通过信息化和数字化建设，企业可以实现供应链的智能化管理和优化，提高供应链的运行效率和响应速度。

电力供应链优化还需要加强与供应商、配电公司和第三方服务提供商的合作和协同。通过与供应商建立长期稳定的合作关系，实现电力供应的可持续性和稳定性。与配电公司合作，共同优化电力配送方案和配电设备的管理，提高配电效率和电力质量。与第三方服务提供商合作，共同开发智能化的供应链管理工具和服务，为企业园区的电力供应链优化提供技术支持和解决方案。

电力供应链优化需要制定科学合理的管理策略和措施。企业园区需要建立健全的电力供应链管理制度和流程，明确各个环节的责任和权限，确保电力供应链的顺畅运行和持续改进。同时，企业还需要加强对供应链人员的培训和技能提升，提高他们对电力供应链管理的专业水平和应对能力。通过科学合理的管理策略和措施，企业可以实现电力供应链的持续优化和提升，为企业园区的稳定发展提供有力支撑。

第三节　节能降本

一、节能降本的必要性

（一）资源稀缺性和能源成本上升

企业园区能源数智化管控对节能降本的必要性在于面对资源稀缺性和能源成本上升等挑战，通过智能化技术手段实现能源的高效利用，从而降低企业生产经营成本，提高竞争力，保障可持续发展。

随着全球经济的迅速发展和人口的持续增长，能源资源的消耗速度大大加快，导致资源供应日益紧张。在这种情况下，企业需要更加重视能源的合理利用和节约，以应对资源的稀缺性带来的压力。通过实施能源数智化管控，企业可以实时监测能源使用情况，精准分析能源消耗模式，找出能源浪费的环节，通过优化管理和技术改进实现能源的节约和高效利用，从而有效应对资源稀缺性的挑战。

随着能源资源的逐渐枯竭和能源市场的供需关系变化，能源价格呈现出持续上涨的趋势。高昂的能源成本直接影响着企业的生产经营成本，降低了企业的盈利能力。因此，降低能源消耗、降低能源成本成为企业提高竞争力、保持盈利的关键。能源数智化管控系统可以通过实时监测和分析企业能源使用情况，发现能源浪费和低效使用的问题，并提供针对性的优化建议和措施，帮助企业降低能源消耗，从而降低能源成本，提高经济效益。

通过实时监测和控制生产设备的能源消耗，优化生产过程，提高设备利用率和能源利用效率，从而提升生产效率，降低生产成本。同时，合理利用能源还可以减少生产过程中的废气排放和能源浪费，降低对环境的影响，提升企业的社会形象和可持续发展能力。

面对资源稀缺性和能源成本上升等挑战，通过智能化技术手段实现能源的高效利用，可以帮助企业降低生产经营成本，提高竞争力，保障可持续发展。因此，企业应积极采取措施，推进能源数智化管控工作，实现节能减排、降本增效的目标。

（二）提升竞争力和可持续发展

企业园区能源数智化管控在提升竞争力和可持续发展方面具有至关重要的作用。通过实施智能化的能源管理系统，企业可以有效地降低能源消耗、优化生产流程、提高生产效率，从而在市场竞争中处于更有利的地位，并为长期可持续发展奠定基础。

能源数智化管控可以帮助企业提升竞争力。在当今激烈的市场竞争环境下，企业需要不断提升自身的核心竞争力，而节能降本正是其中的重要一环。通过实施智能化的能源管理系统，企业可以更加有效地管理和利用能源资源，降低生产成本，提高产品价格竞争力。同时，节能减排也是企业社会责任的一部分，能源节约对于提升企业形象、增强消费者信任同样具有积极的作用。因此，能源数智化管控不仅可以直接降低企业运营成本，还可以间接提升企业在市场中的地位和声誉，从而提升竞争力。

能源数智化管控对于企业的可持续发展具有重要意义。随着全球环境问题日益凸显，社会对于企业的可持续发展要求越来越高。而能源消耗和环境污染往往是企业可持续发展的两大挑战之一。通过实施能源数智化管控，企业可以有效地减少能源消耗，降低对环境的影响，实现经济效益与环境友好的双赢局面。此外，合理利用能源资源还可以降低对于资源的依赖程度，提高企业的抗风险能力。因此，能源数智化管控不仅可以帮助企业降低成本，还可以为企业的可持续发展提供战略支持。

能源数智化管控还可以促进企业的创新发展。实施智能化的能源管理系统需要依托先进的技术手段，如大数据分析、人工智能等，这将激发企业对于技术创新的需求和动力。通过不断地改进和优化能源管理系统，企业可以提高自身的技术水平和管理能力，为未来的发展奠定坚实基础。同时，能源数智化管控还可以帮助企业发现潜在的改进空间和业务机会，促进业务模式的创新和转型升级，实现可持续发展的目标。

企业园区能源数智化管控对于提升竞争力和可持续发展具有重要意义。通过降低能源消耗、优化生产流程、促进技术创新等途径，能源数智化管控可以帮助企业在市场竞争中占据有利地位，实现经济效益与环境友好的双赢局面，为企业的可持续发展注入新的动力。因此，企业应当充分重视能源数智化管控工作，将其纳入企业发展战略的重要组成部分，不断提升能源管理水平，实现可持续发展的目标。

（三）符合法律法规和政策导向

企业园区能源数智化管控对于节能降本的必要性之一在于符合法律法规和政策导向。在当今社会，各国政府和国际组织越来越重视能源节约和环境保护，出台了一系列相关的法律法规和政策导向，企业必须遵守这些法规政策，并将其纳入企业的经营管理中。能源数智化管控作为一种有效的节能降本手段，不仅可以帮助企业遵守相关法规政策，还可以获得政府的支持和奖励，降低企业的运营风险，提高企业的社会形象和竞争力。

能源数智化管控符合各国法律法规的要求。随着全球能源危机的日益加剧和环境问题的不断恶化，各国政府纷纷出台了一系列旨在促进能源节约和减少碳排放的法律法规，如能源法、环境保护法、碳排放交易制度等。企业必须遵守这些法规，否则将面临罚款、处罚甚至关闭等严厉的后果。而能源数智化管控可以帮助企业实现能源节约和碳排放减少，符合各国法律法规的要求，降低企业的法律风险。

能源数智化管控也符合政府的政策导向。各国政府都将能源节约和环境保护列为国家发展的重要战略目标，提出了一系列相关的政策措施，如能源管理体系认证、节能减排目标考核、碳排放权交易等。通过实施能源数智化管控，企业可以更好地响应政府的政策导向，积极履行社会责任，获得政府的政策支持和奖励，提高企业的竞争力和可持续发展能力。

能源数智化管控还可以帮助企业适应国际环境标准。随着全球化的加剧和国际贸易的发展，国际对于能源节约和环境保护的要求也越来越严格，各种国际环境标准和认证体系不断涌现。企业如果想要进入国际市场，就必须符合这些国际标准和认证要求。而能源数智化管控作为一种有效的节能降本手段，可以帮助企业提高能源利用效率，减少能源消耗和碳排放，达到国际环境标准的要求，提升企业的国际竞争力。

企业园区能源数智化管控对于节能降本的必要性之一在于符合法律法规和政策导向。通过遵守相关法律法规、响应政府政策，符合国际环境标准，企业可以降低法律风险，获得政府的支持和奖励，提高竞争力，实现可持续发展。因此，企业应当充分认识到能源数智化管控在符合法律法规和政策导向方面的重要意义，积极采取措施，推进能源数智化管控工作，为企业的可持续发展注入新的动力。

（四）促进企业技术的不断进步和创新

企业园区能源数智化管控在促进企业技术的不断进步和创新方面具有重要的必要性。通过实施智能化的能源管理系统，企业可以不断地改进和优化现有的生产技术和管理模式，引入先进的技术手段，推动企业技术的创新和进步，提高企业的竞争力和可持续发展能力。

能源数智化管控系统依托于先进的信息技术和智能算法，可以实现对能源消耗的实时监测、分析和控制，为企业提供精准的能源管理和优化方案。通过使用这些先进的技术手段，企业可以更好地理解和把握自身的能源消耗情况，发现潜在的节能优化空间，进而针对性地进行技术改进和创新。例如，通过对生产设备的能源消耗模式进行分析，企业可以优化设备运行参数，提高能源利用效率；通过智能控制系统实现设备的自动化调节和优化，降低能源浪费。这些技术手段的应用不仅可以降低企业的能源消耗和生产成本，还可以提高企业的生产效率和产品质量，推动企业技术的不断进步。

能源数智化管控系统需要依托于先进的信息技术、大数据分析、人工智能等技术手段，才能实现对能源的高效管理和优化。因此，企业在实施能源数智化管控时，不可避免地会涉及技术的创新和应用。例如，企业可能需要开发新的数据采集和分析软件，设计新的智能控制算法，引入新的传感器和监测设备等。通过这些技术创新，企业可以不断提升自身的技术水平和竞争力，拓展新的业务领域，开发新的产品和服务，实现可持续发展的目标。同时，能源数智化管控系统的应用也会促进相关技术的市场化和产业化，推动整个行业的发展和进步。

能源数智化管控还可以促进企业与科研院所、高校等科研机构的合作，共同开展技术研发和创新。企业在实施能源数智化管控时，可能会面临一些技术难题和挑战，需要借助外部的科研力量进行解决。通过与科研机构的合作，企业可以共享资源和技术，共同攻克技术难关，加速技术创新和应用，提高企业的创新能力和竞争力。

（五）履行社会责任，提升企业的社会形象和声誉

企业园区能源数智化管控在节能降本的必要性之一是履行社会责任，提升企业的社会形象和声誉。在当今社会，企业不仅仅是经济组织，更应该承担起社会责任，积极参与到社会的可持续发展中。能源数智化管控作为一种有效的节能降本手段，可以帮助企业减少能源消耗，降低碳排放，保护环境，促进社会的可持续发展，从而提升企业的社会形象和声誉。

能源数智化管控有助于减少能源消耗和环境污染，履行企业的环保责任。随着全球环境问题的日益严重，各国政府和国际社会都在加大对于环境保护的力度，企业作为社会的一员，有责任保护环境，减少对环境的负面影响。而能源数智化管控可以帮助企业降低能源消耗，提高能源利用效率，减少能源的浪费和排放，保护环境，改善生态环境质量。通过履行环保责任，企业可以赢得社会的认可和尊重，提升企业的社会形象和声誉。

能源数智化管控有助于提高企业的社会责任感和公众形象。作为企业的一种社会责任行为，能源数智化管控体现了企业对于可持续发展的关注和承诺，彰显了企业的社会责任感和担当精神。企业通过实施能源数智化管控，不仅可以降低自身的生产成本，提高经济效益，还可以为社会节约能源资源，减少环境污染，推动社会的可持续发展。这种积极的社会责任行为将赢得公众的赞誉和支持，提升企业的社会形象和声誉，为企业赢得更多的商业机会和市场份额。

能源数智化管控还可以增强企业与利益相关者的合作与信任，提升企业的社会声誉。企业在实施能源数智化管控时，通常需要与政府、客户、供应商、员工等多方利益相关者合作，共同推动能源管理和节能降本工作的开展。通过与利益相关者的合作，企业可以共同制定能源管理的政策和措施，共同解决能源消耗和环境污染等问题，建立起良好的合作关系和信任基础。这种合作关系不仅有利于企业的长期发展，还可以提升企业在社会中的声誉和地位，为企业赢得更多的社会支持和认可。

二、节能降本的途径

（一）采用智能化生产设备

采用智能化生产设备是企业园区能源数智化管控节能降本的重要途径之一。随着科技的不断发展和智能制造的兴起，智能化生产设备已经成为提高生产效率、降低能源消耗的关键手段。通过引入智能化技术，企业可以实现对生产设备

的智能监控、优化调度和远程控制，从而实现能源的高效利用，降低生产成本，提升企业的竞争力。

智能化生产设备可以实现对生产过程的精准监控和分析。传统的生产设备往往只能提供基础的生产数据，无法对生产过程进行深入的分析和监控。而智能化生产设备通过搭载传感器、物联网技术等，可以实时采集和传输生产数据，实现对生产过程的全方位监控。企业可以通过监控设备的运行状态、能耗情况等数据，及时发现生产过程中存在的问题和隐患，采取相应的措施进行调整和优化，降低能源消耗，提高生产效率。

智能化生产设备可以实现对生产过程的智能优化和调度。传统的生产设备往往只能按照固定的生产计划和工艺流程运行，无法根据实际情况进行灵活调整和优化。而智能化生产设备通过搭载智能算法和人工智能技术，可以根据生产需求和能源状况实时调整生产参数和工艺流程，实现生产过程的智能化优化和调度。企业可以通过智能化生产设备实现生产能力的最大化利用，避免生产过程中的能源浪费和低效运行，从而降低生产成本，提高经济效益。

智能化生产设备可以实现远程监控和控制，提高生产过程的灵活性和响应速度。传统的生产设备通常需要现场操作和管理，无法实现远程监控和控制，导致生产过程受到时间和空间的限制。而智能化生产设备通过搭载远程监控系统和智能控制器，可以实现对生产过程的远程监控和控制，实现设备的远程开关、参数调整等功能。企业可以通过远程监控系统随时随地了解生产过程的情况，及时发现和解决问题，提高生产过程的灵活性和响应速度，进一步降低生产成本，提高企业的竞争力。

（二）采用智能空调系统

采用智能空调系统作为企业园区能源数智化管控节能降本的重要途径，具有显著的节能效果和经济效益。通过引入智能空调系统，企业可以实现对空调设备的智能化控制和管理，优化空调运行效率，降低能源消耗，从而降低企业的运营成本，提高竞争力。

智能空调系统可以实现对空调设备的智能监控和优化调节。传统的空调系统往往只能根据静态的温度设定值进行运行，无法根据实际环境和人员活动情况智能调节。而智能空调系统通过搭载传感器、物联网技术等，可以实时监测室内外温度、湿度、人员活动等数据，智能调节空调设备的运行模式和参数，实现室内环境的智能化控制。例如，在人员稀少或室内温度较低时，系统可以自动降低空调设备的运行功率或关闭部分设备，以减少能源消耗；而在人员密集或室内温度较高时，系统则可以自动增加空调设备的运行功率或调节送风量，保持室内环境的舒适度。通过智能化的控制和调节，企业可以有效地提高空调系统的运行效率，降低能源消耗，实现节能降本的目标。

智能空调系统可以实现对空调设备的智能化管理和优化运行。传统的空调系统往往是各自独立运行，缺乏协调和整体优化功能，导致能源的低效利用和浪费。而智能空调系统通过搭载智能控制器和云端管理平台，可以实现对空调设备的集中管理和优化调度。企业可以通过云端管理平台实时监测和分析空调设备的运行状态和能耗情况，发现并解决潜在的能源浪费问题。同时，智能控制器可以实现空调设备之间的协调运行，根据整体能源消耗和成本等因素，自动调整各个设备的运行参数和运行时段，实现整体能源的优化利用。通过智能化的管理和优化运行，企业可以进一步降低空调系统的能源消耗，实现节能降本的目标。

智能空调系统可以提供全方位的能源数据监测和分析服务，帮助企业实现精细化管理和持续优化。传统的空调系统往往只能提供基础的运行数据，无法实现对能源消耗的深入监测和分析。智能空调系统则通过搭载先进的数据采集和分析技术，实时采集和分析空调设备的运行数据，生成相应的能源消耗报告和分析结果。企业可以通过这些数据监测和分析结果，深入了解空调设备的能源消耗模式和规律，发现并解决能源消耗过高的问题，优化设备运行策略，进一步降低能源消耗，实现节能降本的目标。同时，智能空调系统还可以提供能源消耗预测和节能建议等服务，帮助企业实现精细化管理和持续优化，提高节能降本的效果和效率。

（三）采用智能能源监测平台

采用智能能源监测平台是企业园区能源数智化管控节能降本的重要途径之一。通过引入智能能源监测平台，企业可以实现对能源消耗的全方位监测、分析和管理，精准把握能源使用情况，发现潜在的节能优化空间，从而降低能源消耗，提高能源利用效率，降低运营成本，实现节能降本的目标。

智能能源监测平台可以实现对能源消耗的实时监测和分析。传统的能源监测手段往往只能提供静态的能源消耗数据，无法实时反映能源使用情况的变化。而智能能源监测平台通过搭载先进的传感器、物联网技术等，可以实时采集和传输能源消耗数据，实现对能源使用情况的实时监测和分析。企业可以通过监测平台实时了解各个设备和系统的能源消耗情况，发现能源消耗的高峰期和低谷期，识别能源消耗的异常情况，及时采取措施进行调整和优化，降低能源消耗，提高能源利用效率。

智能能源监测平台可以实现对能源消耗的精细化管理和优化调度。传统的能源管理往往是靠人工手动记录和分析，存在数据不准确、反应慢等问题，无法满足企业精细化管理的需求。而智能能源监测平台通过搭载智能算法和数据分析技术，可以对能源消耗数据进行自动化处理和分析，生成相应的能源消耗报告和分析结果。企业可以通过监测平台实现能源消耗的全面管控，根据实际情况制定相应的节能措施和优化方案，提高能源利用效率，降低能源消耗成本。同时，智能监测平台还可以实现对能源消耗的智能调度和优化，根据能源消耗情况和成本因素等，自动调整设备运行参数和运行时段，实现能源消耗的最优配置，进一步降低能源消耗，提高节能降本效果。

智能能源监测平台可以提供全方位的能源数据分析和决策支持服务，帮助企业实现持续优化和改进。智能监测平台通过搭载数据分析工具和人工智能技术，可以实现对数据的快速处理和分析，发现能源消耗的规律和趋势，提出相应的改进措施和优化建议。企业可以通过智能监测平台实现对能源消耗的深入分析和诊断，发现潜在的节能优化空间，制定相应的节能规划和目标，逐步提高能源利用效率，降低能源消耗成本。同时，监测平台还可以提供能源消耗预测和模拟等服务，帮助企业进行决策制定和风险评估，实现能源管理的智能化和精细化，进一步提高节能降本的效果和效率。

参考文献

[1] 汪海燕.数智化技术在新能源汽车制造中的应用[J].汽车测试报告,2023,(14):64-66.

[2] 陈童婕.云南省绿色能源企业数智化转型发展的驱动机制研究[D].昆明理工大学,2022.

[3] 黄光怀,何远旭,黄继超.节能节水管理"数智化"探索与应用[J].天然气勘探与开发,2022,45(S1):101-107.

[4] 祝惠娟.长三角地区工业数智化对碳排放影响效应研究[D].江南大学,2023.

[5] 杨友麒."双碳"形势下能源化工企业绿色低碳转型进展[J].现代化工,2023,43(1):1-12.

[6] 赖力,张婧欣,孙煜,曹圆媛.双碳背景下我国新能源产业竞争力关键点和创新发展研究[J].现代管理科学,2022(03):51-57.

[7] 付丽萍.我国发展清洁能源的驱动机制研究[J].生态经济,2012(02):76-79.

[8] 尚梅,王蓉蓉,胡振.中国省域能源消费碳排放时空格局演进及驱动机制研究——基于环境规制视角的分析[J].环境污染与防治,2022,44(04):529-534+551.

[9] 孟凡生,邹韵.中国生态能源效率时空格局演化及影响因素分析[J].运筹与管理,2019,28(07):100-107.

[10] 刘晓娴,张鹏.装备制造企业数字化转型驱动机制研究——基于扎根理论对陕汽集团典型案例的分析[J].价格理论与实践,2021(09):193-196.

[11] 赵国涛,钱国明,丁泉,等.园区综合能源系统绿色化水平评价方法研究[J].油气与新能源,2023,35(2):53-61.

[12] 陈静鹏,张鸿轩,张勇,杨林,楼楠,王科,莫熙,胡亚平.面向区域调频辅助服务市场的南方电网统一调频控制区设计与策略优化[J].电网技术,2022,46(07):2657-2664.

[13] 刘晓龙,崔磊磊,葛琴,姜玲玲,江媛,李彬,杜祥琬.中国中东部能源发展战略的新思路[J].中国人口·资源与环境,2019,29(06):1-9.

[14] 周孝信,曾嵘,高峰,等.能源互联网的发展现状与展望[J].中国科学:信息科学,2017,47(02):149-170.

[15] 高歌.新工业革命中智能制造与能源转型的互动[J].科学管理研究,2017,35(05):45-48.

[16] 赵剑波.企业数字化转型的技术范式与关键举措[J].北京工业大学学报(社会科学版),2022,22(01):94-105.

[17] 王田,梁洋洋.基于智能电网技术的能源网络供应链买电策略研究[J/OL].中国管理科学:1-10[2020-10-21].

[18] 史海疆.紧随行业发展趋势"绿色""数智化"领域齐获殊荣——施耐德电气荣获2023年度绿色能源、数智化解决方案奖[J].电气时代,2024,(01):10-11.

[19] 范子铃.新能源与传统能源混合利用的系统优化研究[J].城市建设理论研究(电子版),2024,(08):97-99.

[20] 许林玉.储存可再生能源并减少排放的液态空气[J].世界科学,2019,(11):25.

[21] 翁东波,薛镇,吕钦,等.不停电运维智能量测低压配电箱的研发[J].电工技术,2024,(01):119-121.

[22] 张红涛,徐天奇,杨婕,等.能源互联网中能量路由器的关键技术研究[J].电工技术,2019,(20):105-107.

[23] 姜婷玉,李亚平,江叶峰,等.温控负荷提供电力系统辅助服务的关键技术综述[J].电力系统自动化,2022,46(11):191-207.

[24] 程紫运,田云飞,戴继新,等.小型温控负荷参与电网灵活互动的发展路径及关键技术[J].内蒙古电力技术,2022,40(03):31-37.

[25] 王绍敏.发电企业开展园区综合能源服务的挑战及对策[J].中国电力企业管理,2024,(10):86-87.

[26] 张昕,李艳萍,赵亚洲,等.工业园区经济能源环境耦合的系统动力学研究[J].环境工程技术学报,2022,12(3):948-956.